普通高等院校“十三五”
规划教材

XIANCHANG
ZONGXIAN JISHU
JIQI YINGYONG

现场总线技术及其应用

贾鸿莉 吴 玲 主编
陈泮洁 朱宝忠 副主编

化学工业出版社
·北京·

图书在版编目（CIP）数据

现场总线技术及其应用/贾鸿莉，吴玲主编. —北京：化学工业出版社，2016.12

普通高等院校“十三五”规划教材

ISBN 978-7-122-28551-5

Ⅰ. ①现… Ⅱ. ①贾…②吴… Ⅲ. ①总线-技术 Ⅳ. ①TP336

中国版本图书馆 CIP 数据核字（2016）第 280867 号

责任编辑：高墨荣　　文字编辑：徐卿华

责任校对：陈　静　　装帧设计：史利平

出版发行：化学工业出版社（北京市东城区青年湖南街 13 号　邮政编码 100011）

印　　装：三河市航远印刷有限公司

787mm×1092mm　1/16　印张 13¾　字数 336 千字　2016 年 12 月北京第 1 版第 1 次印刷

购书咨询：010-64518888（传真：010-64519686）　售后服务：010-64518899

网　　址：http：//www.cip.com.cn

凡购买本书，如有缺损质量问题，本社销售中心负责调换。

定　　价：48.00 元

现场总线作为目前自控领域的新技术，具有开放性、互操作性、全分布等优势。工业以太网技术是现代自动控制技术和信息网络技术相结合的产物。而现场总线与其最新实时以太网技术 POWERLINK 技术相结合是下一代自动化设备的标志性技术，是改造传统工业的有力工具，同时也是信息化带动工业化的重点方向。

本书从工程实际应用出发，全面系统地介绍了现场总线与实时以太网技术及其应用系统设计，力求所讲内容具有较强的可移植性、先进性、系统性、应用性、资料开放性，起到举一反三的作用。全书共分 9 章，从现场总线技术及工业以太网技术的基本概念开始，结合贝加莱公司产学合作综合改革项目，侧重阐述了实时以太网技术 POWERLINK 的实现与应用。本书各章节循序渐进，环环相扣，内容完整，实用性强。首先介绍了现场总线技术及工业以太网技术的相关概念，为后文的控制网络基础打下基础。进而详细阐述了工业以太网技术、CANopen 协议、POWERLINK 基本原理、POWERLINK 的网络组建与配置、POWERLINK 的实现、POWERLINK 的通信诊断及处理。最后阐述了一些有代表性的 POWERLINK 案例分析及具体应用实例。

本书可作为高等院校自动化、测控技术及仪器、计算机应用、信息工程、机电一体化方向的本科生、专科生的教材，也可作为从事现场总线与工业以太网技术及其应用系统设计的工程技术人员自学参考用书或作为培训教材使用。

本书由哈尔滨石油学院的贾鸿莉、吴玲任主编，陈泮洁、朱宝忠任副主编，刘强、刘美丽、高峰、宁晶、王丹、王聃、魏艳波、纪大伟、徐秀丽、喻宏飞、赵秋英、周微、王永辉、王智伟、韩大伟、毛雷、薛海霞、王剑宇、王晓峰、赵婧、徐宏莉、李长城、李克媛、于淼等参加了本书的资料整理工作。

全书的内容编写安排如下：第 1、2、3 章由贾鸿莉编写，第 4 章由朱宝忠编写，第 6 章由刘强编写，第 7 章由陈泮洁编写，第 5、8、9 章由吴玲编写，全书由吴玲统稿及校稿。

本书在编写的过程中参考了相关的书刊和网上的有关资料，吸取了多方面的宝贵意见和建议，得到了领导和同行们的大力支持，在此谨表谢意！

由于水平和经验有限，书中难免有不足之处，敬请广大同仁和读者批评指正。

编者

目录
Contents

Chapter 01

概　　述

1.1 现场总线技术

1.1.1 现场总线技术的概述

现场总线原本是指现场设备之间公用的信号传输线，后又被定义为应用在生产现场，在测量控制设备之间实现双向串行多节点数字通信的技术。随着技术内容的不断发展和更新，现场总线已经成为控制网络技术的代名词。它在离散制造业、流程工业、交通、楼宇、国防、环境保护以及农、林、牧等各行各业的自动化系统中具有广泛的应用前景。

现场总线以测量控制设备作为网络节点，以双绞线等传输介质为纽带，把位于生产现场、具备了数字计算和数字通信能力的测量控制设备连接成网络系统，按公开规范的通信协议，在多个测量控制设备之间，以及现场设备与远程监控计算机之间，实现数据传输与信息交换，形成适应各种应用需要的自动控制系统。网络把众多分散的计算机连接在一起，使计算机的功能发生了奇妙的变化，把人类引入到信息时代。现场总线给自动化领域带来的变化，正如计算机网络给单台计算机带来的变化。它使自控设备连接为控制网络，并与计算机网络沟通连接，使控制网络成为信息网络的重要组成部分。

现场总线技术是在20世纪80年代中期发展起来的。随着微处理器与计算机功能的不断增强，价格急剧降低，计算机与计算机网络系统得到迅速发展。而处于企业生产过程底层的测控自动化系统，由于设备之间采用传统的一对一连线，用电压、电流的模拟信号进行测量控制，或采用自成体系的封闭式的集散系统，难以实现设备之间以及系统与外界之间的信息交换，使自动化系统成为“信息孤岛”。要实现整个企业的信息集成，要实施综合自动化，就要构建运行在生产现场、性能可靠、造价低廉的工厂底层网络，完成现场自动化设备之间的多点数字通信，实现底层现场设备之间以及生产现场与外界的信息交换。

现场总线就是在这种实际需求的驱动下应运而生的。它作为现场设备之间互连的控制网络，沟通了生产过程现场控制设备之间及其与更高控制管理层网络之间的联系，为彻底打破自动化系统的信息孤岛僵局创造了条件。现场总线系统既是一个开放的数据通信系统、网络系统，又是一个可以由现场设备实现完整控制功能的全分布控制系统。它作为现场设备之间信息沟通交换的联系纽带，把挂接在总线上、作为网络节点的设备连接实现各种测量控制功能的自动化系统，实现如PID控制、补偿计算、参数修改、报警、显示、监控、优化及控制一体化的综合自动化功能。这是一项以数字通信、计算机网络、自动控制为主要内容的综合技术。

现场总线控制系统 FCS（Fieldbus Control System）属于网络化控制系统 NCS（Networked Control System）。这是继气动仪表控制系统、电动单元组合式模拟仪表控制系统、集中式数字控制系统、集散控制系统 DCS 后的新一代控制系统。

20 世纪 50 年代以前，由于当时的生产规模较小，检测控制仪表尚处于发展的初级阶段，所采用的是直接安装在生产设备上，只具备简单测控功能的基地式气动仪表，其信号仅在本仪表内起作用，一般不能传送给别的仪表或系统，即各测控点只能成为封闭状态，无法与外界沟通信息，操作人员只能通过生产现场的巡视，了解生产过程的状况。

随着生产规模的扩大，操作人员需要综合掌握多点的运行参数与信息，需要同时按多点的信息实行操作控制，于是出现了气动、电动系列的单元组合式仪表，出现了集中控制室。生产现场各处的参数通过统一的模拟信号，如 0.002～0.01MPa 的气压信号，0～10mA、4～20mA 的直流电流信号，1～5V 直流电压信号等，送往集中控制室，在控制盘上连接。操作人员可以坐在控制室纵观生产流程各处的状况，可以把各单元仪表的信号按需要组合成复杂控制系统。

由于模拟信号的传递需要一对一的物理连接，信号变化缓慢，提高计算速度与精度的开销、难度都较大，信号传输的抗干扰能力也较差，人们开始寻求用数字信号取代模拟信号，出现了直接数字控制。由于当时的数字计算机技术尚不发达，价格昂贵，人们企图用一台计算机取代控制室的几乎所有仪表盘，出现了集中式数字控制系统。但由于当时数字计算机的可靠性还较差，一旦计算机出现某种故障，就会造成所有控制回路瘫痪、停产的严重局面，这种危险集中的系统结构很难为生产过程所接受。

随着计算机可靠性的提高，价格的大幅度下降，出现了数字调节器、可编程控制器 PLC 以及由多个计算机构成的集中分散相结合的集散控制系统，这就是企业采用的 DCS 系统。在 DCS 系统中，测量变送仪表一般为模拟仪表，它属于模拟数字混合系统。这种系统在功能、性能上较模拟仪表、集中式数字控制有了很大进步，可在此基础上实现装置级、车间级的优化控制。但是，在 DCS 系统形成的过程中，由于受计算机系统早期存在的系统封闭缺陷的影响，各厂家的产品自成系统，不同厂家的设备不能互连在一起，难以实现互换与操作，组成更大范围信息共享的网络系统存在很多困难。

新型的现场总线系统克服了 DCS 系统中采用专用网络所造成的缺陷，把基于封闭、专用的解决方案变成了基于公开化、标准化的解决方案，即可以把来自不同厂商而遵守同一协议规范的自动化设备，通过现场总线网络连接成系统，实现综合自动化的各种功能；同时把 DCS 的模拟数字混合系统结构，变成了新型的全分布式网络系统结构。这里的全分布是指把控制功能彻底下放到现场，在生产现场实现 PID 等基本控制功能。

现场总线系统的现场设备在不同程度上都具有数字计算和数字通信能力。这一方面提高了信号的测量、控制和传输精度，同时为丰富控制信息的内容、实现其远程传送创造了条件。借助现场设备的计算、通信能力，在现场就可进行多种复杂的控制计算，形成真正分散在现场的完整的控制系统，提高了控制系统运行的可靠性。还可借助现场总线控制网络以及与之有通信连接的其他网络，实现异地远程自动控制，如操作远在数百公里之外的电气开关等。还可提供传统仪表所不能提供的如设备资源、阀门开关动作次数、故障诊断等信息，便于操作管理人员更好、更深入地了解生产现场和自控设备的运行状态。

基于现场总线的数据通信系统由数据的发送设备、接收设备、作为传输介质的现场总线、传输报文、通信协议等几部分组成。下面给出一个基于现场总线的数据通信系统的一个简单示例。温度变送器负责将生产现场运行的温度测量值传输到监控计算机。这里传输的报文内容为温度测量值，现场温度变送器为发送设备，计算机为接收设备，现场总线为传输介质，通信协议则是事先以软件形式存在于计算机和温度变送器内的一组程序。因此这里的数据通信系统实际上是一个以总线为连接纽带的硬软件结合体。

在基于现场总线的数据通信系统中，所传输的数据是与生产过程密切相关的数值、状态、指令等。如用数字1表示管道中阀门的开启，用数字0表示阀门的关闭；用数字1表示生产过程处于报警状态，数字0表示生产过程处于正常状态。表示温度、压力、流量、液位等的数值、控制系统的给定值、PID参数等都是典型的报文数据。

传统的测量控制系统，从输入设备到控制器，从控制器到输出设备，均采用设备间一对一的连线，即点到点布线，通过电压、电流等模拟信号传送参数值。现场总线系统则采用串行数据通信方式实现众多节点的数据通信，不必在每对通信节点间建立直达线路，而是采用网络的连接形式构建数据通道。总线上除了传输测量控制的状态与数值信息外，还可提供模拟仪表接线所不能提供的参数调整、故障诊断，便于操作管理人员更好更深入地了解生产现场和自控设备的运行状态。

在现场总线系统中，人们通常按通信帧的长短，把数据传输总线分为传感器总线、设备总线和现场总线。传感器总线的通信帧长度只有几个或十几个数据位，属于位级的数据总线。设备总线的通信帧长度一般为几个到几十个字节，属于字节级的总线。本书中字节一般指具有8个数据位的字节。现场总线属于数据块级的总线，其通信帧的长度可达几百个字节。当需要传输的数据包更长时，可支持分包传送。不过，在许多应用场合，人们还是习惯于把传感器总线、设备总线等这几种数据帧长度不一的总线统称为现场总线。

随着技术的不断发展，现场总线不再只局限于数据通信的技术范畴，各种控制功能块、控制网络的网络管理、系统管理内容的不断扩充，使现场总线系统逐渐成为网络系统与自动化系统的结合体，形成了控制网络技术。而现场总线控制网络与互联网的结合使控制网络又进一步拓宽了应用范围。

控制网络由多个分散在生产现场、具有数字通信能力的测量控制仪表作为网络节点而构成。它采用公开、规范的通信协议，以现场总线作为通信连接的纽带，把现场控制设备连接成可以相互沟通信息，共同完成自控任务的网络系统与控制系统。这是一个位于生产现场的网络系统，网络在各控制设备之间构筑起沟通数据信息的通道，在现场的多个测量控制设备之间，实现工业数据通信。这又是一个以网络为支撑的控制系统，依靠网络在传感测量、控制计算、执行器等功能模块之间传递输入输出信号，构成完整的控制系统，完成自动控制的各项任务。

相对普通计算机网络系统而言，控制网络的组成成员种类比较复杂。除了作为普通计算机网络系统成员的各类计算机、工作站、打印机、显示终端之外，大量的网络节点是各种可编程控制器、开关、马达、变送器、阀门、按钮等，其中大部分节点的智能程度远不及计算机。有的现场控制设备内嵌有CPU、单片机或其他专用芯片，有的只是功能相当简单的非智能设备。

控制网络属于一种特殊类型的计算机网络。它位于生产现场，是用于完成自动化任务的网络系统。其应用涉及离散、连续制造业，交通、楼宇、家电，甚至农、林、牧、渔等各行业。其网络规模可以从两三个数据节点到成千上万台现场设备。一个汽车组装可能有多达

25 万个节点，石油炼制过程中的一个普通装置也会有上千台测量控备。由它们组成的控制网络，其规模相当可观。控制网络的出现，打破了自动化系统原有的信息孤岛的僵局，为工业数据的集中与远程传送，为自动化系统与其他信息系统的沟通创造了条件。控制网络与办公网络的结合，拓宽了控制系统的视野与作用范围，为实现企业的管理控制一体化、实现远程监视与操作提供了基础条件。如操作远在数百公里之外的电气开关、在某些特定条件下建立无人值守基站等。

控制网络改变了传统控制系统的结构形式。传统模拟控制系统采用一对一的设备连线。位于现场的测量变送器与位于控制室的控制器之间，控制器与位于现场的执行器、开关、马达之间均为一对一的物理连接。网络化控制系统则借助网络在传感器、控制器、执行器各单元之间传递信息，通过网络连接形成控制系统。这种网络化的连接方式简化了控制系统各部分之间的连线关系，为系统设计、安装、维护带来方便。

随着计算机、信息技术的飞速发展，20 世纪末世界最重大的变化是全球市场的逐渐形成，从而导致竞争空前加剧，产品技术含量高、更新换代快。处于全球市场之中的工业生产必须加快新产品的开发，按市场需求调整产品的上市时间（T)，改善质量（Q)，降低成本(C)，并不断完善售前售后服务（S)，才能在剧烈的竞争之中立于不败之地。追求完善的 T、Q、C、S 是一个永无止境的过程，它能不断地促进技术进步与管理改革。为了适应市场竞争需要，在追求 T、Q、C、S 的过程中逐渐形成了计算机集成制造系统。它采用系统集成、信息集成的观点来组织工业生产。把市场、生产计划、制造过程、企业管理、售后服务看作一体化过程，并采用计算机、自动化、通信等技术来实现整个过程的综合自动化，以改善生产加工、管理决策等。由于它把整个生产过程看作是信息的采集、传送及加工处理的过程，因而信息技术成为生产制造过程的重要因素。综合自动化就是在信息采集、加工的基础上，运用网络和数据库技术，实现经营、管理、控制信息的集成，在集成信息的基础上进一步优化资源配置与生产操作，增加产量，改善 T、Q、C、S，提高企业的市场应变能力和竞争能力。

随着计算机与计算机网络技术的迅速发展，使计算机集成制造系统具备了良好的实施基础，处于企业生产过程底层的测控自动化系统，如果继续采用模拟仪表，采用 DCS 模拟数字混合系统，就难以与外界交换信息，难以支持计算机集成制造系统的实施。现场总线系统是实现整个生产过程信息集成，实施综合自动化的重要基础，它适应了信息时代自动化、系统智能化、网络化、综合自动化的发展需求。

早期的现场总线又称为工业电话线，用于在测量控制设备之间传递信号。总线把传感器、按钮、执行机构等连接到可编程控制器或其他类型的专用控制器上，共同执行工业控制任务。控制系统的输入包括按钮、传感器、接触器的位置状态与数值，控制系统的输出用于去驱动信号灯、接触器，开关等。20 世纪 70 年代，大约在可编程控制器出现的同时，Culter-Hammer 推出了一个称为 Directrol 的产品，这是第一个设备层现场总线系统。Interbus 是独具特色的一种现场总线，是一种快速、确定、高效的总线。它是给单主机系统设计的。Sensoplex 作为早期的一种专用总线，最初是在德国科隆的福特汽车公司开发的。这个项目要求将节点和数据线直接连接到机器人的焊接臂上。由于接近电磁场，周围的低频电磁场不仅影响数据，还影响节点的输入输出电源。P-Net 是丹麦 Process Data 公司于 1983 推出的控制网络技术。它主要用于动物饲养系统、奶制品厂、啤酒厂、农业环境控制等应用场合，是一种复杂系统。

从这些早期的总线技术也可以看出工业数据通信与控制网络的特点。它在网络规模、节点种类、通信帧的长度、所处的工作环境、各种通信技术参数、需要考虑解决的问题等方面，都具有区别于语音通信、计算机通信系统的显著特征。早期的总线技术大多是专有通信技术，自成系统，不具备开放性。不同生产商的产品之间不能相互通信。技术的发展与用户需求促进了开放总线诞生。开放意味着通信协议与规范公开统一，产品容许多个制造商生产，不同制造商生产的产品能在同一通信网络系统中互连、互操作。早期总线技术的另一特点是通信帧短。应该说这也是工业数据通信的特点之一。但今天的控制网络与早期的总线通信相比，其通信帧普遍变长，通信量变大。这也说明控制网络中信息量的需求在日趋增大。

1.1.2 典型现场总线简介

（1）基金会现场总线

基金会现场总线，即 Foudation Fieldbus，简称 FF，这是在过程自动化领域得到广泛支持和具有良好发展前景的技术。其前身是以美国 Fisher-Rousemount 公司为首，联合 Foxboro、横河、ABB、西门子等 80 家公司制订的 ISP 协议和以 Honeywell 公司为首，联合欧洲等地的 150 家公司制订的 WordFIP 协议。这两大集团于 1994 年 9 月合并，成立了现场总线基金会，致力于开发出国际上统一的现场总线协议。它以 ISO/OSI 开放系统互连模型为基础，取其物理层、数据链路层、应用层为 FF 通信模型的相应层次，并在应用层上增加了用户层。

基金会现场总线分低速 H1 和高速 H2 两种通信速率。H1 的传输速率为 3125Kbps，通信距离可达 1900m（可加中继器延长），可支持总线供电，支持本质安全防爆环境。H2 的传输速率为 1Mbps 和 2.5Mbps 两种，其通信距离为 750m 和 500m。物理传输介质支持双绞线、光缆和无线发射，协议符合 IEC1158-2 标准。其物理媒介的传输信号采用曼彻斯特编码，每位发送数据的中心位置或是正跳变，或是负跳变。正跳变代表 0，负跳变代表 1，从而使串行数据位流中具有足够的定位信息，以保持发送双方的时间同步。接收方既可根据跳变的极性来判断数据的“1”“0”状态，也可根据数据的中心位置精确定位。

为满足用户需要，Honeywell、Ronan 等公司已开发出可完成物理层和部分数据链路层协议的专用芯片，许多仪表公司已开发出符合 FF 协议的产品，总线已通过 a 测试和 β 测试，完成了由 13 个不同厂商提供设备而组成的 FF 现场总线工厂试验系统。总线标准也已经形成。1996 年 10 月，在芝加哥举行的 ISA96 展览会上，由现场总线基金会组织实施，向世界展示了来自四十多家厂商的七十多种符合 FF 协议的产品，并将这些分布在不同楼层展览大厅不同展台上的 FF 展品，用醒目的橙红色电缆，互连为七段现场总线演示系统，各展台现场设备之间可实地进行现场互操作，展现了基金会现场总线的成就与技术实力。

（2）LonWorks

LonWorks 是又一具有强劲实力的现场总线技术，它是由美国 Ecelon 公司推出并由其与摩托罗拉、东芝公司共同倡导，于 1990 年正式公布而形成的。它采用了 ISO/OSI 模型的全部七层通信协议，采用了面向对象的设计方法，通过网络变量把网络通信设计简化为参数设置，其通信速率从 300bps 至 15Mbps 不等，直接通信距离可达到 2700m（78Kbps，双绞线），支持双绞线、同轴电缆、光纤、射频、红外线、电源线等多种通信介质，并开发相应的安全防爆产品，被誉为通用控制网络。

LonWorks 技术所采用的 LonTalk 协议被封装在称之为 Neuron 的芯片中并得以实现。

集成芯片中有3个8位CPU；一个用于完成开放互连模型中第1～2层的功能，称为媒体访问控制处理器，实现介质访问的控制与处理；第二个用于完成第3～6层的功能，称为网络处理器，进行网络变量处理的寻址、处理、背景诊断、函数路径选择、软件计量时、网络管理，并负责网络通信控制、收发数据包等；第三个是应用处理器，执行操作系统服务与用户代码。芯片中还具有存储信息缓冲区，以实现CPU之间的信息传递，并作为网络缓冲区和应用缓冲区。如Motorola公司生产的神经元集成芯片MC143120E2就包含了2K RAM和2K EEPROM。

LonWorks技术的不断推广促成了神经元芯片的低成本，而芯片的低成本又反过来促进了LonWorks技术的推广应用，形成了良好循环，据Ecelon公司的有关资料，到1996年7月，已生产出500万片神经元芯片。LonWorks公司的技术策略是鼓励各OEM开发商运用LonWorks技术和神经元芯片，开发自己的应用产品，据称目前已有2600多家公司在不同程度上卷入了LonWorks技术；1000多家公司已经推出了LonWorks产品，并进一步组织起LonWorks互操作协会，开发推广LonWorks技术与产品。它被广泛应用在楼宇自动化、家庭自动化、保安系统、办公设备、运输设备、工业过程控制等行业。为了支持LonWorks与其他协议和网络之间的互连与互操作，该公司正在开发各种网关，以便将LonWorks与以太网、FF、Modbus、DeviceNet、Profibus、Serplex等互连为系统。

另外，在开发智能通信接口、智能传感器方面，LonWorks神经元芯片也具有独特的优势。LonWorks技术已经被美国暖通工程师协会ASRE定为建筑自动化协议BACnet的一个标准。美国消费电子制造商协会已经通过决议，以LonWorks技术为基础制定了EIA-709标准。

这样，LonWorks已经建立了一套从协议开发、芯片设计、芯片制造、控制模块开发制造、OEM控制产品、最终控制产品、分销、系统集成等一系列完整的开发、制造、推广、应用体系结构，吸引了很多企业参与到这项工作中来，这对于一种技术的推广、应用有很大的促进作用。

（3）Profibus

Profibus是作为德国国家标准DIN 19245和欧洲标准prEN50170的现场总线。ISO/OSI模型也是它的参考模型。由Profibus-DP、Profibus-FMS、Profibus-PA组成了Profibus系列。DP型用于分散外设间的高速传输，适合于加工自动化领域的应用，FMS意为现场信息规范，适用于纺织、楼宇自动化、可编程控制器、低压开关等一般自动化，而PA型则是用于过程自动化的总线类型，它遵从IEC1158-2标准。该项技术是由西门子公司为主的十几家德国公司、研究所共同推出的。它采用了OSI模型的物理层、数据链路层，由这两部分形成了其标准第一部分的子集，DP型隐去了第3～7层，而增加了直接数据连接拟合作为用户接口，FMS型只隐去第3～6层，采用了应用层，作为标准的第二部分。PA型的标准目前还处于制定过程之中，其传输技术遵从IEC1158-2（1）标准，可实现总线供电与本质安全防爆。

Porfibus支持主-从系统、纯主站系统、多主多从混合系统等几种传输方式。主站具有对总线的控制权，可主动发送信息。对多主站系统来说，主站之间采用令牌方式传递信息，得到令牌的站点可在一个事先规定的时间内拥有总线控制权，一般事先规定好令牌在各主站中循环一周的最长时间。按Profibus的通信规范，令牌在主站之间按地址编号顺序，沿上行方向进行传递。主站在得到控制权时，可以按主-从方式，向从站发送或索取信息，实现点对点通信。主站可采取对所有站点广播（不要求应答），或有选择地向一组站点广播。

Profibus 的传输速率为 96～12Kbps，最大传输距离在 12Kbps 时为 1000m，15Mbps 时为 400m，可用中继器延长至 10km。其传输介质可以是双绞线，也可以是光缆，最多可挂接 127 个站点。

（4）CAN

CAN 是控制网络 Control Area Network 的简称，最早由德国 BOSCH 公司推出，用于汽车内部测量与执行部件之间的数据通信。其总线规范现已被 ISO 国际标准组织制订为国际标准，得到了 Motorola、Intel、Philips、Siemens、NEC 等公司的支持，已广泛应用在离散控制领域。

CAN 协议也是建立在国际标准组织的开放系统互连模型基础上的，不过，其模型结构只有 3 层，只取 OSI 底层的物理层、数据链路层和顶上层的应用层。其信号传输介质为双绞线，通信速率最高可达 1Mbps/40m，直接传输距离最远可达 10km/Kbps，可挂接设备最多可达 110 个。CAN 的信号传输采用短帧结构，每一帧的有效字节数为 8 个，因而传输时间短，受干扰的概率低。当节点严重错误时，具有自动关闭的功能以切断该节点与总线的联系，使总线上的其他节点及其通信不受影响，具有较强的抗干扰能力。

CAN 支持多主方式工作，网络上任何节点均在任意时刻主动向其他节点发送信息，支持点对点、一点对多点和全局广播方式接收/发送数据。它采用总线仲裁技术，当出现几个节点同时在网络上传输信息时，优先级高的节点可继续传输数据，而优先级低的节点则主动停止发送，从而避免了总线冲突。已有多家公司开发生产了符合 CAN 协议的通信芯片，如 Intel 公司的 82527，Motorola 公司的 MC68HC05X4，Philips 公司的 82C250 等。还有插在 PC 机上的 CAN 总线接口卡，具有接口简单、编程方便、开发系统价格便宜等优点。

（5）HART

HART 是 Highway Addressable Remote Transducer 的缩写。最早由 Rosemout 公司开发并得到八十多家著名仪表公司的支持，于 1993 年成立了 HART 通信基金会。这种被称为可寻址远程传感高速通道的开放通信协议，其特点是现有模拟信号传输线上实现数字通信，属于模拟系统向数字系统转变过程中工业过程控制的过渡性产品，因而在当前的过渡时期具有较强的市场竞争能力，得到了较好的发展。

HART 通信模型由 3 层组成：物理层、数据链路层和应用层。物理层采用 FSK（Frequency Shift Keying）技术在 4～20mA 模拟信号上叠加一个频率信号，频率信号采用 Bell202 国际标准；数据传输速率为 1200bps，逻辑“0”的信号频率为 2200Hz，逻辑“1”的信号传输频率为 1200Hz。数据链路层用于按 HART 通信协议规则建立 HART 信息格式。其信息构成包括开头码、显示终端与现场设备地址、字节数、现场设备状态与通信状态、数据、奇偶校验等。其数据字节结构为 1 个起始位，8 个数据位，1 个奇偶校验位，1 个终止位。应用层的作用在于使 HART 指令付诸实现，即把通信状态转换成相应的信息。它规定了一系列命令，按命令方式工作。它有三类命令，第一类称为通用命令，这是所有设备理解、执行的命令；第二类称为一般行为命令，它所提供的功能可以在许多现场设备（尽管不是全部）中实现，这类命令包括最常用的现场设备的功能库；第三类称为特殊设备命令，以便在某些设备中实现特殊功能，这类命令可以在基金会中开放使用，又可以为开发此命令的公司所独有。在一个现场设备中通常可发现同时存在这三类命令。HART 支持点对点主从应答方式和多点广播方式。按应答方式工作时的数据更新速率为 2～3 次/s，按广播方式工作时的数据更新速率为3～4次/s，它还可支持两个通信主设备。总线上可挂设备数多达15个，每个现场设备可有256个变量，每个信息最大可包含4个变量。最大传输距离3000m，HART采用统一的设备描述语言DDL。现场设备开发商采用这种标准语言来描述设备特性，由HART基金会负责登记管理这些设备描述并把它们编为设备描述字典，主设备运用DDL技术，来理解这些设备的特性参数而不必为这些设备开发专用接口。但由于这种模拟、数字混合信号制，导致难以开发出一种能满足各公司要求的通信接口芯片。HART能利用总线供电，可满足本安防爆要求。

（6）POWERLINK

POWERLINK＝CANopen＋Ethernet，鉴于以太网的蓬勃发展和CANopen在自动化领域里的广阔应用基础，Ethernet POWERLINK融合了这两项技术的优点和缺点，即拥有了Ethernet的高速、开放性接口，以及CANopen在工业领域良好的SDO和PDO数据定义，在某种意义上说POWERLINK就是Ethernet上的CANopen，物理层、数据链路层使用了Ethernet介质，而应用层则保留了原有的SDO和PDO对象字典的结构，这样的好处在于POWERLINK无需做较多的改动即可实现，而且保护原有投资的利益，并且有开放性的接口。

POWERLINK是一个可以在普通以太网上实现的方案，无需ASIC芯片，用户可以在各种平台上实现POWERLINK，如FPGA、ARM、×86CPU等，只要有以太网的地方，就可以实现POWERLINK。

POWERLINK公开了所有的源码，任何人都可以免费下载和使用（就像Linux）。POWERLINK的源码里包含了物理层（标准以太网）、数据链路层（DLL、应用层）、CANopen三层完整的代码，用户只需将POWERLINK的程序在已有的硬件平台上编译运行，就可以在几分钟内实现POWERLINK。POWERLINK是一个易于实现的、高性能的、不被任何人垄断的、真正的互连互通的平台。

POWERLINK完全丢掉了TCP/IP，定义了一个精简的、实时性极高的数据链路层协议，同时定义了CANopen为应用层协议。这样用户在实现了POWERLINK的同时，也实现了CANopen。在纷繁的总线协议中，POWERLINK将是实时以太网的未来，原因如下。

① POWERLINK是一项开源技术，开放性好，无需授权，无需购买。

② POWERLINK基于标准的以太网，无需专用的ASIC芯片，有以太网的地方，就可以实现POWERLINK，硬件平台多种多样（ARM、FPGA、DSP、×86等），不依赖于某一个公司。

③ POWERLINK速度快，支持10M/100M/1000M的以太网。以太网技术进步，POWERLINK的技术就会跟着进步，因为POWERLINK是基于标准以太网的。

④ POWERLINK性能卓越，使用价格低廉的FPGA来实现POWERLINK，性能也能达到100～200μs的循环周期。

⑤ POWERLINK支持标准的网络设备，如交换机、HUB等。支持所有以太网的拓扑结构，使得布线更自由、更灵活。

1.1.3 现场总线的技术特点

现场总线是控制系统运行的动脉、通信的枢纽，因而应关注系统的开放性、互可操作性、通信的实时性、现场设备的智能与功能自治性以及对环境的适应性等问题。

① 系统的开放性。系统的开放性体现在通信协议公开，不同制造商提供的设备之间可实现网络互连与信息交换。这里的开放是指对相关规范的一致与公开，强调对标准的共识与遵从。一个开放系统，是指它可以与世界上任一制造商提供的、遵守相同标准的其他设备或系统相互连通。用户可按自己的需要和考虑，把来自不同供应商的产品组成适合自己控制应用需要的系统，现场总线系统应该成为自动化领域的开放互连系统。

今天，位于企业基层的测控系统，许多依然处于封闭、孤立的状态，严重制约了其自身信息交换的范围与功能发展。从用户到设备制造商都强烈要求形成统一标准，从根本上打破现有各自封闭的体系结构，组成开放互连网络。正是这种需求促进了现场总线技术的诞生与发展。

② 互可操作性。这里的互可操作性，是指网络中，互连的设备之间可实现数据信息传送与交换。

③ 通信的实时性与确定性。现场总线系统的基本任务是实现测量控制，而此测控任务是有严格的时序和实时性要求的。达不到实时性要求或因时间同步等问题影响了网络节点间的动作时序，有时会造成灾难性的后果。这就要求现场总线系统能提供相应的通信机制，提供时间发布与时间管理功能，满足控制系统的实时性要求。现场总线系统中的媒体访问控制机制、通信模式、网络管理与调度方式等都会影响到通信的实时性、有效性与确定性。

④ 现场设备的智能与功能自治性。这里的智能主要体现在现场设备的数字计算与数字通信能力上。而功能自治性则是指将传感测量、补偿计算、工程量处理、控制计算等功能块分散嵌入到现场设备中，借助位于现场的设备即可完成自动控制的基本功能，构成全分布式控制系统。并具备随时诊断设备工作状态的能力。

⑤ 对现场环境的适应性。现场总线系统工作在生产现场，应具有对现场环境的适应性。工作在不同环境下的现场总线系统，对其环境适应性有不同要求。在不同的高温、严寒、粉尘环境下能保持正常工作状态，具备抗振动、抗电磁干扰的能力。在易燃易爆环境下能保证本质安全，有能力支持总线供电等。这是现场总线控制网络区别于普通计算机网络的重要方面。采用防雨、防潮、防电磁干扰的壳体封装，采用工作温度范围更宽的电子器件，采用屏蔽电缆或光缆作为传输介质，实现总线供电，满足本质安全防爆要求等都是现场总线系统所采取的提高环境适应性的措施。

1.1.4 现场总线技术展望与发展趋势

自20世纪80年代末、90年代初国际上发展形成现场总线，由于这种技术过程自动化、制造自动化、楼宇自动化等领域的现场智能设备互连通信网络。它作为工厂数字通信网络的基础，沟通了生产过程现场及控制设备之间及其与更高控制管理层之间的联系。它不仅是一个基层网络，还是一种开放式、新型全分布控制系统。这项以智能传感、控制、计算机、数字通信等技术为主要内容的综合技术，已经受到世界范围的关注，成为自动化技术发展的热点，并将导致自动化系统结构与设备的深刻变革。国际上许多有实力、有影响的公司都先后在不同程度上进行了现场总线技术与产品的开发。现场总线设备的工作环境处于过程设备的底层，作为工厂设备级基础通信网络，要求具有协议简单、容错能力强、安全性好、成本低的特点，具有一定的时间确定性和较高的实时性要求，还具有网络负载稳定，多数为短帧传送，信息交换频繁。由于上述特点，现场总线系统从网络结构到通信技术，都具有不同上层高速数据通信网的特色。

一般把现场总线系统称为第五代控制系统，也称作FCS——现场总线控制系统。人们一般把20世纪50年代前的气动信号控制系统PCS称作第一代，把4～20mA等电动模拟信号控制系统称为第二代，把数字计算机集中式控制系统称为第三代，而把20世纪70年代中期以来的集散式分布控制系统DCS称作第四代。现场总线控制系统FCS作为新一代控制系统；一方面突破了DCS系统采用通信专用网络的局限，采用了基于公开化、标准化的解决方案，克服了封闭系统所造成的缺陷；另一方面把DCS的集中与分散相结合的集散系统结构，变成了新型全分布式结构，把控制功能彻底下放到现场。可以说，开放性、分散性与数字通信是现场总线系统最显著的特征。

现场总线技术的发展应体现为两个方面：一个是低速现场总线领域的继续发展和完善；另一个是高速现场总线技术的发展。

目前现场总线产品主要是低速总线产品，应用于运行速率较低的领域，对网络的性能要求不是很高。从应用状况看，无论是FF和Profibus，还是其他一些现场总线，都能较好地实现速率要求较慢的过程控制。因此，在速率要求较低的控制领域，谁都很难统一整个世界市场。而现场总线的关键技术之一是互操作性，实现现场总线技术的统一是所有用户的愿望。今后现场总线技术如何发展、如何统一，是所有生产厂商和用户十分关心的问题。

高速现场总线主要应用于控制网内的互连，连接控制计算机、PLC等智能程度较高、处理速度快的设备，以及实现低速现场总线网桥间的连接，它是充分实现系统的全分散控制结构所必需的。目前这一领域还比较薄弱。因此，高速现场总线的设计、开发将是竞争十分激烈的领域，这也将是现场总线技术实现统一的重要机会。而选择什么样的网络技术作为高速现场总线的整体框架将是其首要内容。

发展现场总线技术已成为工业自动化领域广为关注的焦点课题，国际上现场总线的研究、开发，使测控系统冲破了长期封闭系统的禁锢，走上开放发展的征程，这对中国现场总线控制系统的发展是个极好的机会，也是一次严峻的挑战。自动化系统的网络化是发展的大趋势，现场总线技术受计算机网络技术的影响是十分深刻的。现在网络技术日新月异，发展十分迅猛，一些具有重大影响的网络新技术必将进一步融合到现场总线技术之中，这些具有发展前景的现场总线技术有：智能仪表与网络设备开发的软硬件技术；组态技术，包括网络拓扑结构、网络设备、网段互连等；网络管理技术，包括网络管理软件、网络数据操作与传输；人机接口、软件技术；现场总线系统集成技术。

由于目前自动化技术从单机控制发展到工厂自动化FA，发展到系统自动化。工厂自动化信息网络可分为以下三层结构：工厂管理级、车间监控级、现场设备级，而现场总线是工厂底层设备之间的通信网络。这里先介绍一下以太网，本文特指工业以太网，工业以太网是作为办公室自动化领域衍生的工业网络协议，按习惯主要指IEEE802.3协议，如果进一步采用TCP/IP协议族，则采用“以太网＋TCP/IP”来表示，其技术特点主要适合信息管理、信息处理系统，并在IT业得到了巨大的成功。在工厂管理级、车间监控级信息集成领域中，工业以太网已有不少成功的案例，在设备层对实时性没有严格要求场合也有许多应用。由于现场总线目前种类繁多，标准不一，很多人都希望以太网技术能介入设备低层，广泛取代现有现场总线技术，施耐德公司就是该想法的积极倡导者和实践者，目前已有一批工业级产品问世和实际应用。可是就目前而言，以太网还不能够真正解决实时性和确定性问题，大部分现场层仍然会首选现场总线技术。由于技术的局限和各个厂家的利益之争，这样一个多种工业总线技术并存，以太网技术不断渗透的现状还会维持一段时间。用户可以根据技术要求和实际情况来选择所需的解决方案。

现场总线技术的兴起，开辟了工厂底层网络的新天地。它将促进企业网络的快速发展，为企业带来新的效益，因而会得到广泛的应用，并推动自动化相关行业的发展。

1.2 以太网技术

1.2.1 以太网技术简介

以太网技术指的是由 Xerox 公司创建并由 Xerox、Intel 和 DEC 公司联合开发的基带局域网规范。以太网络使用 CSMA/CD（载波监听多路访问及冲突检测）技术，并以 10M/s 的速率运行在多种类型的电缆上。以太网与 IEEE802.3 系列标准相类似。

以太网不是一种具体的网络，是一种技术规范。以太网是当今现有局域网最通用的通信协议标准。该标准定义了在局域网（LAN）中采用的电缆类型和信号处理方法。以太网在互连设备之间以 10～100Mbps 的速率传送信息包，双绞线电缆 10 Base-T 以太网由于其低成本、高可靠性以及 10Mbps 的速率而成为应用最广泛的以太网技术。直扩的无线以太网可达 11Mbps，许多制造供应商提供的产品都能采用通用的软件协议进行通信，开放性最好。

目前在工业自动化控制网络的控制层和现场设备层，现场总线是最主要的通信方式。随着工业自动化控制的深化和广化，统一通信标准成为公认的发展方向，工业以太网技术将成为现场总线技术的重要替代。

(1) 工业控制网络的发展需求

首先，随着工业现场设备的智能化以及控制方式由单点控制走向协同系统控制，现场设备之间需要进行实时、快速的通信，传输数据的带宽也相应由窄带转向宽带。

其次，工业控制系统由工厂自动化发展到城市公共事业自动化（如城市地铁控制系统、城市智能配电系统等），再发展到广域控制系统（如特高压智能电网控制系统、高速铁路智能控制系统等），工业控制系统日趋分散。

最后，在工业控制的上层，需要集成生产计划和控制、质量管理、跟踪能力、维护系统等功能，希望从现场设备到本地操作站、管理层的整个控制网络实现透明一体化以提高生产率，更快地评估、控制系统的每一部分，从而实现高效、实时、透明的远程运营和管理。

工业控制网络正朝着宽带、实时、透明、双向、互操作的方向发展，这就需要工业控制网络具备标准化、归一化的技术特点，以实现管理层、控制层和现场设备层更好的互连、互通和互操作。

(2) 现场总线技术的不足

现场总线技术（Fieldbus）是上世纪 80 年代末、90 年代初国际上发展形成的一项工业通信技术，是安装在生产过程区域的现场设备、仪表与控制室内的自动控制装置或系统之间的一种串行、数字式、多点、双向通信的数据总线。最近二十多年中，现场总线是现场级数据通信系统的主流解决方案。

现场总线技术尽管已有一定范围的磋商合并，但至今尚未形成完整统一的国际标准。其中具有较强实力和影响力的现场总线技术包括 Foundation Fieldbus、LonWorks、Profibus、HART、CAN、Dupline 等。它们具有各自的特色，在不同应用领域形成了自己的优势，但互不兼容，这一现状一定程度上阻碍了全球工业信息化的进程。现场总线技术的主要不足之处在于以下几点。

① 管理层与控制层及现场设备层采用不同的通信协议，上下层之间通过上位机连接，无法直接通信，管理层不能直接访问控制区域的设备。

② 由于国际标准推出缓慢，各类现场总线采用不同的技术，相互之间缺乏互连性和互操作性，不能实现透明连接。

③ 传输速率不高，缺乏对其他应用如语音、图像数据的支持能力。

④ 由于现场总线是专用实时通信网络，成本较高。

（3）工业以太网技术的优势

工业以太网能够提供现场总线无法提供的如下技术特性：

① 将工业控制系统与办公信息化系统融合，形成一体化的透明网络；

② 更宽的带宽和更大的数据包以满足越来越多的智能自动化设备的通信；

③ 更快速的同步实时通信以满足运动控制应用的需求；

④ 在更大范围内连接更多的设备并为之设置地址；

⑤ 主要使用以太网构造同质网络；

⑥ 提供新功能如制造执行系统 MES、在线升级固件、远程组态及故障处理；

⑦ 集成现有的现场总线系统；

⑧ 实现更好的互操作性；

⑨ 可以使用标准化、低成本的以太网设备，如交换机、线缆、集线器等。

工业以太网可以构建互连、互通，以及具有更好互操作性的透明一体化工业控制网络，实现工业控制网络与企业信息网络的无缝连接，形成企业级管控一体化的全开放网络，实现管理层、控制层到现场设备层之间工业通信的“e 网到底”。

以太网技术的最初进展来自于施乐帕洛阿尔托研究中心的许多先锋技术项目中的一个。人们通常认为以太网发明于 1973 年，当年鲍勃·梅特卡夫（Bob Metcalfe）给他 PARC 的老板写了一篇有关以太网潜力的备忘录。但是梅特卡夫本人认为以太网是之后几年才出现的。在 1976 年，梅特卡夫和他的助手 David Boggs 发表了一篇名为《以太网：局域计算机网络的分布式包交换技术》的文章。

1979 年，梅特卡夫为了开发个人电脑和局域网离开了施乐（Xerox），成立了 3Com 公司。3Com 对 DEC、英特尔和施乐进行游说，希望一起将以太网标准化、规范化。这个通用的以太网标准于 1980 年 9 月 30 日出台。当时业界有两个流行的非公有网络标准，令牌环网和 ARCNET，在以太网大潮的冲击下它们很快萎缩并被取代。而在此过程中，3Com 也成了一个国际化的大公司。

梅特卡夫曾经开玩笑说，Jerry Saltzer 为 3Com 的成功做出了贡献。Saltzer 在一篇与他人合作的很有影响力的论文中指出，在理论上令牌环网要比以太网优越。受到此结论的影响，很多电脑厂商或犹豫不决或决定不把以太网接口作为机器的标准配置，这样 3Com 才有机会从销售以太网网卡大赚。这种情况也导致了另一种说法：“以太网不适合在理论中研究，只适合在实际中应用”。也许只是句玩笑话，但这说明了这样一个技术观点：通常情况下，网络中实际的数据流特性与人们在局域网普及之前的估计不同，而正是因为以太网简单的结构才使局域网得以普及。梅特卡夫和 Saltzer 曾经在麻省理工学院 MAC 项目（Project MAC）的同一层楼里工作，当时他正在做自己的哈佛大学毕业论文，在此期间奠定了以太网技术的理论基础。

以太网基于网络上无线电系统多个节点发送信息的想法实现，每个节点必须取得电缆或者信道才能传送信息，有时也叫作以太（Ether）（这个名字来源于19世纪的物理学家假设的电磁辐射媒体——光以太，后来的研究证明光以太不存在）。每一个节点有全球唯一的48位地址，也就是制造商分配给网卡的MAC地址，以保证以太网上所有系统能互相鉴别。由于以太网十分普遍，许多制造商把以太网卡直接集成进计算机主板。

已经发现以太网通信具有自相关性的特点，这对于电信通信工程十分重要。

带冲突检测的载波侦听多路访问（CSMA/CD）技术规定了多台电脑共享一个信道的方法。这项技术最早出现在1960年代由夏威夷大学开发的ALOHAnet，它使用无线电波为载体。这个方法要比令牌环网或者主控制网简单。当某台电脑要发送信息时，必须遵守以下规则。

当某台电脑要发送信息时，必须遵守以下规则。

第1步，开始：如果线路空闲，则启动传输，否则转到第4步。

第2步，发送：如果检测到冲突，继续发送数据直到达到最小报文时间，再转到第4步。

第3步，成功传输：向更高层的网络协议报告发送成功，退出传输模式。

第4步，线路忙：等待，直到线路空闲，线路进入空闲状态，等待一个随机的时间，转到第1步，除非超过最大尝试次数。

第5步，超过最大尝试传输次数：向更高层的网络协议报告发送失败，退出传输模式。

最初的以太网是采用同轴电缆来连接各个设备的。电脑通过一个叫作附加单元接口（Attachment Unit Interface，AUI）的收发器连接到电缆上。一根简单网线对于一个小型网络来说还是很可靠的，对于大型网络来说，某处线路的故障或某个连接器的故障，都会造成以太网某个或多个网段的不稳定。

因为所有的通信信号都在共用线路上传输，即使信息只是发给其中的一个终端（destination），某台电脑发送的消息都将被其他所有电脑接收。在正常情况下，网络接口卡会滤掉不是发送给自己的信息，接收目标地址是自己的信息时才会向CPU发出中断请求，除非网卡处于混杂模式（Promiscuous Mode）。这种“一个说，大家听”的特质是共享介质以太网在安全上的弱点，因为以太网上的一个节点可以选择是否监听线路上传输的所有信息。共享电缆也意味着共享带宽，所以在某些情况下以太网的速度可能会非常慢，比如电源故障之后，当所有的网络终端都重新启动时。

在以太网技术的发展中，以太网集线器（Ethernet Hub）的出现使得网络更加可靠，接线更加方便。

因为信号的衰减和延时，根据不同的介质以太网段有距离限制。例如，10Base5同轴电缆最长距离500m。最大距离可以通过以太网中继器实现，中继器可以把电缆中的信号放大再传送到下一段。中继器最多连接5个网段，但是只能有4个设备（即一个网段最多可以接4个中继器）。这可以减轻因为电缆断裂造成的问题：当一段同轴电缆断开，所有这个段上的设备就无法通信，中继器可以保证其他网段正常工作。

类似于其他的高速总线，以太网网段必须在两头以电阻器作为终端。对于同轴电缆，电缆两头的终端必须接上被称作“终端器”的50Ω的电阻和散热器，如果不这么做，就会发生类似电缆断掉的情况：总线上的AC信号当到达终端时将被反射，而不能消散。被反射的信号将被认为是冲突，从而使通信无法继续。中继器可以将连在其上的两个网段进行电气隔离，增强和同步信号。大多数中继器都有被称作“自动隔离”的功能，可以把有太多冲突或是冲突持续时间太长的网段隔离开来，这样其他的网段不会受到损坏部分的影响。中继器在检测到冲突消失后可以恢复网段的连接。

随着应用的拓展，人们逐渐发现星形的网络拓扑结构最为有效，于是设备厂商们开始研制有多个端口的中继器。多端口中继器就是众所周知的集线器（Hub）。集线器可以连接到其他的集线器或者同轴网络。

第一个集线器被认为是“多端口收发器”或者叫作“fanouts”。最著名的例子是DEC的DELNI，它可以使许多台具有AUI连接器的主机共用一个收发器。集线器也导致了不使用同轴电缆的小型独立以太网网段的出现。

像DEC和SynOptics这样的网络设备制造商曾经出售过用于连接许多10Base-2细同轴线网段的集线器。

非屏蔽双绞线（Unshielded Twisted-Pair Cables，UTP）最先应用在星形局域网中，之后在10Base-T中也得到应用，并最终代替了同轴电缆成为以太网的标准。这项改进之后，RJ45电话接口代替了AUI成为电脑和集线器的标准接口，非屏蔽3类双绞线/5类双绞线成为标准载体。集线器的应用使某条电缆或某个设备的故障不会影响到整个网络，提高了以太网的可靠性。双绞线以太网把每一个网段点对点地连起来，这样终端就可以做成一个标准的硬件，解决了以太网的终端问题。

采用集线器组网的以太网尽管在物理上是星形结构，但在逻辑上仍然是总线型的，半双工的通信方式采用CSMA/CD的冲突检测方法，集线器对于减少包冲突的作用很小。每一个数据包都被发送到集线器的每一个端口，所以带宽和安全问题仍没有解决。集线器的总吞吐量受到单个连接速度的限制（10Mbit/s或100Mbit/s），这还是考虑在前同步码、帧间隔、头部、尾部和打包上花销最少的情况。当网络负载过重时，冲突也常常会降低总吞吐量。最坏的情况是，当许多用长电缆组网的主机传送很多非常短的帧时，网络的负载仅达到50%就会因为冲突而降低集线器的吞吐量。为了在冲突严重降低吞吐量之前尽量提高网络的负载，通常会进行一些设置工作。

尽管中继器在某些方面隔离了以太网网段，电缆断线的故障不会影响到整个网络，但它向所有的以太网设备转发所有的数据。这严重限制了同一个以太网网络上可以相互通信的机器数量。为了减轻这个问题，桥接方法被采用，在工作在物理层的中继器的基础上，桥接工作在数据链路层。通过网桥时，只有格式完整的数据包才能从一个网段进入另一个网段；冲突和数据包错误则都被隔离。通过记录分析网络上设备的MAC地址，网桥可以判断它们都在什么位置，这样它就不会向非目标设备所在的网段传递数据包。像生成树协议这样的控制机制可以协调多个交换机共同工作。

早期的网桥要检测每一个数据包，这样，特别是同时处理多个端口的时候，数据转发相对Hub（中继器）来说要慢。1989年网络公司Kalpana发明了EtherSwitch，第一台以太网交换机。以太网交换机把桥接功能用硬件实现，这样就能保证转发数据速率达到线速。

大多数现代以太网用以太网交换机代替Hub。尽管布线同Hub以太网是一样的，但是交换式以太网比共享介质以太网有很多明显的优势，例如更大的带宽和更好的拓扑结构隔离异常设备。交换网络是典型的使用星形拓扑，尽管设备工作在半双工模式时仍然是共享介质的多节点网。10Base-T和以后的标准是全双工以太网，不再是共享介质系统。

交换机加电后，首先也像Hub那样工作，转发所有数据到所有端口。接下来，当它学习到每个端口的地址以后，它就只把非广播数据发送给特定的目的端口。这样，线速以太网交换就可以在任何端口对之间实现，所有端口对之间的通信互不干扰。

因为数据包一般只是发送到目的端口，所以交换式以太网上的流量要略微小于共享介质式以太网。尽管如此，交换式以太网依然是不安全的网络技术，因为它很容易因为ARP欺骗或者MAC满溢而瘫痪，同时网络管理员也可以利用监控功能抓取网络数据包。

当只有简单设备（除Hub之外的设备）接入交换机端口，那么整个网络可能工作在全双工方式。如果一个网段只有2个设备，那么冲突探测也不需要了，两个设备可以随时收发数据。总的带宽就是链路的2倍（尽管带宽每个方向上是一样的），但是没有冲突发生就意味着允许几乎100%地使用链路带宽。

交换机端口和所连接的设备必须使用相同的双工设置。多数100Base-TX和1000Base-T设备支持自动协商特性，即这些设备通过信号来协调要使用的速率和双工设置。然而，如果自动协商被禁用或者设备不支持，则双工设置必须通过自动检测进行设置或在交换机端口和设备上都进行手工设置以避免双工错配——这是以太网问题的一种常见原因（设备被设置为半双工会报告迟发冲突，而设备被设为全双工则会报告runt）。许多低端交换机没有手工进行速率和双工设置的能力，因此端口总是会尝试进行自动协商。当启用了自动协商但不成功时（例如其他设备不支持），自动协商会将端口设置为半双工。速率是可以自动感测的，因此将一个10Base-T设备连接到一个启用了自动协商的10/100交换端口上时将可以成功地建立一个半双工的10Base-T连接。但是将一个配置为全双工100Mbps工作的设备连接到一个配置为自动协商的交换端口时（反之亦然）则会导致双工错配。

即使电缆两端都设置成自动速率和双工模式协商，错误猜测还是经常发生而退到10Mbps模式。因此，如果性能差于预期，应该查看一下是否有计算机设置成10Mbps模式了，如果已知另一端配置为100Mbps，则可以手动强制设置成正确模式。

当两个节点试图用超过电缆最高支持数据速率（例如在3类线上使用100Mbps或者3类/5类线使用1000Mbps）通信时就会发生问题。不像ADSL或者传统的拨号Modem通过详细的方法检测链路的最高支持数据速率，以太网节点只是简单地选择两端支持的最高速率而不管中间线路。因此如果过高的速率导致电缆不可靠就会导致链路失效。解决方案只有强制通信端降低到电缆支持的速率。

工业以太网相当于人体的神经系统，它能敏感地将各种信息反馈给指挥者，也是传输指令的重要通道。

在现代化工厂中，工业以太网的使用已十分广泛。而在现代工业全面迈向信息化的今天，更多的用户利用工业以太网进行信息传输，完成更加集成的工业自动化和信息化解决方案，现代工业也在工业以太网的推动下朝着更加智能化的方向发展。

工业以太网的迅速普及为工业的发展注入了一股新鲜的活力。但如何选择并使用好工业以太网，却是一门很大的学问。由于工业环境的特殊性，选择工业以太网要从多方面去考虑，以太网通信协议、通信速率、安装方式、散热问题及周边的工业环境，都对工业以太网的使用有非常大的影响。此外，还要考虑以太网的安全性、实时性及冗余等，需要设计工程师了解工业环境、生产流程及工业控制方法等多方面因素。

当然，随着西门子、罗克韦尔，以及倍福等一大批自动化公司的推广，已经有越来越多的自动化工程师加深了对工业以太网的了解，加大了工业以太网在工业现场实施的可能。

要了解以太网，必须要深入了解整个制造企业的需求。随着以太网技术的进步，未来的工业网络必然是集高速度、高带宽于一体的网络，便于生产控制与规划，可以对生产、物流、质量控制及产品追踪于一身。

工业以太网的技术基础及应用方式多是基于商用以太网发展而来的，在全球主导的有线网络将在数据传输技术的基础上，根据工业领域的特点要求，采用以太网通信协议作为基本技术发展而生。工业以太网市场需求十分广泛，无论是新建一条现代化的制造生产线，还是对旧有设备的改造，都会大量使用工业以太网。工业以太网的市场增长率也始终居高不下，据有关统计，每年新增工业网络接口数量都将会是前一年的一倍左右。而随着工业以太网技术延展而带动的 PLC、DCS 及 PC _ Based 等控制类产品的市场容量，更是难以计算。

与普通的以太网相比，工业以太网需要解决开放性、实时性、同步性、可靠性、抗干扰性及安全性等诸多方面的问题，这也是工业自动化厂商不同于普通 IT 厂商能为工业用户带去更大价值的地方。

在工业上，起初的工业以太网更多地被应用于管理层和控制层。随着通信网络技术的发展，更多的以太网功能技术得以提高，使得工业以太网的应用范围更为广阔。如在实时性方面，由于以太网的信息通信采用的是信息顺序传输的方式，这种方式当通路拥挤的时候，就会造成一定的通路堵塞。这在对现场通信实时性要求非常高的地方是不能满足要求的。

现在在工业中，通常会采用专用的工业以太网交换机，定义不同的太网帧优先等级，让用户所希望的信息能够以最快的速度传递出去。随着实时性与同步性的解决，在纺织与汽车制造等多个领域应用中，运动控制中已经有许多人采用实时以太网。

另外，包括 Profinet、Ethernet/IP 及 EtherCAT 等以太网通信协议都已经开始或实现了安全协议。相信随着安全协议的采用，工业以太网会得到更多的应用。

此外，商用以太网中的无线技术也为以太网的工业应用提供了更多的可能。无线网络技术具有移动灵活、易于安装及成本低廉等优点，尤其是随着 3G 技术的成功应用，更加证明了无线网络技术的成熟，使得无线技术在工业环境中的应用变得更加现实。

在以太网逐步由工厂信息层向下延伸至控制层、执行层的今天，工业以太网的应用趋势不言而喻。随着信息化的进步，工业以太网更担负着贯穿整个工业网络的任务，为生产制造实现更高度的集成、高效发挥着重要作用，实现一网到底不单单是工业以太网厂商的责任，更是工业自动化发展的未来。

随着时间的推移，工业以太网已经渐渐发展进入全球工控自动化的标准通信技术之列。虽然现场总线类似 Profibus、Modbus 和 ControlNet 仍然随处可见，但它们的重要性随着工业以太网的普及正在快速地降低。工业以太网为用户提供的优势是显而易见的：更高的效率、更多的功能和更好的适应性。这可以使得从管理级到现场级的数据通信采用统一的方式，反之亦然。没有了接口互不兼容的问题，就可以在整个公司网络中使用基于 Web 标准的工具。

目前工业以太网最主要的使用在管理层和控制层。并且借由特殊的实时以太网技术，在运动控制应用中，可以满足响应时间少于 1ms 的应用要求。例如 CIPsync，ProfiNetIRT 和 Ethernet Powerlink 都已实现了此类应用，因此实时性的问题可以被认为已经解决了。安全问题的状况也是相似的，基本问题是一个基于以太网传输的适当的安全协议，像是基于 Profinet 的 Profisafe、基于 Ethernet/IP 的 CIPSafety 都即将投入实际应用。

1.2.2 以太网技术展望与发展趋势

从 10M 到 10G，短短十几年间，以太网技术的发展完成了一个数量级的飞跃，新的高速以太网技术标准的形成，使以太网技术走出 LAN 的狭小空间并完全可以承担 WAN 和

MAN 等大规模、长距离网络的建设。另外，MPLS 技术的发展和快速自愈 STP 技术的逐渐成熟，使得以太网技术可以为用户提供不同 QoS 的网络业务，再加上以太网技术本身具有的组网成本低、网络扩容简单等特点，城域以太网技术受到国内各大运营商的青睐。不难看出，未来以太网技术呈现以下趋势。

（1）端到端的 QoS 成为未来的方向

以太网应用经过十几年的发展，新业务和新应用的不断出现意味着更多网络资源的耗费，仅仅保证高带宽已经无法满足应用的要求。如何保证网络应用端到端的 QoS 成为现今以太网面临的最大挑战。采用传统的建网模式已经无法满足应用的 QoS 要求，网络应用迫切需要设备对 QoS 的支持向边缘和接入层次发展。在过去，网络中高 QoS 意味着高价格，但是随着 ASIC 技术的发展，使低端设备具备强大的 QoS 能力成为可能。网络的 QoS 已经从集中保证逐渐向端到端保证过渡。

组播技术愈加成熟。协议的完善将促进组播应用的发展。虽然实现大规模的组播应用尚有许多难题要克服，但组播应用的前景仍比较乐观，尤其是在多媒体业务日渐增多的情况下，组播有着巨大的市场潜力。目前在中国，各运营商在宽带网络建设中都投入了大量的资金进行“圈地运动”，但是对于如何利用这些网络，如何把前期投入变成产出，仍然缺乏有效的手段。组播作为一种与单播并列的传输方式，其意义不仅在于减少网络资源的占用，提高扩展性，还在于利用网络的组播特性方便地提供一些新的业务。随着网络中多媒体业务的日渐增多，组播的优越性和重要性越来越明显。

（2）以太网将成为更安全的网络

针对传统以太网存在的各种安全隐患，交换机在安全技术方面取得了很大的进展，访问控制、用户验证、防地址假冒、入侵检测与防范、安全管理成为以太网交换机不可缺少的特性。

（3）智能识别技术的发展

随着芯片技术的发展，人们对网络设备的应用需求会逐步增大。用户不再满足使用交换机来完成基本的二层桥接和三层转发任务，更多地关注网络中业务的需求，希望崭新的交换机具有智能转发的特点。这些设备会根据不同的报文类型、业务优先级、安全性需求等对不同用户群和不同的应用级别/层次进行识别，区别进行转发，满足不同用户的大范围需求。智能识别技术会逐步在以太网交换机中得到应用。

（4）设备管理简单化

Web 管理开始出现。接入层设备由于价格低廉，给一般企业用户提供便利的管理手段，基于 Web 的管理界面，使得网络维护管理变得更加人性化。而对于运营网络和大型企业来说，由于接入层设备数量众多、维护工作量巨大，因此迫切需要设备提供统一管理和维护的手段，即集群管理协议。

（5）用户管理功能更加完善

以太网从局域网诞生至今以其优良的性能和经济的价格成为网络的主流技术，但是在应用中也遭遇了各种挑战。如网络中缺少用户管理的机制、网络风暴、网络攻击频频发生等，因此用户管理技术很快丰富到以太网技术中，通过认证技术使得只有合法用户才能使用网络。常用的网络认证技术包括：VLAN＋WEB 认证和 802.1x 认证。多种认术证技术的出现，使以太网获得更好的用户管理特性，从而为以太网的可运营、可管理奠定了基础。

（6）VPN 等业务从骨干向汇聚转移

随着以太网交换机芯片技术的发展和汇聚层设备性能的提高，原来主要由骨干设备提供的 MPLS VPN 业务逐渐由汇聚层以太网交换机来提供。原来之所以由骨干设备提供，主要原因是汇聚层设备能力和性能不足，而现在汇聚层的以太网交换机在性能方面已经超过原来的骨干设备。从业务提供方面看，汇聚层设备较骨干设备多，更接近用户，提供业务更方便。从网络的可靠性来看，骨干设备由于其特殊位置应该向功能简单化方向发展。

(7) 控制功能逐渐由集中式向分布式转移

原来的组网，在大的以太网交换机旁放置一个 BAS 设备，但随着用户数量的增加，集中式的用户控制、用户的接入认证逐渐向分布式控制发展。集中式控制在组网方面存在可扩展性问题，带宽还可能存在浪费。用户的控制功能逐渐下移到接入层的汇聚部分，例如小区出口等。虽然用户的控制功能是分布的，但用户的业务管理、计费和业务认证都是集中在业务平台上实现的。在分布式方式下，比较简单的用户控制和接入认证功能逐渐由以太网交换机完成，完善的用户管理功能由分布式 BAS 完成。

(8) 交换机和路由器将逐渐融合

交换机技术和路由器技术在网络发展上一直处于并行发展的状态。大家习惯上将交换机看作用于局域网技术的一种设备，认为只有在局域网上，大家才去考虑使用交换机。如果要与广域网互连，那就是路由器的事情。实际上，随着 ASIC 技术和网络处理器的不断发展成熟和网络逐渐被 IP 技术所统一，以太网交换机技术已经走出了当年“桥接”设备的框架，可以应用到汇聚层和骨干层，路由器中所具有的丰富的网络接口，在目前交换机上已经可以实现；路由器中拥有丰富的路由协议，在交换机中也得到大量的具体应用；路由器中具有的大容量路由表在交换机中目前也可以实现；路由器技术在路由的查找方面采用最大地址匹配的思想，而现在在骨干三层交换机上，在基于最大匹配的转发速度上可以达到线速。

1.3 工业以太网技术

1.3.1 工业以太网发展现状

所谓工业以太网，一般来讲是指技术上与商用以太网（即 IEEE802.3 标准）兼容，但在产品设计时，在材质的选用、产品的强度、适用性以及实时性、可互操作性、可靠性、抗干扰性和本质安全等方面能满足工业现场的需要。

随着互联网技术的发展与普及推广，Ethernet 技术也得到了迅速的发展，Ethernet 传输速率的提高和 Ethernet 交换技术的发展，给解决 Ethernet 通信的非确定性问题带来了希望，并使 Ethernet 全面应用于工业控制领域成为可能。目前工业以太网技术的发展体现在以下几个方面。

(1) 通信确定性与实时性

工业控制网络不同于普通数据网络的最大特点在于它必须满足控制作用对实时性的要求，即信号传输要足够地快和满足信号的确定性。实时控制往往要求对某些变量的数据准确定时刷新。由于 Ethernet 采用 CSMA/CD 碰撞检测方式，网络负荷较大时，网络传输的不确定性不能满足工业控制的实时要求，因此传统以太网技术难以满足控制系统要求准确定时通信的实时性要求，一直被视为非确定性的网络。

然而，快速以太网与交换式以太网技术的发展，给解决以太网的非确定性问题带来了新的契机，使这一应用成为可能。首先，Ethernet 的通信速率从 10M、100M 增大到如今的 1000M、10G，在数据吞吐量相同的情况下，通信速率的提高意味着网络负荷的减轻和网络传输延时的减小，即网络碰撞概率大大下降。其次，采用星形网络拓扑结构，交换机将网络划分为若干个网段。Ethernet 交换机由于具有数据存储、转发的功能，使各端口之间输入和输出的数据帧能够得到缓冲，不再发生碰撞；同时交换机还可对网络上传输的数据进行过滤，使每个网段内节点间数据的传输只限在本地网段内进行，而不需经过主干网，也不占用其他网段的带宽，从而降低了所有网段和主干网的网络负荷。再次，全双工通信又使得端口间两对双绞线（或两根光纤）上分别同时接收和发送报文帧，也不会发生冲突。因此，采用交换式集线器和全双工通信，可使网络上的冲突域不复存在（全双工通信），或碰撞概率大大降低（半双工），因此使 Ethernet 通信确定性和实时性大大提高。

（2）稳定性与可靠性

Ethernet 进入工业控制领域的另一个主要问题是，它所用的接插件、集线器、交换机和电缆等均是为商用领域设计的，而未针对较恶劣的工业现场环境来设计（如冗余直流电源输入、高温、低温、防尘等），故商用网络产品不能应用在有较高可靠性要求的恶劣工业现场环境中。

随着网络技术的发展，上述问题正在迅速得到解决。为了解决在不间断的工业应用领域，在极端条件下网络也能稳定工作的问题，美国 Synergetic 微系统公司和德国 Hirschmann、JetterAG 等公司专门开发和生产了导轨式集线器、交换机产品，安装在标准 DIN 导轨上，并有冗余电源供电，接插件采用牢固的 DB-9 结构。中国台湾四零四科技（MoxaTechnologies）在 2002 年 6 月推出工业以太网产品——MOXAEtherDeviceServer（工业以太网设备服务器），特别设计用于连接工业应用中具有以太网络接口的工业设备（如 PLC、HMI、DCS 系统等）。

在 IEEE802.3af 标准中，对 Ethernet 的总线供电规范也进行了定义。此外，在实际应用中，主干网可采用光纤传输，现场设备的连接则可采用屏蔽双绞线，对于重要的网段还可采用冗余网络技术，以此提高网络的抗干扰能力和可靠性。

（3）工业以太网协议

由于工业自动化网络控制系统不单单是一个完成数据传输的通信系统，而且还是一个借助网络完成控制功能的自控系统。它除了完成数据传输之外，往往还需要依靠所传输的数据和指令，执行某些控制计算与操作功能，由多个网络节点协调完成自控任务。因而它需要在应用、用户等高层协议与规范上满足开放系统的要求，满足互操作条件。

对应于 ISO/OSI 七层通信模型，以太网技术规范只映射为其中的物理层和数据链路层；而在其之上的网络层和传输层协议，目前以 TCP/IP 协议为主（已成为以太网之上传输层和网络层“事实上的”标准）。而对较高的层次如会话层、表示层、应用层等没有作技术规定。目前商用计算机设备之间是通过 FTP（文件传送协议）、Telnet（远程登录协议）、SMTP（简单邮件传送协议）、HTTP（WWW 协议）、SNMP（简单网络管理协议）等应用层协议进行信息透明访问的，它们如今在互联网上发挥了非常重要的作用。但这些协议所定义的数据结构等特性不适合应用于工业过程控制领域现场设备之间的实时通信。

为满足工业现场控制系统的应用要求，必须在 Ethernet＋TCP/IP 协议之上，建立完整的、有效的通信服务模型，制定有效的实时通信服务机制，协调好工业现场控制系统中实时和非实时信息的传输服务，成为广大工控生产厂商和用户所接收的应用层、用户层协议，进而形成开放的标准。为此，各现场总线组织纷纷将以太网引入其现场总线体系中的高速部分，利用以太网和 TCP/IP 技术，以及原有的低速现场总线应用层协议，从而构成所谓的工业以太网协议，如 HSE、PROFInet、Ethernet/IP 等。

① HSE（High Speed Ethernet，高速以太网） HSE 是现场总线基金会在摒弃了原有高速总线 H2 之后的新作。FF 现场总线基金会明确将 HSE 定位成实现控制网络与互联网 Internet 的集成。由 HSE 链接设备将 H1 网段信息传送到以太网的主干上并进一步送到企业的 ERP 和管理系统。操作员在主控室可以直接使用网络浏览器查看现场运行情况。现场设备同样也可以从网络获得控制信息。

HSE 在低四层直接采用以太网+TCP/IP，在应用层和用户层直接采用 FFH1 的应用层服务和功能块应用进程规范，并通过链接设备（Linking Device）将 FFH1 网络连接到 HSE 网段上，HSE 链接设备同时也具有网桥和网关的功能，它的网桥功能能用来连接多个 H1 总线网段，使不同 H1 网段上的 H1 设备之间能够进行对等通信而无需主机系统的干预。HSE 主机可以与所有的链接设备和链接设备上挂接的 H1 设备进行通信，使操作数据能传送到远程的现场设备，并接收来自现场设备的数据信息，实现监控和报表功能。监视和控制参数可直接映射到标准功能块或者“柔性功能块”（FFB）中。

② PROFInet Profibus 国际组织针对工业控制要求和 Profibus 技术特点，提出了基于以太网的 PROFInet，它主要包含三方面的技术：a. 基于通用对象模型（COM）的分布式自动化系统；b. 规定了 Profibus 和标准以太网之间的开放、透明通信；c. 提供了一个包括设备层和系统层、独立于制造商的系统模型。

PROFInet 采用标准 TCP/IP+以太网作为连接介质，采用标准 TCP/IP 协议加上应用层的 RPC/DCOM 来完成节点之间的通信和网络寻址。它可以同时挂接传统 Profibus 系统和新型的智能现场设备。现有的 Profibus 网段可以通过一个代理设备（proxy）连接到 PROFInet 网络当中，使整套 Profibus 设备和协议能够原封不动地在 PROFInet 中使用。传统的 Profibus 设备可通过代理 proxy 与 PROFInet 上面的 COM 对象进行通信，并通过 OLE 自动化接口实现 COM 对象之间的调用。

③ Ethernet/IP Ethernet/IP（以太网工业协议）是主推 ControlNet 现场总线的 RockwellAutomation 公司对以太网进入自动化领域作出的积极响应。Ethernet/IP 网络采用商业以太网通信芯片、物理介质和星形拓扑结构，采用以太网交换机实现各设备间的点对点连接，能同时支持 10Mbps 和 100Mbps 以太网商用产品，Ethernet/IP 的协议由 IEEE802.3 物理层和数据链路层标准、TCP/IP 协议族和控制与信息协议 CIP（Control Information Protocol）三个部分组成，前面两部分为标准的以太网技术，其特色就是被称作控制和信息协议的 CIP 部分。Ethernet/IP 为了提高设备间的互操作性，采用了 ControlNet 和 DeviceNet 控制网络中相同的 CIP，CIP 一方面提供实时 I/O 通信，一方面实现信息的对等传输，其控制部分用来实现实时 I/O 通信，信息部分则用来实现非实时的信息交换。

（4）工业以太网技术的发展趋势与前景

由于以太网具有应用广泛、价格低廉、通信速率高、软硬件产品丰富、应用支持技术成熟等优点，目前它已经在工业企业综合自动化系统中的资源管理层、执行制造层得到了广泛应用，并呈现向下延伸直接应用于工业控制现场的趋势。从目前国际、国内工业以太网技术的发展来看，目前工业以太网在制造执行层已得到广泛应用，并成为事实上的标准。未来工业以太网将在工业企业综合自动化系统中的现场设备之间的互连和信息集成中发挥越来越重要的作用。总的来说，工业以太网技术的发展趋势将体现在以下几个方面。

（5）工业以太网与现场总线相结合

工业以太网技术的研究还只是近几年才引起国内外工控专家的关注。而现场总线经过十几年的发展，在技术上日渐成熟，在市场上也开始了全面推广，并且形成了一定的市场。就目前而言，全面代替现场总线还存在一些问题，需要进一步深入研究基于工业以太网的全新控制系统体系结构，开发出基于工业以太网的系列产品。因此，近一段时间内，工业以太网技术的发展将与现场总线相结合，具体表现在以下几点。

① 物理介质采用标准以太网连线，如双绞线、光纤等。

② 使用标准以太网连接设备（如交换机等），在工业现场使用工业以太网交换机。

③ 采用 IEEE802.3 物理层和数据链路层标准、TCP/IP 协议族。

④ 应用层（甚至是用户层）采用现场总线的应用层、用户层协议。

⑤ 兼容现有成熟的传统控制系统，如 DCS、PLC 等。

这方面比较典型的应用如法国施耐德公司推出“透明工厂”的概念，即将工厂的商务网、车间的制造网络和现场级的仪表、设备网络构成畅通的透明网络，并与 Web 功能相结合，与工厂的电子商务、物资供应链和 ERP 等形成整体。

（6）工业以太网技术直接应用于工业现场设备间的通信已成大势所趋

随着以太网通信速率的提高、全双工通信、交换技术的发展，为以太网的通信确定性的解决提供了技术基础，从而消除了以太网直接应用于工业现场设备间通信的主要障碍，为以太网直接应用于工业现场设备间通信提供了技术可能。为此，国际电工委员会 IEC 正着手起草实时以太网（Real-Time Ethernet，RTE）标准，旨在推动以太网技术在工业控制领域的全面应用。针对这种形势，以浙江大学、浙大中控、中科院沈阳自动化研究所、清华大学、大连理工大学、重庆邮电学院等单位为首，在国家“863”计划的支持下，开展了 EPA（Ethernet for Plant Automation）技术的研究，重点是研究以太网技术应用于工业控制现场设备间通信的关键技术，通过研究和攻关，取得了以下成果。

1）以太网应用于现场设备间通信的关键技术获得重大突破　针对工业现场设备间通信具有实时性强、数据信息短、周期性较强等特点和要求，经过认真细致的调研和分析，采用以下技术基本解决了以太网应用于现场设备间通信的关键技术。

① 实时通信技术　其中采用以太网交换技术、全双工通信、流量控制等技术，以及确定性数据通信调度控制策略、简化通信栈软件层次、现场设备层网络微网段化等针对工业过程控制的通信实时性措施，解决了以太网通信的实时性。

② 总线供电技术　采用直流电源耦合、电源冗余管理等技术，设计了能实现网络供电或总线供电的以太网集线器，解决了以太网总线的供电问题。

③ 远距离传输技术　采用网络分层、控制区域微网段化、网络超小时滞中继以及光纤等技术解决以太网的远距离传输问题。

④ 网络安全技术　采用控制区域微网段化，各控制区域通过具有网络隔离和安全过滤的现场控制器与系统主干相连，实现各控制区域与其他区域之间的逻辑上的网络隔离。

⑤ 可靠性技术　采用分散结构化设计、EMC 设计、冗余、自诊断等可靠性设计技术等，提高基于以太网技术的现场设备可靠性，经实验室 EMC 测试，设备可靠性符合工业现场控制要求。

2）起草了 EPA 国家标准　以工业现场设备间通信为目标，以工业控制工程师（包括开发和应用）为使用对象，基于以太网、无线局域网、蓝牙技术＋TCP/IP 协议，起草了“用于工业测量与控制系统的 EPA 系统结构和通信标准”（草案），并通过了由 TC124 组织的技术评审。

3）开发基于以太网的现场总线控制设备及相关软件原型样机，并在化工生产装置上成功应用　针对工业现场控制应用的特点，通过采用软、硬件抗干扰、EMC设计措施，开发出了基于以太网技术的现场控制设备，主要包括：基于以太网的现场设备通信模块、变送器、执行机构、数据采集器、软PLC等成果。

在此基础上开发的基于EPA的分布式网络控制系统在杭州某化工厂的联碱碳化装置上成功应用，该系统自2003年4月投运一直稳定运行至今。

（7）发展前景

据美国权威调查机构ARC（Automation Research Company）报告指出，今后Ethernet不仅继续垄断商业计算机网络通信和工业控制系统的上层网络通信市场，也必将领导未来现场总线的发展，Ethernet和TCP/IP将成为器件总线和现场总线的基础协议。美国VDC（Venture Development Corp.）调查报告也指出，Ethernet在工业控制领域中的应用将越来越广泛，市场占有率的增长也越来越快。

由于以太网有"一网到底"的美誉，即它可以一直延伸到企业现场设备控制层，所以被人们普遍认为是未来控制网络的最佳解决方案，工业以太网已成为现场总线中的主流技术。

目前，在国际上有多个组织从事工业以太网的标准化工作，我国科技部也发布了基于高速以太网技术的现场总线设备研究项目，其目标是：攻克应用于工业控制现场的高速以太网的关键技术，其中包括解决以太网通信的实时性、可互操作性、可靠性、抗干扰性和本质安全等问题，同时研究开发相关高速以太网技术的现场设备、网络化控制系统和系统软件。

1.3.2　工业以太网的要求

（1）工业以太网的特点及安全要求

虽然脱胎于Intranet、Internet等类型的信息网络，但是工业以太网是面向生产过程，对实时性、可靠性、安全性和数据完整性有很高的要求。既有与信息网络相同的特点和安全要求，也有自己不同于信息网络的显著特点和安全要求。

① 工业以太网是一个网络控制系统，实时性要求高，网络传输要有确定性。

② 整个企业网络按功能可分为处于管理层的通用以太网和处于监控层的工业以太网以及现场设备层（如现场总线）。管理层通用以太网可以与控制层的工业以太网交换数据，上下网段采用相同协议自由通信。

③ 工业以太网中周期与非周期信息同时存在，各自有不同的要求。周期信息的传输通常具有顺序性要求，而非周期信息有优先级要求，如报警信息是需要立即响应的。

④ 工业以太网要为紧要任务提供最低限度的性能保证服务，同时也要为非紧要任务提供尽力服务，所以工业以太网同时具有实时协议也具有非实时协议。

基于以上特点，有如下安全应用要求。

① 工业以太网应该保证实时性不会被破坏，在商业应用中，对实时性的要求基本不涉及安全，而过程控制对实时性的要求是硬性的，常常涉及生产设备和人员安全。

② 当今世界舞台，各种竞争异常激烈。对于很多企业尤其是掌握领先技术的企业，作为其技术实际体现的生产工艺往往是企业的根本利益。一些关键生产过程的流程工艺乃至运行参数都有可能成为对手窃取的目标。所以在工业以太网的数据传输中要防止数据被窃取。

③ 开放互连是工业以太网的优势，远程的监视、控制、调试、诊断等极大地增强了控

制的分布性、灵活性，打破了时空的限制，但是对于这些应用必须保证经过授权的合法性和可审查性。

（2）工业以太网的应用安全问题分析

① 在传统工业，工业以太网中上下网段使用不同的协议无法互操作，所以使用一层防火墙防止来自外部的非法访问，但工业以太网将控制层和管理层连接起来，上下网段使用相同的协议，具有互操作性，所以使用两级防火墙，第二级防火墙用于屏蔽内部网络的非法访问和分配不同权限合法用户的不同授权。另外还可根据日志记录调整过滤和登录策略。要采取严格的权限管理措施，可以根据部门分配权限，也可以根据操作分配权限。由于工厂应用专业性很强，进行权限管理能有效避免非授权操作。同时要对关键性工作站的操作系统的访问加以限制，采用内置的设备管理系统必须拥有记录审查功能，数据库自动记录设备参数修改事件：谁修改，修改的理由，修改之前和之后的参数，从而可以有据可查。

② 在工业以太网的应用中可以采用加密的方式来防止关键信息窃取。目前主要存在两种密码体制：对称密码体制和非对称密码体制。对称密码体制中加密、解密双方使用相同的密钥且密钥保密，由于在通信之前必须完成密钥的分发，该体制中这一环节是不安全的，所以采用非对称密码体制。由于工业以太网发送的多为周期性的短信息，所以采用这种加密方式还是比较迅速的，对于工业以太网来说是可行的，还要对外部节点的接入加以防范。

③ 工业以太网的实时性目前主要是由以下几点保证：限制工业以太网的通信负荷，采用 100M 的快速以太网技术提高带宽，采用交换式以太网技术和全双工通信方式屏蔽固有的 CSMA/CD 机制。随着网络的开放互连和自动化系统大量 IT 技术的引入，加上 TCP/IP 协议本身的开放性和层出不穷的网络病毒和攻击手段，网络安全成为影响工业以太网实时性的一个突出问题。

a. 病毒攻击。在互联网上充斥着类似 Slammer、“冲击波”等蠕虫病毒和其他网络病毒的袭击。以蠕虫病毒为例，这些蠕虫病毒攻击的直接目标虽然通常是信息层网络的 PC 机和服务器，但是攻击是通过网络进行的，因此当这些蠕虫病毒大规模爆发时，交换机、路由器会首先受到牵连。用户只有通过重启交换路由设备、重新配置访问控制列表才能消除蠕虫病毒对网络设备造成的影响。蠕虫病毒攻击能够导致整个网络的路由振荡，这样可能使上层的信息层网络部分流量流入工业以太网，加大了它的通信负荷，影响其实时性。在控制层也存在不少计算机终端连接在工业以太网交换机，一旦终端感染病毒，病毒发作即使不能造成网络瘫痪，也可能会消耗带宽和交换机资源。

b. MAC 攻击。工业以太网交换机通常是二层交换机，而 MAC 地址是二层交换机工作的基础，网络依赖 MAC 地址保证数据的正常转发。动态的二层地址表在一定时间以后（AGE TIME）会发生更新。如果某端口一直没有收到源地址为某一 MAC 地址的数据包，那么该 MAC 地址和该端口的映射关系就会失效。这时，交换机收到目的地址为该 MAC 地址的数据包就会进行泛洪处理，对交换机的整体性能造成影响，能导致交换机的查表速度下降。而且，假如攻击者生成大量数据包，数据包的源 MAC 地址都不相同，就会充满交换机的 MAC 地址表空间，导致真正的数据流到达交换机时被泛洪出去。这种通过复杂攻击和欺骗交换机入侵网络方式，已有不少实例。一旦表中 MAC 地址与网络段之间的映射信息被破坏，迫使交换机转储自己的 MAC 地址表，开始失效恢复，交换机就会停止网络传输过滤，它的作用就类似共享介质设备或集线器，CSMA/CD 机制将重新作用，从而影响工业以太网的实时性。

目前信息层网络采用的交换机安全技术主要包括以下几种。流量控制技术，把流经端口的异常流量限制在一定的范围内。访问控制列表（ACL）技术，ACL通过对网络资源进行访问输入和输出控制，确保网络设备不被非法访问或被用作攻击跳板。安全套接层（SSL）为所有HTTP流量加密，允许访问交换机上基于浏览器的管理GUI。802.1x和RADIUS网络登录控制基于端口的访问，以进行验证和责任明晰。源端口过滤只允许指定端口进行相互通信。Secure Shell（SSHv1/SSHv2）加密传输所有的数据，确保IP网络上安全的CLI远程访问。安全FTP实现与交换机之间安全的文件传输，避免不需要的文件下载或未授权的交换机配置文件复制。不过，应用这些安全功能仍然存在很多实际问题，例如交换机的流量控制功能只能对经过端口的各类流量进行简单的速率限制，将广播、组播的异常流量限制在一定的范围内，而无法区分哪些是正常流量，哪些是异常流量。同时，如何设定一个合适的阈值也比较困难。一些交换机具有ACL，但如果ASIC支持的ACL少仍旧没有用。一般交换机还不能对非法的ARP（源目的MAC为广播地址）进行特殊处理。网络中是否会出现路由欺诈、生成树欺诈的攻击、802.1x的DoS攻击、对交换机网管系统的DoS攻击等，都是交换机面临的潜在威胁。

在控制层，工业以太网交换机，一方面可以借鉴这些安全技术，但是也必须意识到工业以太网交换机主要用于数据包的快速转发，强调转发性能以提高实时性。应用这些安全技术时将面临实时性和成本的很大困难，目前工业以太网的应用和设计主要是基于工程实践和经验，网络上主要是控制系统与操作站、优化系统工作站、先进控制工作站、数据库服务器等设备之间的数据传输，网络负荷平稳，具有一定的周期性。但是，随着系统集成和扩展的需要、IT技术在自动化系统组件的大力应用、B/S监控方式的普及等，对网络安全因素下的可用性研究已经十分必要，例如猝发流量下的工业以太网交换机的缓冲区容量问题以及从全双工交换方式转变成共享方式对已有网络性能的影响。所以，另一方面，工业以太网必须从自身体系结构入手，加以应对。

1.4 实时工业以太网技术

实现以太网实时性的技术不止一种，事实上，似乎有多种努力正在帮助以太网用于实时应用，其中最值得一提的是IEEE 1588标准，它用于在分布式网络中对时钟进行同步。

当在良好条件下单独运行时，以太网启动速度很快，且响应时间可达毫秒量级。但由于很多同样的原因，即所有通信、自动化和/或控制网络的应变能力有限，基于以太网的网络常会停顿数毫秒或更长的时间。

设备及I/O层上的数据采集与传输问题，低效交换、太多设备以及网络自身流量的不恰当协调，还有在上一层通信（如TCP及UDP）上进行的误差检测及翻译障碍等，都能从基于以太网的网络上占取宝贵的时间。这些延迟阻碍了以太网一些突出的优势被应用到离散与运动控制，以及其他高速应用中。

任何网络都将花费一定的开销，来作为捕获在网络上传输消息负载所需数据位的前同步或后同步信号。其负面效应是以太网的这种开销要远大于大多数协议的这种开销，特别在增加TCP/IP协议栈的时候。其正面效应是以太网传输数据的速度要比其他协议快很多。

幸运的是，已经开发出几种用来提高以太网相关组件及软件速度的有用方法，而且还在开发更多这样的方法。其中一些方法利用创新技术来使网络通信更加顺畅，而另一些方法则只简单地寻求使数据发送及接收更为可靠。

可通过将网络配置成能进行组播来提高实时以太网的性能，这要优于在某一时刻打开与一台设备的点对点、单播通信。组播先使一组预先确定的设备上线，然后再将它们同时广播。这也是一种在虚拟局域网（VLAN）常用的方法，并且它还有助于提高网络的数据吞吐量。

可以采用全双工通信来达到I/O层次的网络实现IGMP侦听功能，以便过滤这种组播数据。同时还可以采用端口镜像，这涉及在一台交换机上将通信镜像给第二个端口，以进行诊断。

其他一些与以太网交换机有关的效率包括可利用VLAN来隔离交换机中的网络流量，这使一台12端口的交换机能被用作两台独立的交换机。但必须保证交换机能跟得上网络及其相连设备的线速。

Chapter 02

第2章 控制网络基础

控制网络属于一种特殊类型的计算机网络。控制网络技术与计算机网络技术有着千丝万缕的联系，也受到计算机网络，特别是互联网、局域网技术发展的影响，有些局域网技术可直接用于控制网络。但由于控制网络大多工作在生产现场，从节点的设备类型、传输信息的种类、网络所执行的任务、网络所处的工作环境等方面，控制网络都有别于由各式计算机所构成的信息网络。

控制网络一般为局域网，作用范围一般在几千米之内，将分布在生产装置周围的测控设备连接为功能各异的自动化系统。控制网络遍布在工厂的生产车间、装配流水线、温室、粮库、堤坝、隧道、各种交通管制系统、建筑、军工、消防、环境监测、楼宇家居等处，几乎涉及生产和生活的各个方面。控制网络通常还与信息网络互连，构成远程监控系统，并成为互联网中网络与信息拓展的重要分支。

2.1 数据通信基础

2.1.1 数据通信的基本概念

(1) 信号（signal）

信息（information）是事物现象及其属性标识的集合，它是对不确定性的消除。数据（data）是携带信息的载体。

信号（signal）是数据的物理表现，如电气或电磁。

根据信号中代表消息的参数的取值方式不同，信号可以分为以下两大类。

① 模拟信号：连续信号，代表消息的参数的取值是连续的。

② 数字信号：离散信号，代表消息的参数的取值是离散的。

(2) 频率（frequency）

物理学中的频率是单位时间内完成振动的次数，是描述振动物体往复运动频繁程度的量。信号通信中的频率往往是描述周期性循环信号在单位时间内所出现的脉冲数量多少的计量。频率常用符号 f 或 ν 表示，单位为赫兹（秒$^{-1}$）。常用单位换算：1kHz＝1000Hz，1MHz＝1000kHz，1GHz＝1000MHz。

人耳听觉的频率范围约为 20～20000Hz，超声波不为人耳所觉察；人的视觉停留大概是 1/24s，故影视帧率一般为 24～30fps；中国电源是 50Hz 的正弦交流电，即 1s 内作 50 次周期性变化；GSM（全球移动通信）系统包括 GSM 900：900MHz、GSM1800：1800MHz 及 GSM1900：1900MHz 等几个频段；wifi（802.11b/g）和蓝牙（bluetooth）的工作频段为 2.4GHz。

（3）信号带宽（Signal Bandwidth）

信号带宽即信号频谱的宽度，它是指信号中包含的频率范围，取值为信号的最高频率与最低频率之差。例如对绞铜线为传统的模拟电话提供 300～3400Hz 的频带，即电话信号带宽为 3400－300＝3100Hz。

（4）数据通信系统（Data Communication System）

数据通信是现场总线系统的基本功能。数据通信过程，是两个或多个节点之间借助传输媒体以二进制形式进行信息交换的过程。将数据准确、及时地传送到正确的目的地，是数据通信系统的基本任务。数据通信系统一般不对数据内容进行任何操作。

图 2-1 表示了数据通信系统的基本构成。数据通信系统实际上是一个硬软件的结合体。

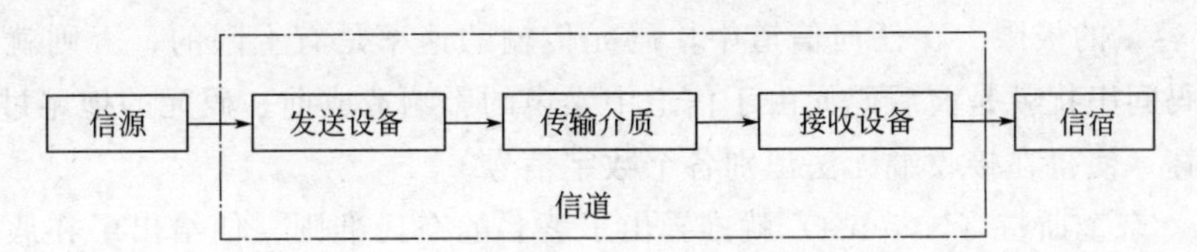

图 2-1　数据通信系统

数据通信系统实现信息的传递，一个完整的数据通信系统可划分为三大组成部分，如图 2-1 所示：

① 信源（源系统：发送端、发送方）；

② 信道（传输系统：传输网络）；

③ 信宿（目的系统：接收端、接收方）。

（5）信道带宽（Channel Bandwidth）

信道是指通信系统中传输信号的通道，信道包括通信线路和传输设备。根据信道使用的传输介质可分为有线信道和无线信道；根据适合传输的信号类型可分为模拟信道和数字信道。

信道带宽是指信道上允许传输电磁波的有效频率范围。模拟信道的带宽等于信道可以传输的信号频率上限和下限之差，单位是 Hz。数字信道的带宽一般用信道容量表示，信道容量是信道允许的最大数据传输速率，单位是比特/秒（bit/s，bps）。

① 数据传输速率　数据传输速率即单位时间内传输的 bit 位数：$R=\log_2 N/T$

式中　R——数据传输速率；

T——信号码元周期，s；

N——信号码元状态数，也称相位数，$\log_2 N$ 为需要的编码所需 bit 位数。

$1/T$ 称为波特率，也称为调制速率，是单位时间内信号码元的变换数，单位是波特（Baud）。

例：在一个频带传输的数据通信系统中采用 16 相位调制编码，信号码元周期长度为 1/3200s，求该系统的数据传输速率。

解：16 相位调制编码，意即有 16 种码元状态，需要 $\log_2 16=4$bit 进行编码（即 8421BCD 码）。信号码元周期长度为 1/3200s，波特率为 3200，即每秒调制 3200 个码元，故

数据传输速率为 $3200\times4=12800$Kbps。

② 香农定理　信道容量遵循香农定理：$C=B\cdot\log_2(1+S/N)$（bps）

式中　C——信道容量；

B——信道频带宽；

S——平均信号功率；

N——平均噪声功率；

S/N——信道的信噪功率比，信噪比一般用 10lg（S/N）表示，单位为分贝（dB）。

例：求传统电话调制解调的数据传输速率。

解：电话连接支持的频率范围为 300～3300Hz，则 $B=3300-300=3000$Hz，而一般链路的典型信噪比是 30dB，即 $S/N=1000$，因此有

$C=3000\times\log_2 1001$，近似等于 30Kbps，实测调制解调速率极限一般为 28.8Kbps 左右。

③ 信道容量的极限　在任何信道中，码元传输的速率是有上限的，否则就会出现码间串扰问题。码间串扰就是前后码元由于信道中噪声的影响造成前一码元的拖尾过长，与后一码元发生混叠，使得在接收端无法识别各个数字信号。

1924 年，奈奎斯特（Nyquist）就推导出了著名的奈氏准则。他给出了在假定的理想条件下，为了避免码间串扰，码元传输速率的上限值。

在理想低通信道下的最高码元传输速率的公式：

理想低通信道下的最高码元传输速率$=2W$ Baud

W 是理想低通信道的带宽，单位为 Hz；

Baud 是波特，即码元传输速率的单位，1 波特为每秒传送 1 个码元。

奈氏准则的另一种表达方法是：每赫兹带宽的理想低通信道的最高码元传输速率是每秒 2 个码元。若码元的传输速率超过了奈氏准则所给出的数值，则将出现码间串扰，以致在接收端无法正确判定码元是 1 还是 0。

（6）基带与宽带（Baseband and Broadband）

基带是指数字脉冲信号所固有的频带。

宽带源于电话业，以固话工作频率（近似 4kHz）为分界，携载信号频率超过固话工作频率的频带称为宽带。

2.1.2　数据通信的发送与接收设备

数据通信系统中，具有通信信号发送电路的设备称为发送器（transmitter）或发送设备。而具有通信信号接收电路的设备则称为接收器（receiver）或接收设备。发送、接收设备往往都与数据源连成一个整体。现场总线系统中许多测量控制设备同时兼有测量控制功能和信号发送、接收功能，它们在完成测量控制功能的同时完成通信系统的发送、接收功能。通常由监控计算机、现场测量控制仪表等兼作通信设备，它们一般既可以作为发送设备，又可以作为接收设备。一方面将本设备产生的数据发送到通信系统，另一方面也接收其他设备传送给它的信号。例如在传送参数测量值时，变送器是发送设备，而控制计算机是接收设备，而在计算机发出对变送器零点量程调校信息时，计算机是发送设备，变送器则成为接收设备。这时，它们被称为收发器（transceiver）。

2.1.3 数据通信的传输介质

传输介质是指在两点或多点之间连接收发双方的物理通路，是发送设备与接收设备之间信号传递所经过的媒介，也称为传输媒体。数据通信系统可以采用无线传输媒体，如电磁波、红外线等，也可以采用双绞线、电缆、电力线、光纤等有线媒体。在媒体的传输过程中，必然会引入某些干扰，如噪声干扰、信号衰减等。传输媒体的特性对网络中数据通信的质量影响很大。

传输媒体的特性主要指以下几方面。

① 物理特性。传输介质的物理结构。

② 传输特性。传输介质对通信信号传送所允许的传输速率、频率、容量等。

③ 连通特性。点对点或一对多点的连接方式。

④ 地域范围。传输介质对某种通信信号的最大传输距离。

⑤ 抗干扰性。传输介质防止噪声与电磁干扰对通信信号影响的能力。

2.1.4 数据编码技术

数据通信系统的任务是传送数据或指令等信息，这些数据通常以离散的二进制 0、1 序列的方式来表示，用 0、1 序列的不同组合来表达不同的信息内容。如 2 位二进制码的 4 种不同组合 00、01、10、11，可用来分别表示某个控制电机处于断开、闭合、出错、不可用 4 种不同的工作状态。8 位二进制码的 256 种不同组合可用来分别表示一组特定的出错代码。通过数据编码把一种数据组合与一个确定的内容联系起来，而这种对应关系的约定必须为通信各方认同和理解。

还有一些已经得到普遍认同的编码，由 4 位二进制码组合的二-十进制编码即 BCD 码；电报通信中的莫尔斯码；用 5 位表示一个字符或字母的博多码；已经在计算机数据通信中采用最为广泛的编码 ASCII（American Standard Code for Information Interchange）码等。

ASCII 码即美国标准信息交换码。这是一种 7 位编码，其 128 种不同组合分别对应一定的数字、字母、符号或特殊功能。如十六进制的 30～39 分别表示数字 0～9；十六进制的 41 表示字母 A；十六进制的 27、2B 分别表示逗号“，”和加号“＋”；OA，OD 则分别表示换行与回车功能。

在工业数据通信系统中还有大量不经过任何编码而直接传输的二进制数据，如经 A/D 转换形成的温度、压力测量值，调节阀所处位置的百分数等。

（1）数字数据编码

在设备之间传递数据，就必须将数据按编码转换成适合于传输的物理信号，形成编码波形。码元 0、1 是传输数据的基本单位。在工业数据网络通信系统中所传输的大多为二元码，它的每一位只能在 1 和 0 两个状态中取一个。这每一位就是一个码元。采用模拟信号的不同幅度、不同频率、不同相位来表达数据的 0、1 状态的，称为模拟数据编码。用高低电平的矩形脉冲信号来表达数据的 0、1 状态的，称为数字数据编码。下面讨论几种数字数据编码波形。

单极性码，信号电平是单极性的，如逻辑 1 用高电平，逻辑 0 为低电平的信号编码。

双极性码，信号电平有正、负两种极性。如逻辑 1 用正电平，逻辑 0 用负电平的信号编码。

归零码（RZ），在每一位二进制信息传输之后均返回零电平的编码。例如双极性归零码的逻辑 1 只在该码元时间中的某段（如码元时间的一半）维持高电平后就回复到零电平，其逻辑 0 只在该码元时间的一半维持负电平后也回复到零电平。

非归零码（NRZ）。在整个码元时间内都维持其逻辑状态的相应电平的编码。

曼彻斯特编码（Manchester Encoding）。这是在数据通信中最常用的一种基带信号编码。它具有使网络上每个节点保持时钟同步的同步信息。在曼彻斯特编码中，时间按时钟周期被划分为等间隔的小段，其中每小段代表一个比特即一位。每个比特时间又被分为两半，前半个时间段所传信号是该时间段传送比特值的反码，后半个时间段传送的是比特值本身。因而从高电平跳变到低电平表示 0，从低电平跳变到高电平表示 1。可见在一个位时间内，其中间点总有一次信号电平的变化，这一信号电平的变化可用来作为节点间的同步信息，无需另外传送同步信号。

差分曼彻斯特编码（Differential Manchester Encoding）是曼彻新特编码的一种变形。它既具有曼彻斯特编码在每个比特时间间隔中间信号一定会发生跳变的特点，也具有差分码用时钟周期起点电平变化与否代表逻辑“1”或“0”的特点。

数字数据编码波形如图 2-2 所示。

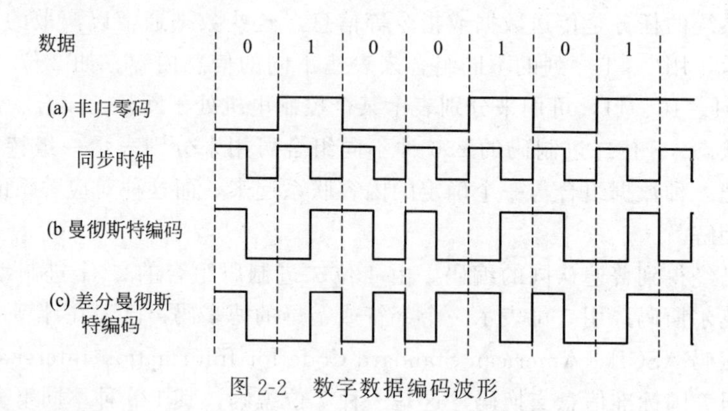

图 2-2　数字数据编码波形

（2）模拟数据编码

模拟数据编码采用模拟信号来表达数据的 0 和 1 状态。信号的幅度、频率、相位是描述模拟信号的参数，可以通过改变这三个参数，实现模拟数据编码。幅值键控（Amplitude Sheft Keying，ASK）、频移键控（Frequency Sheft Keying，FSK）、相移键控（Phase Sheft Keying，PSK）是模拟数据编码的三种编码方法。

幅值键控 ASK 中，载波信号的频率、相位不变，幅度随调制信号变化，如一个二进制数字信号，在调制后波形的时域表达式如式(2-1) 所示。

$$S_A = a_n A\cos\omega_c t \tag{2-1}$$

这里 A 为载波信号幅度，ω_c 为载波频率，a_n 为二进制数字 0 或 1。当 a_n 为 1 时，$S_A = A\cos\omega_c t$ 的波形代表数字 1；当 a_n 为 0 时，$S_A=0$ 就代表 0。图 2-3 中，分别给出了幅值键控、频移键控、相移键控三种编码波形。

2.1.5　数据传输技术

数据传输方式是指数据代码的传输顺序和数据信号传输时的同步方式。

（1）串行传输和并行传输

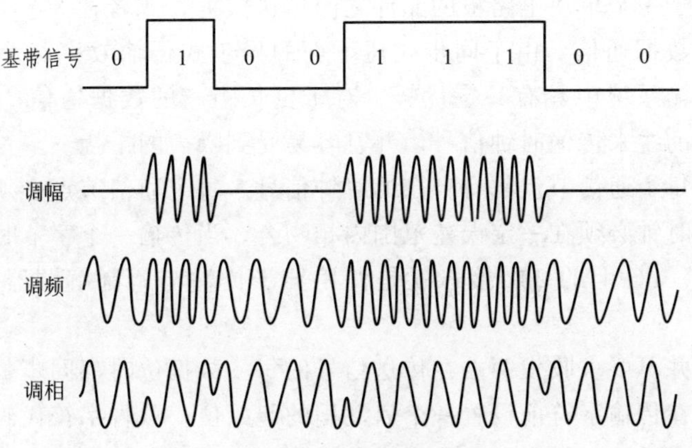

图 2-3 模拟数据编码波形

串行传输（serial transmission）中，数据流以串行方式逐位地在一条信道上传输。每次只能发送一个数据位，发送方必须确定是先发送数据字节的高位还是低位。同样，接收方也必须知道所收到字节的第一个数据位应该处于字节的什么位置。串行传输具有易于实现，在长距离传输中可靠性高等优点。适合远距离的数据通信，但需要在收发双方采取同步措施。

并行传输（parallel transmission）是将数据以成组的方式在两条以上的并行通道上同时传输。它可以同时传输一组数据位，每个数据位使用单独的一条导线，例如采用 8 条导线并行传输一个字节的 8 个数据位，另外用一条“选通”线通知接收者接收该字节，接收方可对并行通道上各条导线的数据位信号并行取样。若采用并行传输进行字符通信时，不需要采取特别措施就可实现收发双方的字符同步。

并行传输所需要的传输通道多，一般在近距离的设备之间进行数据传输时使用。最常见的例子是计算机和打印机等外围设备之间的通信，CPU、存储器模块与外围芯片之间的通信等。显然并行传输不适合长距离的通信连接。

串行传输在传输一个字符或字节的各数据位时是依顺序逐位传输，而并行传输在传输一个字符或字节的各数据位时采用同时并行地传输。

(2) 同步传输与异步传输

在数据通信系统中，各种处理工作总是在一定的时序脉冲控制下进行的。如串行数据传输中的二进制代码在一条总线上以数据位为单位按时间顺序逐步传送，接收端则按顺序逐位接收。因此接收端必须能正确地按位区分，才能正确恢复所传输的数据。串行通信中的发送者和接收者都需要使用时钟信号。通过时钟决定什么时候发送和读取每一位数据。

同步传输和异步传输是指通信处理中使用时钟信号的不同方式。

同步传输中，所有设备都使用一个共同的时钟，这个时钟可以是参与通信的那些设备或器件中的一台产生的，也可以是外部时钟信号源提供的。时钟可以有固定的频率，也可以间隔一个不规则的周期进行切换。所有传输的数据位都和这个时钟信号同步。传输的每个数据位只在时钟信号跳变（上升或者下降沿）之后的一个规定的时间内有效。接收方利用时钟跳变来决定什么时候读取每一个输入的数据位。如发送者在时钟信号的下降沿发送数据字节，接收者则在时钟信号中间的上升沿接收并锁存数据。也可以利用所检测到的逻辑高或者低电平来锁存数据。

同步传输可用于一个单块电路板的元件之间传送数据，或者在30～40cm甚至更短距离间用于电缆连接的数据通信。由于同步式比下面的异步式传输效率高，适合高速传输的要求，在高速数据传输系统中具有一定优势。对于更长距离的数据通信，同步传输的代价较高，需要一条额外的线来传输时钟信号，并且容易受到噪声的干扰。

异步传输中，每个通信节点都有自己的时钟信号。每个通信节点必须在时钟频率上保持一致，并且所有的时钟必须在一定误差范围内相吻合。当传输一个字节时，通常会包括一个起始位来同步时钟。PC上的232接口就是使用异步传输与调制解调器以及其他设备进行通信。

异步传输方式并不要求收发两端在传送信号的每一数据位时都同步。例如在单个字符的异步方式传输中，在传输字符前设置一个启动用的起始位，预告字符代码即将开始，在字符代码和校验信号结束后，也设置一个或多个终止位，表示该字符已结束。在起始位和停止位之间，形成一个需传送的字符。因而异步传输又被称为起止同步。由起始位对该字符内的各数据位起到同步作用。

异步传输实现起来简单容易，频率的漂移不会积累，对线路和收发器要求较低。但异步传输中，往往因同步的需要，要另外传输一个或多个同步字符或帧头，因而会增加网络开销，使线路效率受到一定影响。

(3) 位同步、字符同步与帧同步

同步（synchronous）是数据通信中必须要解决的重要问题。接收方为了能正确恢复位串序列，必须能正确区分出信号中的每一位，区分出每个字符的起始与结束位置，区分出报文帧的起始与结束位置。因而传输同步又分为位同步、字符同步和帧同步。

① 位同步（bit synchronous） 位同步要求收发两端按数据位保持同步。数据通信系统中最基本的收发两端的时钟同步，就属于位同步，它是所有同步的基础。接收端可以从接收信号中提取位同步信号。为了保证数据的准确传输，位同步要求接收端与发送端的定时信号频率相同，并使数据信号与定时信号间保持固定的相位关系。

② 字符同步（character or word synchronous） 在电报传输、计算机与其外设之间的通信中，其发送接收通常以字符作为一个独立的整体，因而需要接字符同步。字符同步可将字符组织成组后连续传送，每个字符内不加附加位，在每组字符之前加上一个或多个同步字符。在传输开始时用同步字符使收发双方进入同步。接收端接收到同步字符，并根据它来确定字符的起始位置。

③ 帧同步（frame synchronous） 数据帧是一种按协议约定将数据信息组织成组的形式。通信数据帧的一般结构形式如下：

帧头 （起始标志）	控制域	数据域	校验域	帧尾 （结束标志）

它的第一部分是用于实现收发双方同步的一个独特的字符段或数据位的组合，称之为起始标志或帧头，其作用是通知接收方有一个通信帧已经到达。中间是通信控制域、数据域和校验域。帧的最后一段是帧尾，是帧结束标记，它和起始标志一样，是一个独特的位串组合，用于标志该帧传输过程的结束。

帧同步指数据帧发送时，收发双方以帧头、帧尾为特征实行同步工作方式。它将数据帧作为一个整体，实行起止同步。帧同步是现场总线系统通信中主要采用的同步方式。

2.1.6 数据交换技术

单工，是指通信线路传送的信息流始终朝着一个方向，而不进行与此相反方向的传送，如图 2-4(a) 所示。图中，设 A 为发送终端，B 为接收终端，数据只能从 A 传送至 B，而不能由 B 传送至 A。单工通信线路一般采用二线制。

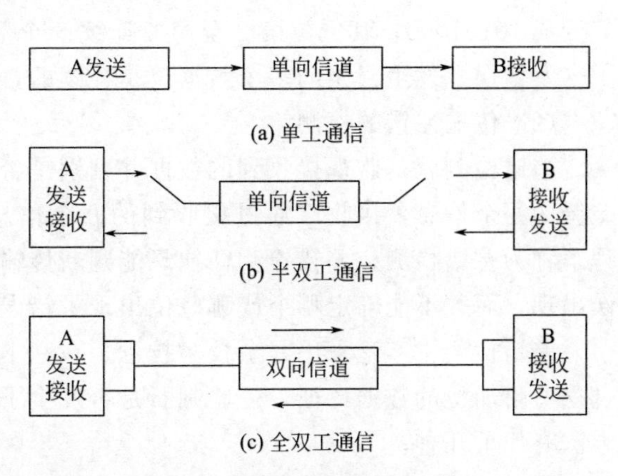

图 2-4 几种通信线路的工作方式

半双工通信是指信息流可在两个方向上传输，但同一时刻只限于一个方向。如图 2-4(b) 所示。信息可以从 A 传至 B，或从 B 传至 A，所以通信双方都具有发送器和接收器。实现双向通信必须改换信道方向。半双工通信采用二线制线路，当 A 站向 B 站发送信息时，A 站将发送器连接在信道上，B 站将接收器连接在信道上，而当 B 站向 A 站发送信息时，B 站则要将接收器从信道上断开，并把发送器接入信道，A 站也要相应地将发送器从信道上断开，而把接收器接入信道。这种在一条信道上进行转换，实现 A→B 与 B→A 两个方向通信的方式，称为半双工通信。现场总线系统的数据通信中常采用半双工通信。

全双工通信是指通信系统能同时进行如图 2-4(c) 所示的双向通信。它相当于把两个相反方向的单工通信方式组合在一起。这种方式常用于计算机与计算机之间的通信。

2.1.7 差错控制

由于种种原因，数据在传输过程中可能出错。为了提高通信系统的传输质量，提高数据的可靠程度，应该对通信中的传输错误进行检测和纠正。有效地检测并纠正差错也被称为差错控制。目前还不可能做到检测和校正所有的错误。

(1) 传输差错的类型

工业数据在通信过程中，其信号会受到电磁辐射等多种干扰。这些干扰可能影响到数据波形的幅值、相位或时序。而二进制编码数据中，任何一位的 0 变为 1 或 1 变为 0 都会影响数据的数值或含义，进而影响到数据的正确使用。

数据通信中差错的类型一般按照单位数据域内发生差错的数据位个数及其分布，划分为单比特错误、多比特错误和突发错误三类。这里的单位数据域一般指一个字符、一个字节或一个数据包。

① 单比特错误。在单位数据域内只有 1 个数据位出错的情况，称为单比特错误。如一个 8 位字节的数据 10010110 从 A 节点发送到 B 节点，到 B 节点后该字节变成 10010010，低位第 3 个数据位从 1 变为 0，其他位保持不变，则意味着该传输过程出现了单比特错误。

单比特错误是工业数据通信过程中比较容易发生，也容易被检测和纠正的一类错误。

② 多比特错误。在单个数据域内有 1 个以上不连续的数据位出错的情况，称为多比特错误。如上述那个 8 位字节的数据 10010110 从 A 节点发送到 B 节点，到 B 节点后发现字节变成 10110111，低位第 1、第 6 个数据位从 0 变为 1，其他位保持不变，则意味着该传输过

程出现了多比特错误。多比特错误也被称为离散错误。

③ 突发错误。在单位数据城内有 2 个或 2 个以上连续的数据位出错的情况，称为突发错误。如上述那个 8 位字节的数据 10010110 从 A 节点发送到 B 节点，到 B 节点后如果该字节变成 10101000，其低位第 2 至第 6 连续 5 个数据位发生改变，则意味着该传输过程出现了突发错误。发生错误的多个数据位是连续的，是区分突发错误与多比特错误的主要特征。

（2）传输差错的检测

差错检测就是监视接收到的数据并判别是否发生了传输错误。让报文中包含能发现传输差错的冗余信息，接收端通过接收到的冗余信息的特征，判断报文在传输中是否出错的过程，称为差错检测。差错检测往往只能判断传输中是否出错，识别接收到的数据中是否有错误出现，而并不能确定哪个或哪些位出现了错误，也不能纠正传输中的差错。

差错检测中广泛采用冗余校验技术。在基本数据信息的基础上加上附加位，在接收端通过这些附加位的数据特征，校验判断是否发生了传输错误。数据通信中通常采用的冗余校验方法有如下几种。

① 奇偶校验　在奇偶校验中，一个单一的校验位（奇偶校验位），被加在每个单位数据域如字符上，使得包括该校验位在内的各单位数据域中 1 的个数是偶数（偶校验），或者是奇数（奇校验）。

在接收端采用同一种校验方式检查收到的数据和校验位来判断传输过程是否出错。如果规定收发双方采用偶校验，在接收端收到的包括校验位在内的各单位数据域中，如果出现的 1 的个数是偶数，就表明传输过程正确，数据可用。如果某个数据域中 1 的个数不是偶数，就表明出现了传输错误。

奇偶校验的方法简单，能检测出大量错误。它可以检测出所有单比特错误。但它也有可能漏掉许多错误。如果单位数据域中出现错误的比特数是偶数，在奇偶校验中则会判断传输过程没有出错。只有当出错的次数是奇数时，它才能检测出多比特错误和突发错误。

② 求和校验　在发送端将数据分为 k 段，每段均为等长的 n 比特。将分段 1 与分段 2 作求和操作，再逐一与分段 $3\sim k$ 作求和操作，得到长度为 n 比特的求和结果。将该结果取反后作为校验和放在数据块后面，与数据块一起发送到接收端。在接收端对接收到的包括校验和在内的所有 $k+1$ 段数据求和，如果结果为零，就认为传输过程没有错误，所传数据正确。如果结果不为零，则表明发生了错误。

求和校验能检测出 95%的错误，但与奇偶校验方法相比，增加了计算量。

③ 纵向冗余校验 LRC　纵向冗余校验按预定的数量将多个单位数据域组成一个数据块。首先每个单位数据域各自采用奇偶校验，得到各单位数据域的冗余校验位。再将各单位数据域的对应位分别作奇偶校验，如对所有单位数据域的第 1 位作奇偶校验，对所有单位数据域的第 2 位作奇偶校验，如此等等。并将所有位置奇偶校验得到的冗余校验位组成一个新的数据单元，附加在数据块的最后发送出去。

收发双方采用相同的校验方法，或都是偶校验，或都是奇校验。接收端在对接收到的数据进行校验时，如果发现任一个冗余校验值出现差错，不管是哪个单位数据域的冗余校验位，还是附加在数据块最后的新数据单元的某个冗余校验位，则认为该数据块的传输出错。

纵向冗余校验大大提高了发现多比特错误和突发错误的可能性。但如果出现以下情况，纵向冗余校验依然检测不出其错误：在某个单位数据域内有两个数据位出现传输错误，而另一个单位数据城内相同位置碰巧也有两个数据位出现传输错误，纵向冗余校验的结果会认为没有错误。

④ 循环冗余校验　循环冗余校验（Cyclic Redundancy Check，CRC）对传输序列进行一次规定的除法操作，将除法操作的余数附加在传输信息的后边。在接收端，也对收到的数据作相同的除法。如果接收端除法得到的结果其余数不是零，就表明发生了错误。

基于除法的循环冗余校验，其计算量大于奇偶与求和校验，其差错检测的有效性也较高，能够检测出大约 99.95%的错误。

差错检测的原理比较简单，容易实现，已经得到了广泛应用。

（3）循环冗余校验的工作原理

循环冗余校验是将要发送的数据位序列当作一个多项式，$f(x)$ 的系数，$f(x)$ 的系数只有 1 与 0 两种形式。在发送方用收发双方预先约定的生成多项式 $G(x)$ 去除，求得一个余数多项式。将余数多项式加到数据多项式之后发送到接收端。这里的除法中使用借位不减的模 2 减法，相当于异或运算。接收端采用同样的生成多项式 $G(x)$ 去除接收到的数据多项式 $f(x)$，如果传输无差错，则接收端除法运算，$f(x)/G(x)$ 的结果，其余数为零。如果接收端除法运算的结果其余数不为零，则认为传输出现了差错。CRC 的检错能力强，实现容易，是目前应用最广的检错码编码方法之一。

生成多项式 $G(x)$ 的结构及检错效果是要经过严格的数学分析与实验后确定的，例如：

CRC-12：$G(x)=x^{12}+x^{11}+x^3+x^2+x+1$

CRC-16：$G(x)=x^{16}+x^{15}+x^2+1$

CRC-32：$G(x)=x^{32}+x^{26}+x^{23}+x^{22}+x^{16}+x^{12}+x^{11}+x^{10}+x^8+x^7+x^5+x^4+x^2+x+1$ 等。

CRC 校验的工作过程可以描述为以下几项。

① 在发送端，将发送数据多项式 $f(x)$ 左移 k 位得到，$f(x)\cdot x^k$，其中 k 为生成多项式的最高幂值。例如生成多项式 CRC-12 的最高幂值为 12，则将发送数据多项式，$f(x)$ 左移 12 位，得到 $f(x)\cdot x^{12}$

② 将 $f(x)\cdot x^k$ 除以生成多项式 $G(x)$，得 $f(x)\cdot x^k/G(x)=Q(x)+R(x)/G(x)$ 式中 $R(x)$ 为余数多项式。

③ 将 $f(x)\cdot x^k+R(x)$ 作为整体，从发送端通过通信信道传送到接收端。

④ 接收端对接收数据多项式 $f'(x)$ 采用同样的除法运算，即 $f'(x)/G(x)$。

⑤ 根据上述除法得到的结果判断传输过程是否出错。如果通过除法得到的余数多项式不为零，则认为传输过程出现了差错。余数多项式为零，则认为传输过程无差错。

下面的实例可进一步说明 CRC 的校验过程。

① 设发送数据多项式 $f(x)$ 为 110011（6 比特）。

② 生成多项式 $G(x)$ 为 11001（5 比特，$k=4$）。

③ 将发送数据多项式左移 4 位得到 $f(x)\cdot x^k$，即乘积为 110011 0000。

④ 将该乘积用生成多项式 $G(x)$ 去除，除法中采用模二减法，求得余数多项式为 1001。

```
                      100001        Q(x)
G(x)→11001 ) 1100110000       ←f(x)·x^k
             11001
             ---------
                 10000
                 11001
                 -----
                  1001       ←R(x)
```

⑤ 将余数多项式加到 $f(x) \cdot x^k$ 中得：1100111001。

⑥ 如果在数据传输过程中没有发生传输错误，那么接收端接收到的带有 CRC 校验码的接收数据多项式 $f'(x)$ 一定能被相同的生成多项式 $G(x)$ 整除，即余数多项式为零。

```
              100001
11001 ) 1100111001
         11001
        ----------
             11001
             11001
        ----------
                 0
```

如果除法运算得到的结果表明余数多项式不为零，就认为传输过程出现了差错。

在实际网络应用中，CRC 校验码生成与校验过程可以用软件或硬件方法实现。目前很多大规模集成电路芯片内部就可以非常方便地实现标准 CRC 校验码的生成与校验功能。

CRC 校验的检错能力很强，它能检查出：

① 全部单比特错误；

② 全部离散的二位错；

③ 全部奇数个数的错；

④ 全部长度小于或等于点位的突发错；

⑤ 能以 $1-(1/2)^{k-1}$ 的概率检查出长度为 $k+1$ 位的突发错。例如，如果 $k=16$，则该 CRC 校验码能检查出全部小于或等于 16 位长度的突发错，并能以 $1-(1/2)^{k-1}=99.997\%$ 的概率检查出 17 位的突发错，即此时的漏检概率为 0.003%。

传输差错的校正指在接收端发现并自动纠正传输错误的过程，也被称为纠错。差错校正在功能上优于差错检测，但实现也较为复杂，成本较高。差错校正也需要让传输报文中携带足够的冗余信息。常用的两种差错校正方法是自动重传与前向差错纠正。

（1）自动重传

当系统检测到一个错误时，接收端自动地请求发送方重新发送传输数据帧，用重新传输过来的数据替代出错的数据，这种差错校正方法称作自动重传。

采用自动重传的通信系统，其自动重传过程又分为停止等待和连续两种不同的工作方式。在停止等待方式中，发送方在发送完一个数据帧后，要等待接收方的应答帧的到来。应答帧表示上一帧已正确接收，发送方就可以发送下一数据帧。如果应答帧表示上一帧传输出现错误，则系统自动重传上一次的数据帧。其等待应答的过程影响了系统的通信效率。连续自动重传就是为了克服这一缺点而提出的。

连续自动重传指发送方可以连续向接收方发送数据帧，接收方对接收的数据帧进行校验，然后向发送方发回应答帧。如果没有发生错误，通信就一直延续；如果应答帧表明发生了错误，则发送方将重发已经发出过的数据帧。

连续自动重传的重发方式有两种：拉回方式与选择重发方式。采用拉回方式时，如果发送方在连续发送了编号为 0～5 的数据帧后，从应答帧得知 2 号数据帧传输错误，那么发送方将停止当前数据帧的发送，重发 2、3、4、5 号数据。拉回状态结束后，再接着发送 6 号数据帧。

选择重发方式与拉回方式不同之处在于，如果在发送完编号为 5 的数据帧时，接收到编号为 2 的数据帧传输出错的应答帧，那么发送方在发送完编号为 5 的数据帧后，只重发出错的 2 号数据。选择重发完成后，接着发送编号为 6 的数据帧。显然，选择重发方式的效率将高于拉回方式。

自动重传所采用的技术比较简单，也是校正差错最有效的办法。但因出错确认和数据重发会加大通信量，严重时逐会造成通信障碍，使其应用受到一定程度的限制。

(2) 前向差错纠正

前向差错纠正的方法是在接收端检测和纠正差错，而不需要请求发送端重发。将一些额外的位按规定加入到通信序列中，这些额外的位按照某种方式进行编码，接收端通过检测这些额外的位，发现是否出错，哪一位出错，并纠正这些差错位。纠错码比检错码要复杂得多，而且需要更多的冗余位。前向差错纠正方法会因增加这些位而增加通信开支，同时也因纠错的需要而增加了计算量。

尽管理论上可以纠正二进制数据的任何类型的错误，但纠正多比特错误和突发错误所需的冗余校验的位数相当多，因而大多数实际应用的纠错技术都只限于纠正1～2个比特的错误。

采用前向差错纠正方法纠正单比特错误，首先要判断出是否出现传输错误；如果有错，是哪一位出错；然后把出错位纠正过来。要表明是否出现传输错误，哪一位出错，需要增加冗余位。表明这些状态所需的冗余位个数显然与数据单元的长度有关。

(3) 海明码的编码

海明码是由 R. W. Hamming 提出的一种用于纠错的编码技术，可以在任意长度的数据单元上使用。利用海明码纠错，也需要设置冗余比特位，对于海明码的编码过程来说，一是需要根据要传输的数据单元的长度，确定冗余比特位的个数；二是需要确定各冗余比特位在数据单元中的位置；三是要计算出各冗余比特位的值。接收方接收到传输数据后，按与发送方相同的方法和相同的位串组合，计算出新的校验位，排列成冗余比特位串，根据冗余比特位串的数值，确定传输过程是否出错。如果出错，是哪一位出错，并将出错位取反，以纠正该错误。

比如，字符的ASCII码由7个数据位组成。对纠正单比特错误而言，其传输过程状态则有：第1位出错、第2位出错、……、第7位出错，以及没有出错这8种状态，表明这8种状态需要3个冗余位。由这3个冗余位的000～111可以表明这8种状态。如果再考虑到冗余位本身出错的情况，则还需要再增加冗余位。

设数据单元的长度为 m，为纠正单比特错误需要增加的冗余位级为 r，r 个冗余位可以表示出 2^r 个状态，满足式(2-2) 的最小 r 值即为应该采用的冗余位的位数。

$$2^r \geqslant m + r + 1 \tag{2-2}$$

对上述7位的ASCII码而言，m 值为7，如果冗余位数取3时发现不等式不成立，说明3个冗余位还不能表达出所有出错状态。当冗余位数取4时，不等式成立，说明4为满足式(2-2) 的最小 r 值。表明7位数据应该采用4个冗余位，即带纠错冗余位的ASCII码应该具有11位。

① 冗余比特位的定位　上面的讨论中已经得到，要纠正一个ASCII码7位教据中的单比特错误，需要4个冗余比特位。如何将这4个冗余比特位插入到原来的7位数据中，即是冗余比特位的定位问题。

如果把这4个冗余比特位分别编号为R1、R2、R3、R4，在海明码的编码过程中，应该将这4个冗余比特位分别插入到数据单元的 2^0、2^1、2^2、2^3 位置上，即冗余比特位 R1、R2、R3、R4 将被分别插入到数据单元的 D1、D2、D4、D8 位上。图 2-5 表明了由7位数据和 4 个冗余位组成的 11 位海明码中，各冗余比特位所在的位置。

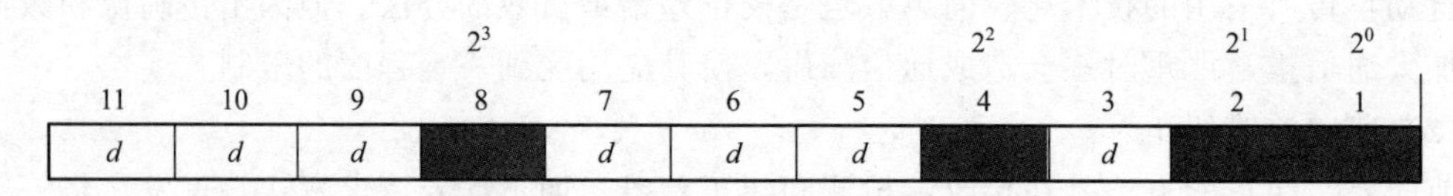

图 2-5　各冗余比特位在 11 位海明码中的位置

② 各冗余比特位值的计算　在海明码中，每个冗余比特位的值都是一组数据的奇偶校验位。冗余比特位 R1、R2、R3、R4 分别是 4 组不同数据位的奇偶校验位。将数据位数用二进制数据来表示，其中 R1 是 11 位海明码中，对位数最低位为 1 的位置进行偶校验而得到的校验结果。R2 是 11 位海明码中，对位数次低位为 1 的位置进行偶校验而得到的校验结果。这里的次低位指倒数第 2 位，依此类推，R3 是对倒数第 3 位为 1 的位置进行偶校验而得到的校验位，R4 是倒数第 4 位为 1 的位置进行偶校验而得到的校验位。

对于 11 位海明码来说，用二进制数据来表示数据位数，有 0001、0010、0011、0100、0101、0110、0111、1000、1001、1010、1011 这 11 种情况。其中，位数最低位为 1 的有 0001、0011、0101、0111、1001、1011 这 6 种。即 R1 是对 11 位海明码中从低位数起的第 1、3、5、7、9、11 这 6 位作偶校验而得到的校验位。

同理，位数次低位为 1 的有 0010、0011、0110、0111、1010、1011 这 6 种。即 R2 是对 11 位海明码中从低位数起的第 2、3、6、7、10、11 这 6 位作偶校验而得到的校验位。倒数第 3 位为 1 的有 0100、0101、0110、0111，因而 R3 是对 11 位海明码中从低位数起的第 4、5、6、7 这 4 位作偶校验而得到的校验位。倒数第 4 位为 1 的有 1000、1001，1010、1011，因而 R4 是对 11 位海明码中从低位数起的第 8、9、10、11 这 4 位作偶校验而得到的校验位。

图 2-6 表明了一个 7 位数据 1001101 变成海明码的编码过程。由数据 1001101 得到的海明码为 10011100101。

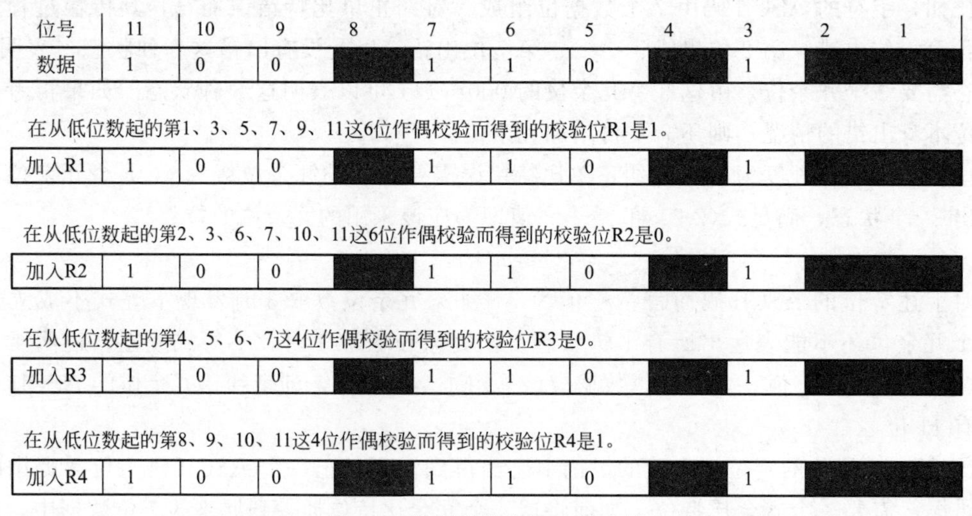

图 2-6　海明码的编码过程示例

（4）海明码的错误检测与纠正

发送方将数据按上述编码过程形成海明码并实行传输。接收方收到数据后，采用与发送方相同的方法和相同的数据位组合，重新计算出各数据位组合的偶校验位的值 R1、R2、

R3、R4，并将其排列成一个 4 位的二进制数 R4R3R2R1，这个二进制数就会指示出该传输过程是否出错，以及发生错误的精确位置。接收方确定是哪一位出错后，只要将该位取反，就纠正了本次传输中的单比特错误。

例如在图 2-6 示例中，编码形成的海明码为 10011100101。如果在传输过程中出现单比特错误，比如第 7 位出错，由原本的 1 变为 0，使接收方收到数据变成 10010100101。接收方收到数据后，采用与发送方相同的方法和相同的数据位组合，重新计算出各数据位组合的偶校验位的值。即对其从低位数起的第 1、3、5、7、9、11 这 6 位作偶校验，得到的校验位 R1 是 1；对其从低位数起的第 2、3、6、7、10、11 这 6 位作偶校验而得到的校验位 R2 是 1；对其第 4、5、6、7 这 4 位作偶校验而得到的校验位 R3 是 1；对其第 8、9、10、11 这 4 位作偶校验得到的校验位 R4 是 0。由它们排列成的二进制数 R4R3R2R1 即为 0111，表示第 7 位出错。图 2-7 表示了接收方出错时求取校验位的过程。

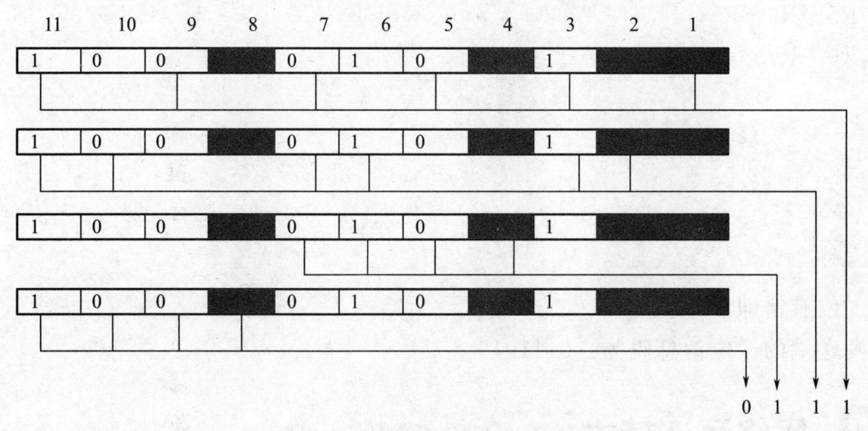

图 2-7　传输出错时求取校验位

由校验位排列成的二进制数 0111 表明传输过程中出现了错误，而且是第 7 位出现了错误。只需将接收数据的第 7 位求反，由 0 改变为 1，便纠正了传输过程中出现的错误。

如果该海明码在传输过程中没有出错，即接收方收到的数据仍然是 10011100101。接收方对该数据的相同数据位组合进行偶校验。图 2-8 表示接收方在无错传输时求得的偶校验位。其偶校验位 R4R3R2R1 均为 0。由它们排列成的二进制 R4R3R2R1 即为 0000。该数值说明传输过程正确。

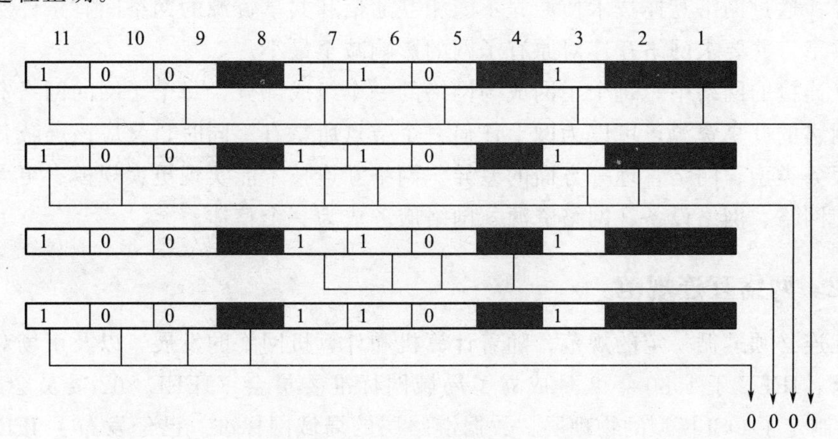

图 2-8　传输无错时求取校验位

实例分析：已知要发送 7 位 ASCII 码，发送过程中，采用海明码进行检测与纠正，若接收方接收到的 11 位海明码为“01101010011”，那么最多只有一位错的情况下，检测接收端的信息码是否有错，如果有错，指明出错的位数，改正，并写出发送端的 7 位数据信息码。

解析：

D11	D10	D9	D8	D7	D6	D5	D4	D3	D2	D1
0	1	1	0	1	0	1	0	0	1	1

按监督关系式，其中下面的“＋”表示偶校验。

R1＝R1＋R3＋R5＋R7＋R9＋R11

R2＝R2＋R3＋R6＋R7＋R10＋R11

R3＝R4＋R5＋R6＋R7

R4＝R8＋R9＋R10＋R11

得出：

R1＝0

R2＝1

R3＝0

R4＝0

所以，第二位有错即 D2 有错。

纠正后的发送端的 7 位信息码为：0111010。

2.2 网络互连技术

2.2.1 网络互连的基本概念

网络互连要将分布在不同地理位置的网络、网络设备连接起来，构成更大规模的网络系统，以实现网络的数据资源共享。相互连接的网络可以是同种类型网络，也可以是运行不同网络协议的异构系统。网络互连是计算机网络和通信技术迅速发展的结果。也是网络系统应用范围不断扩大的自然要求。网络互连要求不改变原有的子网内的网络协议、通信速率、硬软件配置等，通过网络互连技术使原先不能相互通信和共享资源的网络间有条件实现相互通信和信息共享，并要求网络互连对原有子网的影响减至最小。

在相互连接的网络中，每个子网成为网络的一个组成部分，每个子网的网络资源都应该成为整个网络的共享资源，可以为网上任何一个节点所享有。同时，又应该屏蔽各子网在网络协议、服务类型、网络管理等方面的差异。网络互连技术能实现更大规模、更大范围的网络连接，使网络、网络设备、网络资源、网络服务成为一个整体。

2.2.2 网络互连规范

网络互连必须遵循一定的规范，随着计算机和计算机网络的发展，以及市场对局域网络互连的需求，IEEE 于 1980 年 2 月成立了局域网标准委员会（IEEE 802 委员会），建立了 802 课题，制定了 OSI 模型的物理层、数据链路层的局域网标准。已经发布了 IEEE 802.1～IEEE802.16 系列标准，其中 IEEE802.1～IEEE802.6 已经成为 ISO 的国际标准 ISO8802-1～

ISO8802-6。IEEE 802 标准的系列组成如下。

IEEE802.1 为综述和体系结构，802.1B 为寻址、网际互连和网络管理；

IEEE 802.2 为逻辑链路控制；

IEEE 802.3 为 CSMA/CD 接入方法和物理层规范；

IEEE802.4 为 Token bus 令牌总线接入方法和物理层规范；

IEEE 802.5 为 Token ring 令牌环接入方法和物理层规范；

IEEE 802.6 为 MAN 城域网接入方法和物理层规范；

IEEE 802.7 为宽带技术；

IEEE 802.8 为光纤技术；

IEEE 802.9 为话音综合数据业务网；

IEEE 802.10 为可互操作的局域网安全规范；

IEEE 802.11 为 WLAN 无线局域网；

IEEE 802.12 为优先级轮询局域网；

IEEE 802.13 未使用；

IEEE 802.14 为 Cable-TV 的广域网；

IEEE 802.15 为 WPAN 无线个人局域网；

IEEE 802.16 为宽带无线局域网。

从上述内容可以看到，服务于网络互连的 IEEE 802 系列标准只涉及物理层与数据链路层中与网络连接直接相关的内容。要为用户提供应用服务，还需要高层协议提供相关支持。

2.2.3 网络互连的通信参考模型

2.2.3.1 OSI 参考模型

在 20 世纪 70 年代，计算机网络发展很快，为了在更大范围内共享网络资源和相互通信，人们迫切需要一个共同的可以参考的标准，使得不同厂家的软硬件资源和设备都能够互连。为此，国际标准化组织 ISO 于 1977 年成立了信息技术委员会 TC97，专门进行网络体系结构标准化的工作。在综合了已有的计算机网络体系结构的基础上，于 1984 年制定了著名的开放式系统互连参考模型（Open System Interconnection Reference Model），简称 OSI 参考模型。OSI 已被作为国际标准的网络体系结构。

国际标准化组织 ISO 是一个全球性的非政府组织，是国际标准化领域中一个十分重要的组织。ISO 成立于 1946 年，当时来自 25 个国家的代表在伦敦召开会议，决定成立一个新的国际组织，以促进国际间的合作和工业标准的统一。于是，ISO 这一新组织于 1947 年 2 月 23 日正式成立，总部设在瑞士的日内瓦。

开放式系统互连参考模型将网络通信过程划分为 7 个相互独立的功能组（层次），并为每个层次制定一个标准框架。上面 3 层（应用层、表示层、会话层）与应用问题有关，而下面 4 层（传输层、网络层、数据链路层、物理层）则主要处理网络控制和数据传输/接收问题。OSI 参考模型如图 2-9 所示。

计算机网络体系结构模型将计算机网络划分为 7 个层次，自下而上分别称为：物理层、数据链路层、网络层、传输层、会话层、表示层和应用层。用数字排序自下而上分别为第 1 层、第 2 层、……、第 7 层。应用层由 OSI 环境下的应用实体组成，其下面较低的层提供有关应用实体协同操作的服务。

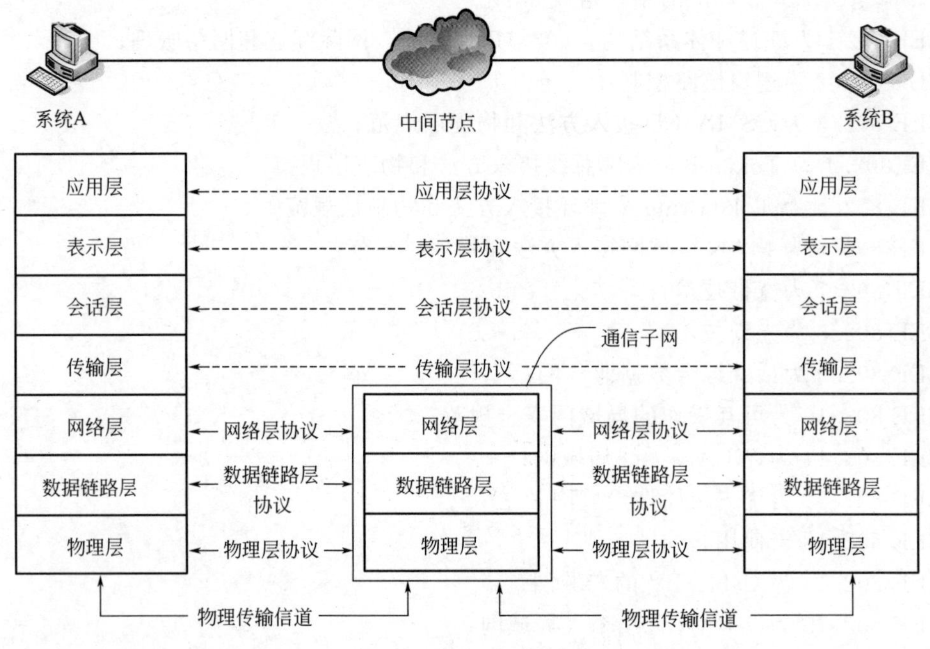

图 2-9　OSI 参考模型

（1）物理层

物理层（Physical Layer）处于模型的最底层，它对网络的物理连接进行定义，如电缆、接头和信号的机械/电气、功能和过程特性。

物理层还负责在实体之间建立时限以及低级精确性。作为维护数据精确性的一部分，该层还担当对何时传输、何时不传输的检测以及判定同一时刻是否有其他传输。物理层为设备之间的数据通信提供传输媒体及互连设备，为数据传输提供可靠的环境。主要特征如下。

① 机械特性：规定了物理连接时所使用的可接插连接器的形状尺寸、连接器中引脚数量与排列情况等。

② 电气特性：规定了在物理连接器上传输二进制比特流时线路上信号电平的高低、阻抗及阻抗匹配、传输速率与距离限制。

③ 功能特性：规定了物理接口上各条信号线的功能分配和确切定义。物理信号线一般分为数据线、控制线、定时线和地线等几类。

④ 过程特性：定义了利用信号线进行二进制比特流传输的一组操作过程，包括各信号线的工作规则和时序。

（2）数据链路层

数据链路层（DLL，Data Link Layr）负责将数据传输的数据帧转换成可传递给物理层的二进制位。反之，它从物理层接收二进制位并将其转换成帧，DLL 是以帧格式处理数据。DLL 还负责建立和维护两个实体或节点间可靠的连接，DLL 建立当前节点和数据流接收端节点之间的可靠的信道。数据链路层还负责识别同一个子网中的多个节点。总之，DLL 负责数据链路的建立、拆除，对数据的检错、纠错任务以及数据帧的同步定界和收发顺序。

DLL 将本质上不可靠的传输媒体变成可靠的传输通路提供给网络层。在以太网模型中 DLL 分成了两个子层，一个是逻辑链路控制 LLC（Logical Link Control），另一个是媒体访问控制 MAC（Media Access Control）。

（3）网络层

网络层（Network Layer）负责网络之间信息的路由选择，确保信息的及时传递。正如DLL担负同一局域网上的实体之间的信息的可靠传输那样，网络层负责不同网络的实体间的可靠信息传输。在只有单个介质路径的LAN中，通常不使用网络层。网络层采用包（Packet）格式处理数据，将DLL的信息帧重组成包，包中封装网络层的包头，其中含有源和目标站点网络地址。网络层为建立网络连接和为上层提供服务，主要完成路由选择和中继、激活或终止网络连接、采用分时复用技术在一条数据链路上实现多条网络的连接以及网络管理工作。

（4）传输层

传输层（Transport Layer）在七层协议的中间，处理的数据单元称为报文（Datagram）。该层负责确保网络中的一台主机到另一台主机之间的端到端无错误连接。这样做时，它或多或少地将下三层的复杂性对上三层进行隐藏。它的主要功能是确保端到端的可靠性。传输层的另一个任务是将大的数据组（如完整的报文）分解成称为包的较小的单元，这些小单元通过通信网络进行传输。在接收端，包通过传输层的协议进行重新组装并重新构成报文。传输层监控从一端到另一端的传输和接收活动，以确保包正确地组装。

（5）会话层

会话层（Session Layer）不参与具体的传输。它的主要任务是建立和终止主机进程间的通信，会话层主要功能是对话管理数据流同步和重新同步。要完成这些功能，需要有大量的服务单元功能组合。

（6）表示层

表示层（Presentation Layer）主要为异种机通信提供一种公共语言，以便能进行互操作，因为不同的计算机体系结构使用的数据表示法有所不同，表示层将欲交换的信息转换为内部使用的传送语法。

（7）应用层

应用层（Application Layer）是与用户的公共接口，是直接为应用进程提供服务的，其作用是在实现多个系统应用进程相互通信的同时，完成一系列业务处理所需的服务。在这里可以进行文件传送（FTP）、电子邮件（SMTP）和远程访问（Telnet）等用户要求的工作。

开放系统互连参考模型的特点有以下几点。

① 每层的对应实体之间都通过各自的协议进行通信。

② 各个计算机系统都有相同的层次结构。

③ 不同系统的相应层次具有相同的功能。

④ 同一系统的各层次之间通过接口联系。

⑤ 相邻的两层之间，下层为上层提供服务，上层使用下层提供的服务。

2.2.3.2 几种控制网络的通信模型

从上述内容可以看到，具有七层结构的OSI参考模型可支持的通信功能是相当强大的。作为一个通用参考模型，需要解决各方面可能遇到的问题，要具备丰富的功能。作为工业数据通信的底层控制网络，要构成开放互连系统，应该如何制定和选择通信模型，七层OSI参考模型是否适应工业现场的通信环境，简化型是否更适合于控制网络的应用需要，这是应该考虑的重要问题。

工业生产现场存在大量传感器、控制器、执行器等，它们通常相当零散地分布在一个较大范围内。对由它们组成的控制网络，其单个节点面向控制的信息量不大，信息传输的任务相对比较简单，但实时性、快速性的要求较高。如果按照七层模式的参考模型，由于层间操作与转换的复杂性，网络接口的造价与时间开销显得过高。为了实现工业网络的低成本，现场总线采用的通信模型大都在 OSI 模型基础上进行了不同程度的简化。

几种典型控制网络的通信参考模型与 OSI 模型的对照参见图 2-10。可以看到，它们与 OSI 模型不完全保持一致，在 OSI 模型的基础上分别进行了不同程度的简化，不过控制网络的通信参考模型仍然以 OSI 模型为基础。图 2-10 中的这几种控制网络还在 OSI 模型的基础上增加了用户层，用户层是根据行业的应用需要施加某些特殊规定后形成的标准，它们在较大范围内取得了用户与制造商的认可。

OSI模型		H1	HSE	PROFIBUS
		用户层	用户层	应用过程
应用层	7	总线报文规范子层FMS 总线访问子层FAS	FMS/FDA	报文规范 低层接口
表达层	6			
会话层	5			
传输层	4		TCP/UDP	
网络层	3		IP	
数据链路层	2	H1数据链路层	数据链路层	数据链路层
物理层	1	H1物理层	以太网物理层	物理层(485)

图 2-10　几种典型控制网络的通信参考模型与 OSI 模型的对照

图 2-10 中的 H1 指 IE 标准中的基金会现场总线 FF。它采用了 OSI 模型中的三层：物理层、数据链路层和应用层，隐去了第三层至第六层。应用层有两个子层，总线访问子层 FAS 和总线报文规范子层 FMS。并将从数据链路到 FAS、FMS 的全部功能集成为通信栈。

在 OSI 模型基础上增加的用户层规定了标准的功能模块、对象字典和设备描述，供用户组成所需要的应用程序，并实现网络管理和系统管理。在网络管理中，设置了网络管理代理和网络管理信息库，提供组态管理、性能管理和差错管理的功能。在系统管理中，设置了系统管理内核、系统管理内核协议和系统管理信息库，实现设备管理、功能管理、时钟管理和安全管理等功能。

这里的 HSE 指 FF 基金会定义的高速以太网，它是 H1 的高速网段，也属于 IEC 的标准子集之一。它从物理层到传输层的分层模型与计算机网络中常用的以太网大致相同。应用层和用户层的设置与 H1 基本相当。

PROFIBUS 是 FF 的标准子集之一，并属于德国国家标准 DIN 19245 和欧洲标准 EN 50170。如图 2-10 所示，它采用了 OSI 模型的物理层、数据链路层。其 DP 型标准则隐去第三层至第六层，采用了应用层，并增加了用户层作为应用过程的用户接口。

2.2.4　网络互连设备

(1) 线缆

线缆从理论上讲可以同时传输 36Mbps 的下行数据和 10Mbps 的上行数据。所以它采用的是非对称技术。实际上，线缆可以同时传输大约 3～10Mbps 的下行数据和 2Mbps 的上行数据，这是因为它的共享的本质和瓶颈问题。在因特网介质设备和因特网本身上，都会产生瓶颈。

线缆连接要求用户购买专用的线缆调制解调器来通过线缆传送和接收信号。然后，把这种线缆调制解调器连接到用户的个人计算机的网络接口卡上。

线缆的一大优点是：可以提供专用或可以一直不间断使用的连接，并且这种连接不要求使用拨号方式接入服务提供商的网络。但另一方面，线缆技术要求多个用户共享同一条线路，因而需要关注的是其安全性和实际的（与理论的相对应）吞吐量。一条线缆的吞吐量是固定的。对于固定资源而言，如果一个用户占用的越多，那么，其他用户所能得到的余下的资源就越少。换句话说，共享单根线路的用户越多，则每个用户可用的吞吐量就越少。

（2）网卡

网络接口卡（NIC）是一种连接设备。它们能够使工作站、服务器、打印机或其他节点通过网络介质接收并发送数据。网络接口卡常被称为网络适配器。因为它们只传输信号而不分析高层数据，它们属于 OSI 模型的物理层。在有些情况下，网络接口卡也可以对承载的数据作基本的解释，而不只是简单地把信号传送给 CPU 以让 CPU 去解释。

网络接口卡的类型根据它所依赖的网络传输系统不同（如以太网与令牌环网）而不同，还与网络传输速率（如 10Mbps 与 100Mbps）、连接器接口（如 BNC 与 RJ-45）以及兼容的主板或设备的类型有关。当然，与制造商也有关。常见的网络接口卡制造商包括：3Com、Adaptec、IBM、Intel、Linksys、Olicom、SMC 和 Western Digital。

随着计算机网络技术的飞速发展，为了满足各种应用环境和应用层次的需求，出现了许多不同类型的网卡，网卡的划分标准也因此出现了多样化。

目前主流的网卡主要有 10Mbps 网卡、100Mbps 以太网卡、10Mbps/100Mbps 自适应网卡、1000Mbps 千兆以太网卡四种。

① 10Mbps 网卡　10Mbps 网卡主要是比较老式、低档的网卡。它的带宽限制在 10Mbps，这在当时的 ISA 总线类型的网卡中较为常见，目前 PCI 总线接口类型的网卡中也有一些是 10Mbps 网卡，不过目前这种网卡已不是主流。这类网卡仅适用于一些小型局域网或家庭需求，中型以上网络一般不选用，但它的价格比较便宜。

② 100Mbps 网卡　100Mbps 网卡在目前来说是一种技术比较先进的网卡，它的传输 I/O 带宽可达到 100Mbps，这种网卡一般用于骨干网络中。目前这种带宽的网卡在市面上已逐渐得到普及，但它的价格稍贵。注意一些杂牌的 100Mbps 网卡不能向下兼容 10Mbps 网络。

③ 10Mbps/100Mbps 网卡　这是一种 10Mbps 和 100Mbps 两种带宽自适应的网卡，也是目前应用最为普及的一种网卡类型，最主要的是它能自动适应两种不同带宽的网络需求，保护了用户的网络投资。它既可以与老式的 10Mbps 网络设备相连，又可应用于较新的 100Mbps 网络设备，所以得到了用户普遍的认同。这种带宽的网卡会自动根据所用环境选择适当的带宽，如与老式的 10Mbps 旧设备相连，那它的带宽就是 10Mbps，但如果是与 100Mbps 网络设备相连，那它的带宽就是 100Mbps，仅需简单的配置即可（也有不用配置的）。也就是说它能兼容 10Mbps 的老式网络设备和新的 100Mbps 网络设备。

④ 1000Mbps 以太网卡　千兆以太网（GigabitEthernet）是一种高速局域网技术，它能够在铜线上提供 1Gbps 的带宽。与它对应的网卡就是千兆网卡，同理这类网卡的带宽也可达到 1Gbps。千兆网卡的网络接口也有两种主要类型，一种是普通的双绞线 RJ-45 接口，另一种是多模 SC 型标准光纤接口。

（3）中继器

中继器属于 OSI 模型中的物理层，因而没有必要解释它所传输的信号。例如，它们不能降低所传输的信号的质量，也不能提高所传输的信号的质量，更不能纠正错误信号。它们只是转发信号，但同时它们也转发了信号的噪声，从这个意义上讲，它们不是智能设备。中继器不仅功能有限，而且作用范围也有限。一个中继器只包含一个输入端口和一个输出端口，如图 2-11 所示，所以它只能接收和转发数据流。此外，中继器只适用于总线拓扑结构的网络（总线型网络）。使用中继器的好处是扩展网络的成本较低廉。

图 2-11　中继器

（4）集线器

集线器的英文名称就是通常见到的“HUB”，英文“HUB”是“中心”的意思。集线器的主要功能是对接收到的信号进行再生整形放大，以扩大网络的传输距离，同时把所有节点集中在以它为中心的节点上。它工作于 OSI 参考模型第二层，即“数据链路层”。

集线器是中继器的一种，其区别仅在于集线器能够提供更多的端口服务，所以集线器又叫多口中继器。集线器主要以优化网络布线结构，简化网络管理为目标而设计的。集线器是对网络进行集中管理的最小单元，像树的主干一样，它是各分支的汇集点。如图 2-12 所示。

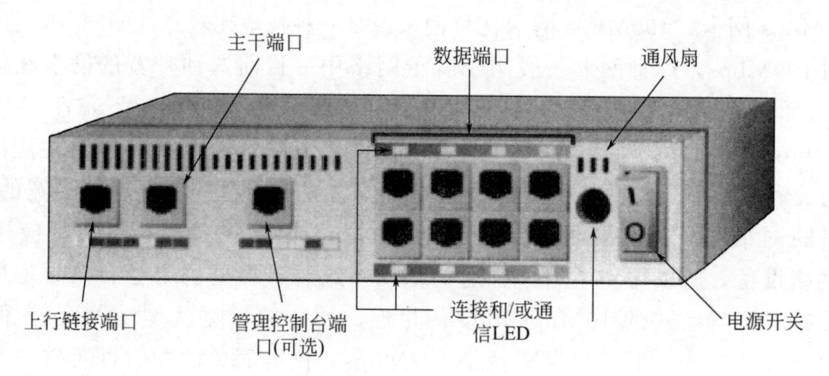

图 2-12　集线器详图

集线器也有带宽之分，如果按照集线器所支持的带宽不同，通常可分为 10Mbps、100Mbps、10/100Mbps 三种，基本上与网卡一样（网卡还有 1000Mbps 的，但 1000Mbps 以上带宽的一般都由交换机来提供）。在这里要说明的一点就是这里所指的带宽是指整个集线器所能提供的总带宽，而非每个端口所能提供的带宽。在集线器中所有端口都是共享集线器的背板带宽的，也就是说如果集线器带宽为10Mbps，总共有16个端口，16个端口同时使用时则每个端口的带宽只有10/16Mbps。当然所连接的节点数越少，每个端口所分得的带宽就会越宽。

① 10Mbps带宽型　这种集线器是属于低档集线器产品，这种类型的集线器原来在同轴电缆接口总线型网络中应用较多。不过现在随着双绞线以太网应用的普及，10Mbps的集线器也都普遍采用双绞线的RJ-45端口，只不过为了方便与原来的同轴电缆网络相连，有的10Mbps集线器还提供了BNC（细同轴电缆接口）或AUI（粗同轴电缆接口），尽管如此，这种带宽的集线器还是比较少见，通常端口在8个之内。

② 100Mbps带宽型　这种集线器是目前比较先进的一种集线器，这种集线器一般用于中型网络。这种网络传输量较大，但要求上连设备支持IEEE802.3U（快速以太网协议），在实际中应用较多。

目前这种集线器一般用于传统的小型网络中，或用于中、大型网络中传输的内容不涉及语音、图像、传输量相对较小的网段中，如企、事业局域网络中有些用户主要是从事文字和表格处理的，或应用于DOS平台下，这些用户就可用单一台10Mbps来集中管理。

③ 10Mbps/100Mbps自适应型　与网卡一样，这种带宽类型的集线器是目前应用最为广泛的一种，它克服以单纯10Mbps或者100Mbps带宽集线器兼容性不良的缺点。它既能照顾到老设备的应用，又能与目前主流新技术设备保持高性能连接。在切换方式上，这种双速集线器目前有手动和自动切换10/100Mbps带宽两种方式，手动切换为每集线器10/100Mbps转换，自动切换方式只是对端口带宽进行自动切换。

（5）交换机

交换机的英文名称为“Switch”，它是集线器的升级换代产品，从外观上来看，它与集线器基本上没有多大区别，都是带有多个端口的长方形盒状体。交换机是按照通信两端传输信息的需要，用人工或设备自动完成的方法把要传输的信息送到符合要求的相应路由上的技术统称。广义的交换机就是一种在通信系统中完成信息交换功能的设备。

“交换”和“交换机”最早起源于电话通信系统（PSTN）。以前经常在电影或电视中看到一些老的影片中常看到有人在电话机旁狂摇几下（注意不是拨号），然后跟接线员说接×××，接线员接到要求后就会把相应端线头插在要接端子上，即可通话。其实这就是最原始的电话交换机系统，只不过它是一种人工电话交换系统，不是自动的，也不是今天要谈的计算机交换机，但是计算机交换机也是在电话交换机技术上发展而来的。

这些年来，随着连接设备硬件技术的提高，已经很难再把集线器、交换机、路由器和网桥相互之间的界限划分得很清楚了。交换机这种设备可以把一个网络从逻辑上划分成几个较小的段。交换机与网桥相似，能够解析出MAC地址信息。但事实上，它相当于多个网桥。图2-13示出了几种类型的交换机。交换机的所有端口都共享同一指定的带宽。事实证明这种方式确实比网桥的性价比要高一些。交换机的每一个端口都扮演一个网桥的角色，而且每一个连接到交换机上的设备都可以享有它们自己的专用信道。换言之，交换机可以把每一个共享信道分成几个信道。

从以太网的观点来看，每一个专用信道都代表了一个冲突检测域。冲突检测域是一种从逻辑或物理意义上划分的以太网网段。在一个段内，所有的设备都要检测和处理数据传输冲突。由于交换机对一个冲突检测域所能容纳的设备数量有限制，因而这种潜在的冲突也就有限。

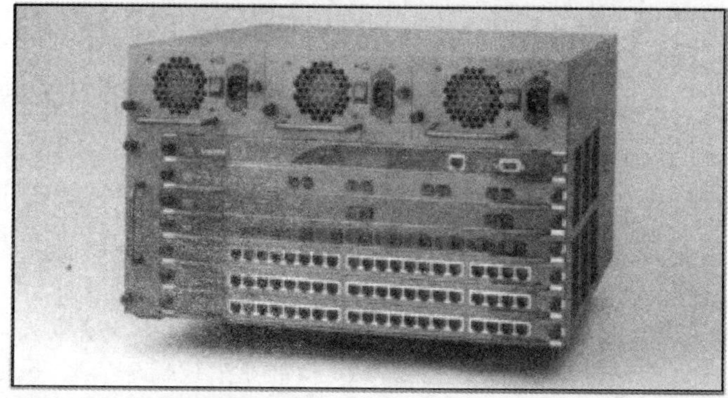

图 2-13　各种局域网所用的交换机

在主干网上使用交换机至少有两种好处。首先，由于交换机使各台设备的数据传输相互独立，所以使用交换机通常是比较安全的。其次，交换机为每台（潜在的）设备都提供了独立的信道。这样做的结果是，在传输大量数据和对时间延迟要求比较严格的信号时，如视频会议，能够全面发挥网络的能力。交换机自身也还是有缺点的。尽管它带有缓冲区来缓存输入数据并容纳突发信息，但连续大量的数据传输还是会使它不堪重负。在这种情况下，交换机不能保证不丢失数据。在一个许多节点都共享同一数据信道的环境中，会增加设备冲突；在一个全部采用交换方式的网络中，每一个节点都使用交换机的一个端口，因而就占用一个专用数据信道，这就使得交换机不能提供空闲信道来检测冲突了。另外，尽管一些高层协议，如 TCP/IP，能够及时检测出数据丢失并作出响应，但其他的一些协议，如 UDP，却不能做到这一点。传输这种协议的数据包时，发生的冲突次数将会累加，并且最终达到一个极限后，数据传输会被挂起。基于这个原因，设计网络时，应该仔细考虑交换机的连接位置是否与主干网的容量和信息传输模式相匹配。

交换机拥有一条很高带宽的背部总线和内部交换矩阵。交换机所有的端口都挂接在这条背部总线上。控制电路收到数据包以后，处理端口会查找内存中的 MAC 地址（网卡的硬件地址）对照表以确定目的 MAC 的 NIC（网卡）挂接在哪个端口上，通过内部交换矩阵直接将数据包迅速传送到目的节点，而不是所有节点，目的 MAC 若不存在才广播到所有的端口。这种方式可以明显地看出：一方面效率高，不会浪费网络资源，只是对目的地址发送数据，一般来说不易产生网络堵塞；另一个方面数据传输安全，因为它不是对所有节点都同时发送，发送数据时其他节点很难侦听到所发送的信息。这也是交换机为什么会很快取代集线器的重要原因之一。

交换机还有一个重要特点就是它不像集线器一样每个端口共享带宽，它的每一端口都是独享交换机的一部分总带宽，这样在速率上对于每个端口来说有了根本的保障。另外，使用交换机也可以把网络“分段”，通过对照地址表，交换机只允许必要的网络流量通过交换机，这就是后面将要介绍的 VLAN（虚拟局域网）。通过交换机的过滤和转发，可以有效地隔离广播风暴，减少误包和错包的出现，避免共享冲突。这样交换机就可以在同一时刻可进行多个节点对之间的数据传输，每一节点都可视为独立的网段，连接在其上的网络设备独自享有固定的一部分带宽，无须同其他设备竞争使用。如当节点 A 向节点 D 发送数据时，节点 B 可同时向节点 C 发送数据，而且这两个传输都享有带宽，都有着自己的虚拟连接。打个比方，如果现在使用的是 10Mbps 8 端口以太网交换机，因每个端口都可以同时工作，所以在数据流量较大时，它的总流量可达到 8×10Mbps＝80Mbps，而使用 10Mbps 的共享式 HUB 时，因为它是属于共享带宽式的，所以同一时刻只允许一个端口进行通信，数据流量再忙 HUB 的总流通量也不会超出 10Mbps。如果是 16 端口、24 端口的就更明显。

交换机的主要功能包括物理编址、网络拓扑结构、错误校验、帧序列以及流量控制。目前一些高档交换机还具备一些新的功能，如对 VLAN（虚拟局域网）的支持、对链路汇聚的支持，甚至有的还具有路由和防火墙的功能。

交换机除了能够连接同种类型的网络之外，还可以在不同类型的网络（如以太网和快速以太网）之间起到互连作用。如今许多交换机都能够提供支持快速以太网或 FDDI 等的高速连接端口，用于连接网络中的其他交换机或者为带宽占用量大的关键服务器提供附加带宽。

一般来说，交换机的每个端口都用来连接一个独立的网段，但是有时为了提供更快的接入速度，可以把一些重要的网络计算机直接连接到交换机的端口上。这样，网络的关键服务器和重要用户就拥有更快的接入速度，支持更大的信息流量。

总之，交换机是一种基于 MAC 地址识别，能完成封装转发数据包功能的网络设备。交换机对于因第一次发送到目的地址不成功的数据包会再次对所有节点同时发送，企图找到这个目的 MAC 地址，找到后就会把这个地址重新加入到自己的 MAC 地址列表中，这样下次再发送到这个节点时就不会发错。交换机的这种功能就称为“MAC 地址学习”功能。

根据交换机使用的网络传输介质及传输速度的不同，一般可以将局域网交换机分为以太网交换机、快速以太网交换机、千兆（G 位）以太网交换机、10 千兆（10G 位）以太网交换机、FDDI 交换机、ATM 交换机和令牌环交换机等。

① 以太网交换机　首先要说明的一点是，这里所指的“以太网交换机”是指带宽在 100Mbps 以下的以太网所用交换机，下面要讲的“快速以太网交换机”“千兆以太网交换机”和“10 千兆以太网交换机”其实也是以太网交换机，只不过它们所采用的协议标准或者传输介质不一样，当然其接口形式也可能不一样。

以太网交换机是最普遍和便宜的，它的档次比较齐全，应用领域也非常广泛，在大大小小的局域网都可以见到它们的身影。以太网包括三种网络接口：RJ-45、BNC 和 AUI。所用的传输介质分别为双绞线、细同轴电缆和粗同轴电缆。不是所有的以太网都是 RJ-45 接口的，只不过双绞线类型的 RJ-45 接口在网络设备中非常普遍而已。当然现在的交换机通常不可能全是 BNC 或 AUI 接口的，因为目前采用同轴电缆作为传输介质的网络已经很少见了，而一般是在 RJ-45 接口的基础上为了兼顾同轴电缆介质的网络连接，配上 BNC 或 AUI 接口。

② 快速以太网交换机　这种交换机是用于 100Mbps 快速以太网。快速以太网是一种在普通双绞线或者光纤上实现 100Mbps 传输带宽的网络技术。要注意的是，快速以太网并非全都是纯正 100Mbps 带宽的端口，事实上目前基本上还是 10/100Mbps 自适应型的为主。同样，一般来说这种快速以太网交换机通常所采用的介质也是双绞线，有的快速以太网交换机为了兼顾与其他光传输介质的网络互连，或许会留有少数的光纤接口“SC”。

③ 千兆以太网交换机　千兆以太网交换机是目前较新的一种网络，也有人把这种网络称为“吉位（GB）以太网”，那是因为它的带宽可以达到 1000Mbps。它一般用于一个大型网络的骨干网段，所采用的传输介质有光纤、双绞线两种，对应的接口为“SC”和“RJ-45”接口两种。

④ 10 千兆以太网交换机　10 千兆以太网交换机主要是为了适应当今 10 千兆以太网络的接入，它一般是用于骨干网段上，采用的传输介质为光纤，其接口方式也就相应为光纤接口。同样这种交换机也称为“10G 以太网交换机”，道理同上。因为目前 10G 以太网技术还处于研发初级阶段，价格也非常昂贵，所以 10G 以太网在各用户的实际应用还不是很普遍，再则多数企业用户都早已采用了技术相对成熟的千兆以太网，且认为这种速度已能满足企业数据交换需求。

⑤ ATM 交换机　ATM 交换机是用于 ATM 网络的交换机产品。ATM 网络由于其独特的技术特性，现在还只广泛用于电信、邮政网的主干网段，因此其交换机产品在市场上很少看到。如在下面将要讲的 ADSL 宽带接入方式中，如果采用 PPPoA 协议的话，在局端（NSP 端）就需要配置 ATM 交换机，有线电视的 Cable Modem 互联网接入法在局端也采用 ATM 交换机。它的传输介质一般采用光纤，接口类型同样一般有两种：以太网 RJ-45 接口和光纤接口，这两种接口适合于不同类型的网络互连。

⑥ FDDI 交换机　FDDI 技术是在快速以太网技术还没有开发出来之前开发的，它主要是为了解决当时 10Mbps 以太网和 16Mbps 令牌网速度的局限，因为它的传输速度可达到 100Mbps，这比当时的前两个速度高出许多，所以在当时还是有一定市场。但它当时是采用光纤作为传输介质的，比以双绞线为传输介质的网络成本高许多，所以随着快速以太网技术的成功开发，FDDI 技术也就失去了它应有的市场。正因如此，FDDI 设备，如 FDDI 交换机也就比较少见了，FDDI 交换机是用于老式中、小型企业的快速数据交换网络中的，它的接口形式都为光纤接口。

（6）路由器

路由器是一种多端口设备，它可以连接不同传输速率并运行于各种环境的局域网和广域网，也可以采用不同的协议。路由器属于 OSI 模型的第三层网络层，指导从一个网段到另一个网段的数据传输，也能指导从一种网络向另一种网络的数据传输。

路由器的稳固性在于它的智能性。路由器不仅能追踪网络的某一节点，还能和交换机一样，选择出两节点间的最近、最快的传输路径。基于这个原因，还因为它们可以连接不同类型的网络，使得它们成为大型局域网和广域网中功能强大且非常重要的设备。

典型的路由器内部都带有自己的处理器、内存、电源以及为各种不同类型的网络连接器而准备的输入输出插座，通常还具有如图 2-14 所示的管理控制台接口。功能强大并能支持各种协议的路由器有好几种插槽，以用来容纳各种网络接口（RJ-45、BNC、FDDI 等）。具有多种插槽以支持不同接口卡或设备的路由器被称为堆叠式路由器。

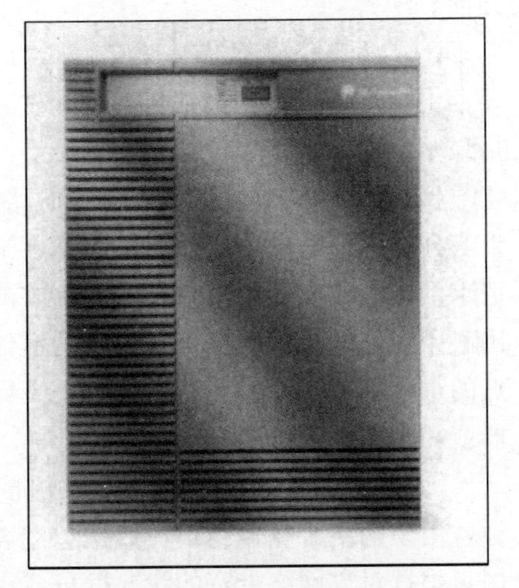

图 2-14 典型的路由器

路由器使用起来非常灵活。尽管每一台路由器都可以被指定以执行不同的任务，但所有的路由器都可以完成下面的工作：连接不同的网络、解析第三层信息、连接从 A 点到 B 点的最优数据传输路径，并且在主路径中断后还可以通过其他可用路径重新路由。

路由器是一种连接多个网络或网段的网络设备，它能将不同网络或网段之间的数据信息进行“翻译”，以使它们能够相互“读懂”对方的数据，从而构成一个更大的网络。它与前面所介绍的集线器和交换机不同，它不是应用于同一网段的设备，而是应用于不同网段或不同网络之间的设备，属网际设备。路由器之所以能在不同网络之间起到“翻译”的作用，是因为它不再是一个纯硬件设备，而是具有相当丰富的路由协议的软、硬结构设备，如 RIP 协议、OSPF 协议、EIGRP 协议、IPV6 协议等。这些路由协议就是用来实现不同网段或网络之间的相互“理解”。

在局域网接入广域网的众多方式中，通过路由器接入互联网是最为普遍的方式。使用路由器互连网络的最大优点是：各互连子网仍保持各自独立，每个子网可以采用不同的拓扑结构、传输介质和网络协议，网络结构层次分明，还有的路由器具有 VLAN 管理功能。通过路由器与互联网相连，则可完全屏蔽公司内部网络，起到一个防火墙的作用，因此使用路由器上网还可确保内部网的安全。路由器这类网络设备尽管自身具有许多软件性质的协议和 OS 系统，但从总体上来说它仍属于硬件设备，自身是不怕攻击的（集线器与交换机等网络设备也一样不怕攻击）。另外，路由器具有独立的公网 IP 地址，当局域网通过路由器接入互联网后，在互联网上显示的只是路由器的公网 IP 地址，而局域网用户所采用的是局域网 IP 地址，不属于同一网络，所以起到保护作用。

路由器的主要工作就是为经过路由器的每个数据帧寻找一条最佳传输路径，并将该数据有效地传送到目的站点。由此可见，选择最佳路径的策略即路由算法是路由器的关键所在。为了完成这项工作，在路由器中保存着各种传输路径的相关数据——路由表（Routing Table），供路由选择时使用。路由表中保存着子网的标志信息、网上路由器的个数和下一个路由器的名字等内容。路由表可以是由系统管理员固定设置好的，也可以由系统动态修改，可以由路由器自动调整，也可以由主机控制。在路由器中涉及两个有关地址的名称概念，即静态路由表和动态路由表。由系统管理员事先设置好固定的路由表称之为静态（static）路由表，一般是在系统安装时就根据网络的配置情况预先设定的，它不会随未来网络结构的改变而改变。动态（dynamic）路由表是路由器根据网络系统的运行情况而自动调整的路由表。路由器根据路由选择协议（Routing Protocol）提供的功能，自动学习和记忆网络运行情况，在需要时自动计算数据传输的最佳路径。

路由器的主要功能就是“路由”的作用，通俗地讲就是“向导”作用，主要用来为数据包转发指明一个方向的作用。但如要细分的话，路由器的“路由”功能可以细分为以下几个方面。

① 在网际间接收节点发来的数据包，然后根据数据包中的源地址和目的地址，对照自己缓存中的路由表，把数据包直接转发到目的节点，这主要是在上面所讲的路由器的最主要，也是最基本的路由作用。

② 为网际间通信选择最合理的路由，这个功能其实是上述路由功能的一个扩展功能。如果有几个网络通过各自的路由器连在一起，一个网络中的用户要向另一个网络的用户发出访问请求的话，路由器就会分析发出请求的源地址和接收请求的目的节点地址中的网络 ID 号，找出一条最佳的、最经济、最快捷的通信路径。就像平时到了一个陌生的地方，不知道到目的地点的最佳走法，这时我们就得找一个向导，这个向导就会告诉你最佳的捷径，这里所讲的路由器就相当于这里的“向导”。

③ 拆分和包装数据包，这个功能也是路由功能的附属功能。因为有时在数据包转发过程中，由于网络带宽等因素，数据包过大的话，很容易造成网络堵塞，这时路由器就要把大的数据包根据对方网络带宽的状况拆分成小的数据包，到了目的网络的路由器后，目的网络的路由器就会再把拆分的数据包装成一个原来大小的数据包，再根据源网络路由器的转发信息获取目的节点的 MAC 地址，发给本地网络的节点。

④ 不同协议网络之间的连接。目前多数中、高档的路由器往往具有多通信协议支持的功能，这样就可以起到连接两个不同通信协议网络的作用。如常用 WindowsNT 操作平台所使用的通信协议主要是 TCP/IP 协议，但是如果是 NetWare 系统，则所采用的通信协议主要是 IPX/SPX 协议，还有一些特殊协议网段，这些都需要靠支持这些协议的路由器来连接。

⑤ 目前许多路由器都具有防火墙功能（可配置独立 IP 地址的网管型路由器），它能够起到基本的防火墙功能，也就是它能够屏蔽内部网络的 IP 地址，自由设定 IP 地址、通信端口过滤，使网络更加安全。

（7）网桥

网桥有点像中继器。它具有单个的输入端口和输出端口，如图 2-15 所示。它与中继器的不同之处在于它能够解析它收发的数据。网桥属于 OSI 模型的数据链路层，数据链路层能够进行流控制、纠错处理以及地址分配。网桥能够解析它所接收的帧，并能指导如何把数据传送到目的地。特别是它能够读取目标地址信息（MAC），并决定是否向网络的其他段转发（重发）数据包，而且，如果数据包的目标地址与源地址位于同一段，就可以把它过滤掉。当节点通过网桥传输数据时，网桥就会根据已知的 MAC 地址和它们在网络中的位置建立过滤数据库（也就是人们熟知的转发表），如图 2-16 所示。网桥利用过滤数据库来决定是转发数据包还是把它过滤掉。

图 2-15　网桥

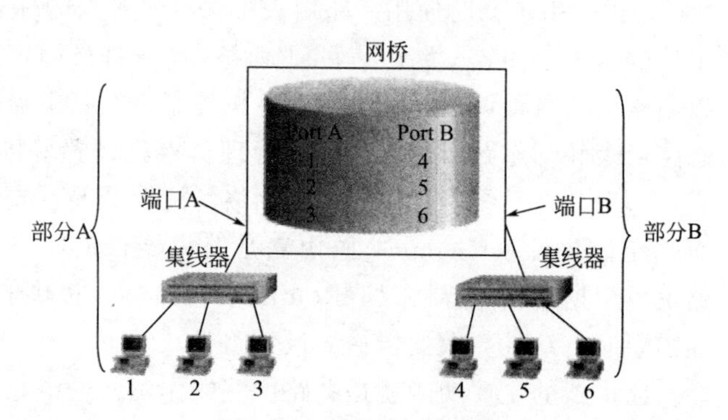

图 2-16　网桥过滤数据库

网桥并未与网络直接连接，但它可能已经知道了不同的端口都连接了哪些工作站。这是因为，网桥在安装后，就促使网络对它所处理的每一个数据包进行解析，以发现其目标地址。

一旦获得这些信息，它就会把目标节点的MAC地址和与其相关联的端口录入过滤数据库中。时间一长，它就会发现网络中的所有节点，并为每个节点在数据库中建立记录。因为网桥不能解析高层数据，如网络层数据，所以它们不能分辨不同的协议。它们以同样的速率和精确度转发AppleTalk、TCP/IP、IPX/SPX以及NetBIOS的帧。这样做也有很大的好处。由于并不关心数据所采用的协议，网桥的传输速率比传统的路由器更快，例如路由器关心所采用协议的信息（这将在后面的部分讲述）。但另一方面，由于网桥实际上还是解析了每个数据包，所以它所花费的数据传输时间比中继器和集线器的更长。

网桥转发和过滤数据包的方法有几种，大多数以太网采用的方法是所谓的透明网桥方式，大多数令牌环网采用的方法是源路由网桥方式，能够连接以太网和令牌环网的方法被称为中介网桥方式。

（8）网关

网关不能完全归为一种网络硬件。用概括性的术语来讲，它们应该是能够连接不同网络的软件和硬件的结合产品。特别地，它们可以使用不同的格式、通信协议或结构连接起两个系统。网关通过重新封装信息可以使它们被另一个系统读取。为了完成这项任务，网关必须能运行在OSI模型的几个层上。网关必须同应用通信，建立和管理会话，传输已经编码的数据，并解析逻辑和物理地址数据。

网关可以设在服务器、微机或大型机上。由于网关具有强大的功能并且大多数时候都和应用有关，它们比路由器的价格要贵一些。另外，由于网关的传输更复杂，它们传输数据的速度要比网桥或路由器低一些。正是由于网关较慢，它们有造成网络堵塞的可能。

chapter 03

工业以太网技术

3.1 以太网（Ethernet）

以太网（Ethernet）指的是由Xerox公司创建并由Xerox、Intel和DEC公司联合开发的基带局域网规范，是当今现有局域网采用的最通用的通信协议标准。以太网络使用CSMA/CD（载波监听多路访问及冲突检测）技术，并以10M/s的速率运行在多种类型的电缆上。以太网与IEEE802.3系列标准相类似。

3.1.1 以太网的发展

在20世纪80年代，以太网、令牌总线、总线环形成三足鼎立局面，目前以太网仍是应用最广泛的局域网。学习以太网技术对掌握局域网知识很重要。以太网的核心技术是随机争用型介质访问控制方法，即带冲突检测的载波侦听多路访问（Carrier Sense Multiple Access with Collision Detection，CSMA/CD）方法。它的核心技术起源于无线分组交换网——ALOHA网。

ALOHA网出现在20世纪60年代末。夏威夷大学的Abramson和同事们为了在夏威夷Oahu岛主校园的一台1BM 360计算机与各个岛屿不同校区的计算机之间进行通信，而开发出一个以无线广播方式工作的分组交换网。ALOHA网使用的是一个公共无线电信道，支持多个节点对一个共享无线信道的多路访问。最初的数据传输速率为4800bps，后来提高到9600bps。

ALDHA网的通信协议很简单，网络中任何节点都可以随时发送数据。数据发送后就等待确认。如果在一段时间（200～1500ns）内没有收到确认，这个节点就认为其他节点同时在传送数据，也就是出现“冲突”。冲突导致多路数据信号的叠加，叠加后的信号波形将不等于任何一路发送的信号波形。接收节点不可能接收到有效的数据信号，这样多个节点此次发送都失败。这时，发生冲突的多个节点需要各自随机后退一个延迟时间，并再次发送数据，直至成功发送为止。

20世纪70年代初期，Bob Metcalfe在ALOHA网的基础上，提出一种总线型局域网的设计思想。他对ALOHA系统进行了改进，提出冲突检测、载波侦听与随机后退延迟算法。1972年Bob Metcalfe和David Boggs开发出第一个实验性局域网，它的数据传输率达到2.94Mbps。1973年，他们将这种局域网系统命名为Ethernet（以太网）。

1976年7月，Bob Metcalfe与David Boggs发表具有里程碑意义的论文Ethernet：Distributed Switching for Local Computer Networks。以太网的核心技术是介质访问控制方法CSMA/CD。这种方法用于解决多节点共享公用总线的问题。在以太网中，任何节点都没有可预约的发送时间，它们的发送都是随机的，并且网中不存在集中控制的节点，网中节点都必须平等地争用发送时间，这种介质访问控制属于随机争用型方法。

1977年，Bob Metcalfe申请以太网专利。1978年他们研制的以太网中继器（Repeater）获得专利。1980年，Xerox、DEC与Intel三家公司合作，第一次公布以太网的物理层、数据链路层规范。1981年，Ethernet V2.0规范公布。IEEE 802.3标准是在Ethernet V2.0的基础上制定的，推动了以太网技术的发展和广泛应用。1982年第一个支持IEEE 802.3标准的超大规模集成电路芯片（以太网控制器）面世。很多计算机软件公司纷纷开发支持IEEE 802.3标准的网络操作系统与应用软件。

早期以太网使用的传输介质是同轴电缆。1995年，IEEE 802.3标准中的物理层标准10 Base-T推出，使用普通双绞线作为以太网传输介质。在使用普通双绞线后，以太网的造价降低，性能价格比大大提高，使得以太网在与各种局域网产品的竞争中有明显优势。同年，以太网交换机产品面世，标志着交换式局域网的出现。

1993年，使用光纤介质的物理层标准10 Base-F和产品推出。1995年，传输速率为100Mbps的快速以太网标准和产品推出。1998年，传输速率为1Gbps的千兆以太网标准推出。1999年，万兆以太网的产品问世，并成为局域网主干网的首选方案。万兆以太网技术开始在局域网、城域网与广域网中广泛使用，这些都进一步增强了以太网在局域网应用中的竞争优势。

3.1.2 CSMA/CD载波监听多路访问/冲突检测

CSMA/CD是带冲突检测的载波侦听多路访问的英文缩写，一般称为随机接入和争用技术。之所以称为随机接入，是因为任意站点的传输时间都无法预测或调度，也就是说站点的传输次序是随机的。因为站点之间竞争访问媒体的时间，所以说它们是争用的。

载波侦听：发送节点在发送信息帧前，必须侦听媒体是否处于空闲状态，站点发送都基于媒体上是否有载波，所以称为载波侦听。

多路访问：多个节点可以同时访问媒介，通过竞争确定使用媒介的节点，一个节点发送的信息帧可以被多个节点所接收，通过地址（单地址访问、组地址访问和广播地址访问）来确定信息帧的接收者。

冲突检测：发送节点在发送信息帧的同时还必须监听媒介，判断是否发生冲突（即同一时刻其他节点是否也在发送信息），如信息在媒介上的重叠将使得接收节点无法获得正确的接收结果。

在CSMA/CD中，想要传输的站点首先监听信道，判断是否有其他站点正在传输（载波侦听）。如果信道正在被使用，该站点必须等待，如果信道空闲，该站点可以传输。也可能两个或多个站点同时要传输，从而产生冲突，冲突各方的数据将互相干扰而无法正确接收。因此CSMA/CD必须有一个算法指定如果站点发现信道忙时该如何规避，另外还必须解决如何正确检测总线上发生冲突的问题。目前以太网采用的技术，其遵循的原则如下：

① 如果媒体空闲则传输；

② 如果媒体忙则持续监听，直到发现信道空闲后立刻传输；

③ 如果在传输过程中检测到冲突则传输一个简单的干扰信号，以保证所有站点都知道发生冲突并停止传输。

3.1.3 TCP/IP 协议

（1）IP 协议

在 IP 协议中规定了进行通信时应遵循的规则，例如 IP 数据包的组成、路由器如何将 IP 数据包送到目的主机等。各种物理网络在链路层所传输的基本单元为帧（MAC 帧），其帧格式随物理网络而异，各物理网络的物理地址（MAC 地址）也随物理网络而异。IP 协议的作用就是向传输层提供统一的 IP 包，即将各种不同类型的 MAC 帧转换为统一的 IP 包并将 MAC 帧的物理地址变换为全网统一的逻辑地址（IP 地址），这样，这些不同物理网络 MAC 帧的差异对上层而言就不复存在了，正因为这一转换，才实现了不同类型物理网络的互连，IP 协议面向无连接，IP 网中的节点路由器根据每个 IP 包的包头 IP 地址进行寻址，这样同一个主机发出的属于同一报文的 IP 包可能会经过不同的路径到达目的主机。IP 完成寻址，路由选择和分段组装功能，路由选择是以单个 IP 数据包为基础的，概括而言是确定某个 IP 数据包到达目的主机需经过哪些路由器，路由选择可以由源主机决定，也可以由 IP 数据包途经的路由器决定，在 IP 协议中，路由选择依靠路由表进行，在 IP 网上的主机和路由器中均保存了一张路由表，路由表指明下一个路由器（或目的主机）的 IP 地址，路由表由目的主机地址和去往目的主机的路径两部分组成，其中，去往目的主机的路径通常是下一个路由器的地址，也可是目的主机的 IP 地址，IP 数据包在实际传送过程中所经过的物理网络帧的最大长度可能不同，当长 IP 数据包需通过短帧子网时，需对 IP 数据包进行分段与组装，IP 协议实现分段与组装的方法是给每个 IP 数据包分配一个唯一的标志符，且报头部分还有与分段与组装相关的分段标记和位移，IP 数据包在分段时，每一段需包含原有的标识符。为了提高效率、减轻路由器的负担，重新组装工作由目的主机来完成。

（2）TCP 协议

TCP 位于传输层，是一个端对端、面向连接的协议。该协议弥补了 IP 协议的某些不足，其中比较突出的有两个方面：一是 TCP 协议能够保证在 IP 数据包丢失时进行重发，能够删去重复收到的 IP 数据包，还能保证准确按原发送端的发送顺序重新组装数据；二是 TCP 协议能区别属于同一应用报文的一组 IP 数据包，并能鉴别应用报文的性质。这一功能使得某些具有四层协议功能的高端路由器可以对 IP 数据包进行流量优先级安全管理负荷分配和复用等智能控制。

TCP 协议是面向连接的，所谓连接，是指在进行通信之前，通信双方必须建立连接才能进行通信，而在通信结束后终止其连接。相对于面向无连接的 IP 协议而言，TCP 协议具有高度的可靠性，当目的主机接收到由源主机发来的 IP 包后，目的主机向源主机回送一个确认消息，这是依靠目的主机的 TCP 协议来完成的，TCP 协议中有一个重传计时器(RTO)，当源主机发送 IP 包即开始计时，如在超时之前收到确认信号，则计时器回零；如果计时器超时，则说明该 IP 包已丢失，源主机应进行重传。对于重传计时器，确定合适的计时时长是十分重要的，它由往返时间来决定，TCP 协议能够根据不同情况自动调节计时时长。TCP 协议所建立的连接是端到端的连接，即源主机与目的主机间的连接，网络中每个转接节点（路由器）对 TCP 协议段进行透明传输。总之，IP 协议不提供差错报告和差错纠正机制，而 TCP 协议向应用层提供了面向连接的服务，以确保网络上所传送的数据包被完整、正确、可靠地接收，一旦数据有损伤或丢失，则由TCP协议负责重传。

TCP协议对应用层协议规定了整数标志符，称为端口序号，被规定端口序号成为保留端口，其值在0～1023范围内。此外，还有自由端口序号，供用户程序使用，或者用来区分两台主机间相同应用层协议的多个通信，即两台主机间复用多个用户会话连接，进行通信的每台主机的每个用户会话连接都有一个插口序号，它由主机的IP地址和端口序号组成，在Internet中插口序号是唯一的，一对插口序号唯一地标识了一个端口的连接（发端插口序号＝源主机IP地址＋源端口序号，收端插口序号＝目的主机IP地址＋目的端口序号）。利用插口序号可在目的主机中区分不同源主机对同一个目的主机相同端口序号的多个用户会话连接。

TCP/IP的工作流程为：在源主机上，用户通过启动相应功能开始TCP/IP通信，应用层将一串应用数据流传送给传输层；传输层将应用层的数据流截成分组，并加上TCP报头形成TCP段，送交网络层；在网络层给TCP段加上包括源、目的主机IP地址的IP报头，生成一个IP数据包，并将IP数据包送交链路层；链路层在其MAC帧的数据部分装上IP数据包，再加上源、目的主机的MAC地址和帧头，并根据其目的MAC地址，将MAC帧发往目的主机或IP路由器；在目的主机，链路层将MAC帧的帧头去掉，并将IP数据包送交网络层；网络层检查IP报头，如果报头中校验和与计算结果不一致，则丢弃该IP数据包，若校验和与计算结果一致，则去掉IP报头，将TCP段送交传输层；传输层检查顺序号，判断是否是正确的TCP分组，然后检查TCP报头数据，若正确，则向源主机发确认信息，若不正确或丢包，则向源主机要求重发信息；在目的主机传输层去掉TCP报头，将排好顺序的分组组成应用数据流送给应用程序，这样就完成了一次TCP/IP的通信。

（3）UDP协议

UDP与TCP位于同一层，UDP是面向非连接的协议，它直接将数据包发送给目标站点，而不建立连接，不保证数据包被发送到目的地，主要用于传输少量信息的场合。UDP协议只是在IP服务上增加了很少的功能，即端口功能和差错检校的功能。UDP中的报文是一种自带寻址信息的独立地从数据源走到数据目的地的数据包，UDP不保证数据包的传输，也不提供排列次序或重新请求功能。

3.1.4 以太网的实现方法

从以太网发送、接收流程与帧结构的讨论中可以看出，CSMA/CD方法可以有效实现多节点对共享传输介质的访问控制。在CSMA/CD方法的基础上形成IEEE 802.3标准，很多计算机与VLSI生产厂商都支持IEEE 802.3标准。这就使以太网更有生命力和竞争力。

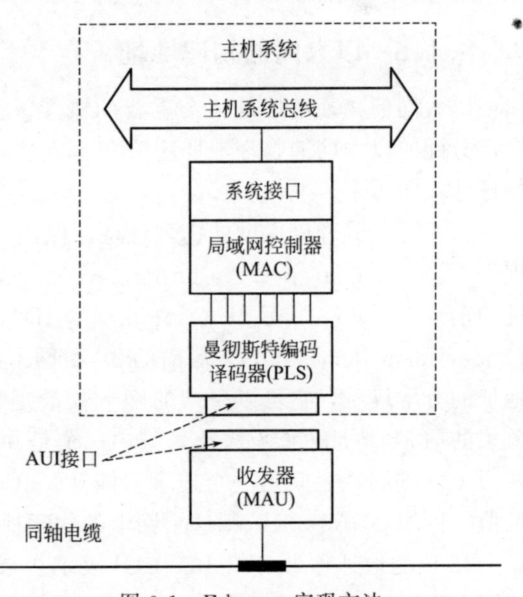

图3-1 Ethernet实现方法

图3-1给出了典型的以太网的实现方法。从实现的角度来看，构成以太网网络连接的设备包括网卡、收发器和收发器电缆；从功能的角度来看，包括发送与接收信号的收发器、曼彻斯特编码与解码器、以太网数据链

路控制、帧装配及与主机的接口；从层次的角度来看，这些功能覆盖了 IEEE 802.3 标准的 MAC 子层与物理层。

以太网收发器用于实现节点与同轴电缆的电信号连接，完成数据的发送与接收、冲突检测功能。收发器电缆用于完成收发器与网卡的信号连接。同时，收发器又可以方便地起到节点故障隔离的作用。如果节点计算机出现故障，收发器可以将节点与总线隔离。

网卡一端通过收发器与传输介质连接，另一端通过主机接口电路与主机连接。网卡的作用是实现发送数据的编码、接收数据的解码、CRC 产生与校验、帧装配与拆封以及 CSMA/CD 介质访问控制等功能。

实际的网卡均采用可以实现介质访问控制、CHC 校验、曼彻斯特编码与解码、收发器与冲突检测功能的专用 V LSI 芯片。很多厂家能提供支持以太网原理的 VLSI，例如 Intel 公司、Motorola 公司和 AMD 公司等。例如，利用 Intel 公司的 82588 以太网控制器与 82501 以太网串行接口、82502 收发器就能构成以太网网卡（见图 3-2）。

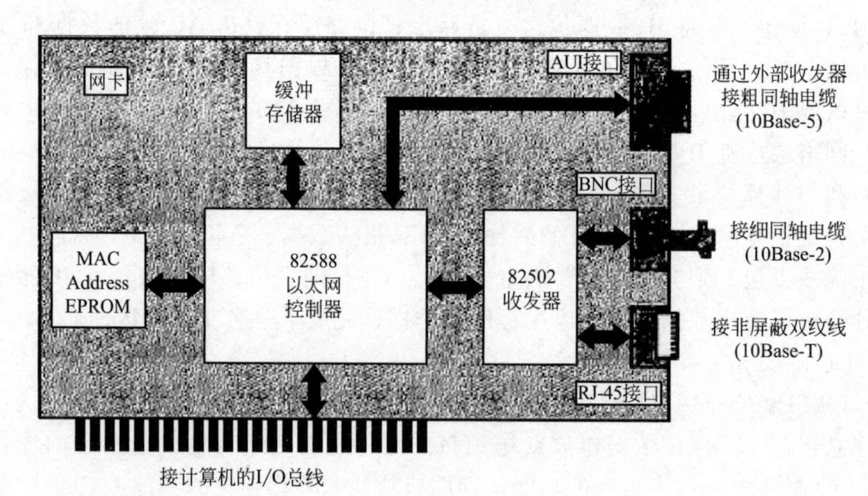

图 3-2 以太网网卡的结构

3.1.5 以太网的物理地址

以太网的物理地址是一个重要的概念。按照 48 位的连续的以太网物理地址编码方法，允许分配的以太网的物理地址应该有 247 个，这个物理地址的数量可以满足全球所有以太网物理地址的需求。

为了统一管理以太网的物理地址，保证每块以太网网卡的地址是唯一的，IEEE 注册管理委员会（Registration Authority Committee，RAC）为每个网卡生产商分配以太网物理地址的前 3B，即公司标识（Commpany-ID)，也称为机构唯一标识符（Organizationally Unique Identifier，OUI)。后面的 3B 由网卡的厂商自行分配。当一家网卡生产商获得前 3B 地址的分配权后，它可以生产的网卡数量是 2^{24}（16 777 216)。例如，IEEE 分配给 3COM 公司的前 3B 地址可能有多个，其中一个是 006008。局域网地址的表示方法为 00-60-08，在两个十六进制数之间用一个连字符隔开。3Com 公司可以为生产的每个网卡分配后 3B 的地址值（例如 00-A6-38)，则这个网卡的物理地址为 00-60-08-00-A6-38。

48 位的地址称为 EUI-48。EUI 表示扩展的唯一标识符（Extended Unique Identifier)。在网卡生产过程中，可以将该地址写入网卡的只读存储器（EPROM)。因此，插入这个网卡的计算机的物理地址为 00-60-08-00-A6-38，并且不管它连接在哪个具体的局域网中，也不管这台计算机移动到什么位置。图 3-3 给出了以太网物理地址的十六进制与二进制的表示方法。

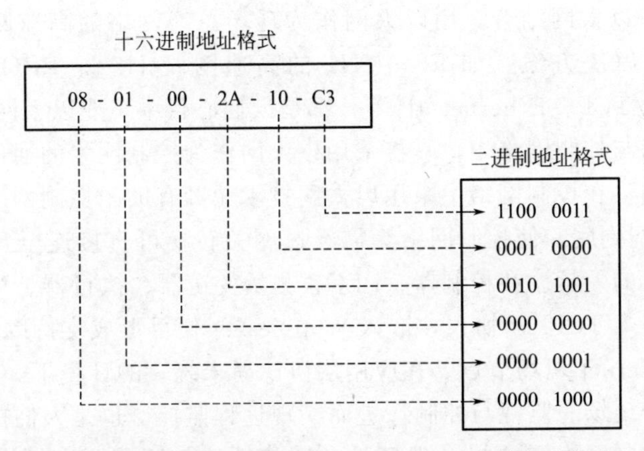

图 3-3 以太网物理地址的十六进制与二进制表示方法

3.2 以太网到工业以太网

什么是工业以太网？是指工业环境中应用的以太网，控制网络中应用的以太网，还是指一个新类别的现场总线？

应该说工业以太网是以太网，甚至是互联网系列技术延伸到工业应用环境的产物。工业以太网涉及企业网络的各个层次，无论是应用于工业环境的企业信息网络，还是基于普通以太网技术的控制网络，以及新兴的实时以太网，均属于工业以太网的技术范畴。因此，工业以太网既属于信息网络技术，也属于控制网络技术。它是一揽子解决方案的集合，是一系列技术的总称。

工业以太网源于以太网而又不同于普通以太网。互联网及普通计算机网络采用的以太网技术原本并不适应控制网络和工业环境的应用需要，通过对普通以太网技术进行通信实时性改进，工业应用环境适应性的改造，并添加了一些控制应用功能后，形成工业以太网的技术主体。即工业以太网要在继承或部分继承以太网原有核心技术的基础上，应对适应工业环境性、通信实时性、时间发布、各节点间的时间同步、网络的功能安全与信息安全等问题，提出相应的解决方案，并添加控制应用功能，还要针对某些特殊的工业应用场合提出的网络供电、安全防爆等要求给出解决方案。因此，以太网或互联网原有的核心技术是工业以太网的重要基础，而对以太网实行环境适应性、通信实时性等相关改造、扩展的部分，成为工业以太网的特色技术。

以太网在 Internet 中的广泛应用，使得它具有技术成熟、软硬件资源丰富、性能价格比高等许多明显的优势，得到了广大开发商与用户的认同。今天，以太网已属于成熟技术。而工业以太网，其技术本身尚在发展之中，还没有走向成熟，还存在许多有待解决的问题。

从实际应用状况分析，工业以太网的应用场合各不相同。它们有的作为工业应用环境下的信息网络，有的作为现场总线的高速（或上层）网段，有的是基于普通以太网技术的控制网络，而有的则是基于实时以太网技术的控制网络。不同网络层次、不同应用场合需要解决的问题，需要的特色技术内容各不相同。

在工业环境下，需要采用工业级产品打造适用于工业生产环境的信息网络。随着企业管控一体化的发展，控制网络与信息网络、与 Internet 的联系更为密切。现有的许多现场总线控制网络都提出了与以太网结合，用以太网作为现场总线网络的高速网段，使控制网络与 Internet 融为一体的解决方案。如 FF 中 H1 的高速网段 HSE、PROFIBUS 的上层网段 PROFINETModbus/TCP、Ethernet/IP 等，都是人们心目中工业以太网的代表。

在工业数据通信与控制网络中，直接采用以太网作为控制网络的通信技术，也是工业以太网发展的一个方向。在控制网络中采用以太网技术无疑有助于控制网络与互联网融合，即实现 Ethernet 的 E 网到底，使控制网络无需经过网关转换可直接连至互联网，使测控节点有条件成为互联网上的一员。在控制器、PLC、测量变送器、执行器、I/O 卡等设备中嵌入以太网通信接口，嵌入 TCP/IP 协议，嵌入 Wep Server 便可形成支持以太网、TCP/IP 协议和 Web 服务器的 Internet 现场节点。在应用层协议尚未统一的环境下，借助 IE 等通用的网络浏览器实现对生产现场的监视与控制，进而实现远程监控，也是人们提出且正在实现的一个有效解决方案。控制网络需要提高现场设备通信性能，还需要满足现场控制的实时性要求，这些都是工业以太网技术发展的重要原因。

以太网 Ethernet 最早由 Xerox 开发，后经数字仪器公司、Intel 公司联合扩展，形成了包括物理层与数据链路层等规范。以这个技术规范为基础，电子电气工程师协会制定局域网标准 IEEE 802.3。它是今天互联网技术的基础。而随着 Internet 技术的发展与普及，以太网逐渐成为互联网系列技术的代名词。其技术范围不仅包括以太网原有的物理层与数据链路层，还把网络层与传输层的 TCP/IP 协议族，甚至把应用层的简单邮件传送协议 SMTP、简单网络管理协议 SNMP、域名服务 DNS、文件传输协议 FTP、超文本链接 HTTP、动态网页发布等互联网上的应用协议，都作为以太网的技术内容，与以太网这个名词捆绑在一起。

以太网与 OSI 参考模型的对照关系如图 3-4 所示。从图 3-4 可以看到，以太网的物理层与数据链路层采用 IEEE 802.3 的规范，网络层与传输层采用 TCP/IP 协议族，应用层的一部分可以沿用上面提到的那些互联网应用协议。这些正是以太网已有的核心技术和生命。

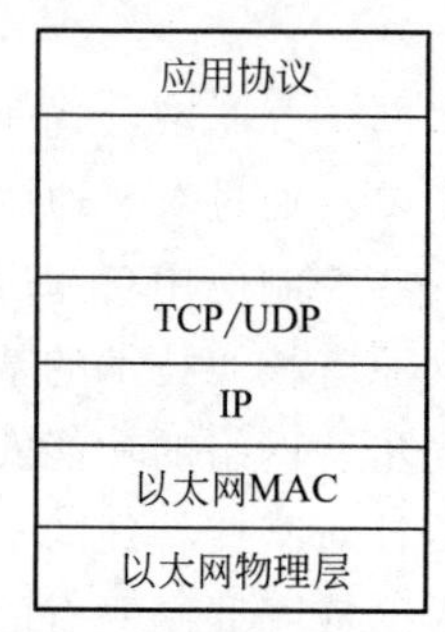

图 3-4 以太网与 OSI 的分层模式

但普通以太网原本不是为工业环境、工业控制设计的，为办公环境设计的 RJ-45 连接器、接插件、集线器、交换机等不适应工业现场的恶劣环境。将以太网技术用于工业应用场合，其 CSMA/CD 的媒体访问控制方式，TCP（UDP)/IP 通信传输协议，不能满足控制系统对实时性的要求。工业以太网需要具备应对这些问题的解决方案。

工业以太网是一系列技术的总称，其技术内容丰富，涉及企业网络的各个层次，但它并非是一个不可分割的技术整体。在工业以太网技术的应用选择中，并不要求有一应俱全的一揽子解决方案。例如工业环境的信息网络，其通信并不需要实时以太网的支持；在要求抗振动的场合不一定要求耐高、低温。总之，具体到某一应用环境，并不一定需要涉及方方面面、一应俱全的解决方案，应根据使用场合的技术特点与需求、工作环境、产品的性能价格比等因素，分别选取。

3.3 工业以太网的关键技术

网络实时性和确定性将在以下讨论，确定性是指系统所执行的操作按预先定义或确定的方式执行，且其操作执行的时间是可预知的，这一点是实时系统最重要的特征。针对以太网的不确定性主要在通信环节上，所以解决以太网实施问题从通信方面入手。

从信息发送到信息接收之间的全部通信延迟，称作端到端的通信延迟。端到端通信延迟是构成整个现场设备间信息交互时间的一个重要部分，如果不能满足端到端的通信延迟，则无法保证控制任务的实时性。通信延迟主要包括下面几方面。

排队延迟：指从信息进入排队队列，到此信息获取通信网络所需的时间。排队延迟主要由通信网络的媒体存取控制（MAC）协议和相应的信息调度算法决定，主要是由于多个节点同时发送数据，从而发生冲突，导致冲突节点等待重发。精确地分析以太网的排队延迟十分复杂，而且由于存在数据被丢弃的现象，使得以太网的排队延迟时间不确定，也无法给出一个上界。

发送延迟：指从信息的第一个字节开始发送到信息最后一个字节发送结束所需的时间，主要取决于帧的长度和以太网的通信速率。对于工业以太网，最小帧长度为64字节，其中数据部分为46字节，若数据部分内容不足46字节，则使用填充字段来达到要求。规定最小帧长度是为了防止一个站点发送短帧时，在第一比特尚未到达传输介质的最远端就已完成发送，可能造成有冲突发生却检测不到的现象，同时也是为了区别有效帧和残余帧。

传输延迟：指信息在现场设备间传输所需的时间，主要取决于信号的传输速率、源节点和目的节点间的物理距离以及中继器的数目。由于以太网通信速度的不断提高，传输延迟在整个端到端的通信延迟中所占的比例很小，因此，以太网端到端的通信延迟主要取决于排队延迟和发送大数据时的发送延迟，而且主要和三个参数密切相关，即节点数目、帧长度和通道速率。

所以，对传统以太网不确定性问题的解决主要集中在对以太网通信机制CSMA/CD上，国内外学者专家提出了许多种方法，这些方法主要可以分为两类：修改以太网的MAC层协议来达到确定性调度；在MAC层之上增加实时调度层。

修改MAC层协议来获取以太网确定性调度的方法，它的主要思想是通过改动以太网的MAC层，即改变原始CSMA/CD的运行机制，来达成确定性的以太网实时通信目的。这些方案在一定程度上确实可以保证工业控制实时通信的实时性要求，但其也有着不可避免的缺点。由于以太网的MAC层协议大都固化在硬件芯片中，修改MAC层协议则意味着必须对网络芯片重新进行IC设计，从而导致与传统的以太网出现兼容性问题，使得以太网的一致性和互操作性都将受到挑战，严格地说这些方法已经不能称之为以太网了。

增加实时调度层来获得以太网的实时确定性方法同修改以太网MAC层来获取确定性实时调度的方法相比，是一种更为可取的方案，它是在保留标准以太网接口的基础上，通过在MAC层上增加一个实时调度软件层，来实现以太网实时性的方法。该方案基于标准的以太网IC芯片，仅通过修改既有的软件协议来达成目的，这种方法既可满足工业通信的实时性要求，又可保证以太网的兼容性。典型的方法有虚拟时间协议、窗口协议和通信平滑等方法。

虚拟时间协议的实质是信息延迟发送，信息延迟发送时间是该信息某个时间参数的函数值，例如截止期、松弛期和优先级等。该方法的缺点是节点以前信息发送的状态无法记录。在窗口协议中，每个节点都具有全网段相同的窗口，只有当信息落入窗口中，该信息才可以发送，通过在全网段采取完全一致的放大缩小和移动窗口等行为，可以有效地限制同时发送信息的个数，进而避免或者解决冲突。通信平滑方法在 TCP（UDP)/IP 层与 MAC 层之间增加所谓的通信过滤器，平滑非实时信息流以减少和实时信息的冲突。通信平滑方法又有静态平滑和自适应平滑两种。前者通过离线给每个节点分配信息发送的频率，其缺点是对网络资源的利用率不高；后者则是通过网络负荷的在线监测，动态地分配节点信息发送的频率。除了采取以上方法解决以太网确定性问题外，以下方法也是常用的有效的方法。

（1）采用全双工交换式以太网技术

以太网交换机在端口之间数据帧的输入和输出不再受 CSMA/CD 机制的约束，避免了冲突，而全双工通信又使得端口间两对双绞线（或两根光纤）上可以同时接收和发送报文帧，也不再受到 CSMA/CD 的约束，任一节点发送报文帧时不会再发生碰撞，冲突域已经不复存在。因此，在全双工交换式以太网已经成为一个确定性的网络，不会发生因碰撞而引起的通信响应不确定性，这就使得的通信实时性有了保障。

（2）降低网络负荷

实际应用经验表明，对于共享式以太网来说，当通信负荷在 25%时，可保证通信畅通，当通信负荷在 5%左右时，网络上碰撞的概率几乎为零。由于工业控制网络与商业网不同，每个节点传送的实时数据量很少，一般仅为几个位或几个字节，而且突发性的大量数据传输也很少发生，因此完全可以通过限制每个网段站点的数目，降低网络流量。同时，使用 UDP 通信协议，可以充分保证报文传输的有效载荷，避免不必要的填充域数据在网络上传输所占用的带宽，使网络保持在轻负荷工作条件下就可以使网络传输的实时性进一步得到保证。

（3）应用报文优先级技术

根据 IEEE802. 3p/q，在智能式交换机或集线器中，设计优先级处理功能可以根据报文中的信息类型设置优先级，也可以根据设备级别设置优先级，还可以根据报文中信息的重要性来设置优先级，优先级高的报文先进入排队系统先接受服务，通过优先级排序，使工业现场中的紧急事务信息能够及时成功地传送到中央控制系统，以便得到及时处理。

（4）采用虚拟局域网技术。虚拟局域网的出现打破了传统网络的许多固有观念，使网络结构更灵活、方便。实际上，VLAN 就是一个广播域，不受地理位置的限制，可以根据部门职能对象组和应用等原因将不同地理位置的网络用户划分为一个逻辑网段。局域网交换机的每一个端口只能标记一个 VLAN，同一个 VLAN 中的所有站点拥有一个广播域，不同 VLAN 之间广播信息是相互隔离的，这样就避免了广播风暴的产生。

（5）采用 IPV6 技术

由于 IPV6 协议相对简单，路由器处理数据更快，使数据传输延时更小，一定程度上也提高了网络的可靠性能，IPV6 地址空间由 IPV4 的 32 位扩大到 128 位，2 的 128 次方形成了一个巨大的地址空间。采用 IPV6 地址后，未来的工控现场设备都可以拥有自己的 IP 地址，地址层次丰富，分配合理。IPV6 要求强制实施因特网安全协议 IPSec，并已将其标准化。IPSec 支持验证头协议、封装安全性载荷协议和密钥交换 IKE 协议，这三种协议将是未来 Internet 的安全标准。IPV6 通过邻居发现机制能为主机自动配置接口地址和缺省路由器信息，使得从互联网到最终用户之间的连接不经过用户干预就能够快速建立起来。IPV6 报头总长为 40 个字节，增加了优先级、流标和跳限等控制信息。

通过 IPV6 报头中优先级字段的设置，可以设置数据的优先级，在工业以太网中，通过划分数据的优先级，可以使重要的网络数据被优先发送，从而提高网络的确定性，使网络的实时性得到保障。IPV6 报头中的流标字段可以给某种特殊的网络数据流作标记，该数据需特殊处理。利用这种特性，可以给工业网络中的实时数据加上标记，使第三层交换可以利用这个特性更快地传输实时数据，由于 IPV6 协议相对简单，路由器处理数据更快，使数据传输延时更小，一定程度上也提高了网络的可靠性能。

3.3.1 全双工交换式以太网技术

1993 年，局域网交换设备在中国出现，1994 年，国内掀起了交换网络技术的热潮。其实交换技术是一个具有简化低价高性能和高端口密集特点的交换产品，体现了桥接技术的复杂交换技术在 OSI 参考模型的第二层操作。与桥接器一样，交换机按每一个包中的 MAC 地址相对简单地决策信息转发，而这种转发决策一般不考虑包中隐藏的更深的其他信息，与桥接器不同的是交换机转发延迟很小，操作接近单个局域网性能，远远超过了普通桥接互连网络之间的转发性能。

交换技术允许共享型和专用型的局域网段进行带宽调整，以减轻局域网之间信息流通出现的瓶颈问题。现在已有以太网、快速以太网，FD 和 ATM 技术的交换产品，类似传统的桥接器。交换机提供了许多网络互连功能，交换机能经济地将网络分成小的冲突网域，为每个工作站提供更高的宽带。协议的通明性使得交换机在原件配置简单的情况下直接安装在多协议网络中；交换机使用现有的电缆中继器、集线器和工作站的网卡，不必作高层的硬件升级；交换机对工作站是透明的，这样管理开销低廉，简化了网络节点的增加、移动和网络变化的操作，有如下三种交换技术。

（1）端口交换

端口交换技术最早出现在插槽式的集线器中，这类集线器的背板通常划分有多条以太网段（每条网段为一个广播域），不用网桥或路由连接，网络之间是互不相通的，主模块插入后通常被分配到某个背板的网段上。端口交换用于将以太网模块的端口在背板的多个网段之间进行分配平衡，根据支持的程度，端口交换还可细分为以下几种。

模块交换：将整个模块进行网段迁移。

端口组交换：通常模块上的端口被划分为若干组，每组端口允许进行网段迁移。

端口级交换：支持每个端口在不同网段之间进行迁移。这种交换技术是基于 OSI 第一层上完成的，具有灵活性和负载平衡能力等优点。如果配置得当，还可以在一定程度进行容错，但没有改变共享传输介质的特点。

（2）帧交换

帧交换是目前应用最广的局域网交换技术，它通过对传统传输媒介进行微分段，提供并行传送的机制，以减小冲突域，获得高的带宽。一般来讲每个公司的产品的实现技术均会有差异，但对网络帧的处理方式一般有以下几种。

直通交换：提供高速处理能力，交换机只读出网络帧的前 14 个字节，便将网络帧传送到相应的端口上。

存储转发：通过对网络帧的读取进行校验验错和控制，然后再决定如何转发。

前一种方法的交换速度非常快，但缺乏对网络帧进行更高级的控制，缺乏智能性和安全性，同时也无法支持具有不同速率的端口的交换，因此各厂商把后一种技术作为重点。有的厂商甚至对网络帧进行分解，将帧分解成固定大小的信元，该信元处理容易，用硬件实现处理速度快，同时能够完成高级控制功能，如优先级控制。

（3）信元交换

ATM 技术代表了网络和通信技术发展的未来方向，ATM 采用固定长度 53 个字节的信元交换，由于长度固定，因而便于用硬件实现。ATM 采用专用的非差别连接，并行运行，可以通过一个交换机同时建立多个节点，但并不会影响每个节点之间的通信能力。ATM 还容许在源节点和目标节点建立多个虚拟链接，以保障足够的带宽和容错能力。ATM 采用了统计时分电路进行复用，因而能大大提高通道的利用率。

以太网交换机的引入提高了以太网的通信速度，尤其是微网段连接方式和全双工传输，大大地提高了以太网的实时性。交换机相当于一个智能集线器，它能够读取并处理到达数据的目的地址，只把数据发送到需要的端口，因此几个节点能够同时传输数据。网桥也能实现这种功能，但它只有两个端口，与路由器相比，交换机基于 MAC 地址进行转发，而路由器基于 IP 地址进行转发，它必须解析网络层头信息，并在将数据包转发到目的网段前修改头信息，数据处理开销更大，共享式以太网中的所有网络节点共享同一物理介质，某一时间只有一个节点可以发送数据，如果节点数目增加并有可能超过网络的负载时，必须采用网桥或者路由器把网络分割成较小的冲突域。在交换以太网中，交换机将以太网划分为若干个微网段，网段的微化增加了每个网段的吞吐量和带宽，如图 3-5 所示，每个微网段即为一个子冲突域，各个子冲突域通过交换机进行隔离，同时交换机各端口之间可以形成多个数据通道，使每个节点都有一个私有的单独信道连接到另一个节点，它能有效地清除多个节点之间的宽带资源竞争，节点发送数据时不再受限于 CSMA/CD 机制。

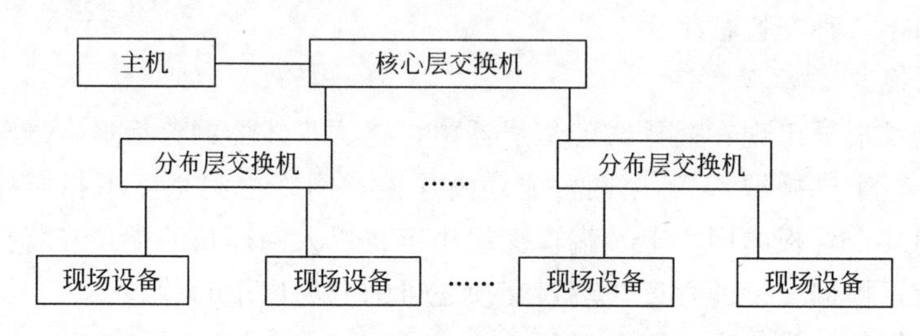

图 3-5 交换式以太网结构

在采用同轴电缆的以太网中，由于采用同一条导线并在同一频率上发送和接收数据，因此不可能实现全双工传输。在基于集线器的以太网中，虽然双绞线为数据的发送和接收提供了不同的导线，但接收导线需要随时监听来自集线器的碰撞通知，因此也不能实现全双工传输。因此，共享式以太网属于半双工通信系统，数据能够在两个方向上传输，但在给定时间节点只能是发送或者接收数据。而在交换式以太网中，当采用微网段技术后，每个冲突域中只有一个节点，没有必要再进行碰撞检测和退避操作，原来监听碰撞通知的导线可以用来接收有效数据。因为取消了 CSMA/CD 机制，节点和交换机都可以随时发送和接收数据，因此可以实现全双工传输。

共享式以太网为了保证 CSMA/CD 机制正常工作，在 10Mbps 的以太网中，两个节点之间允许的最大距离不能超过 2500m，对于 10Mbps 以太网，每个网段的最大距离为 100m，大大限制了以太网的空间规模，当需要扩充时，只能采用网桥或者路由器来实现。交换式以太网引入微网段连接和全双工通信模式后，不仅可以为节点提供更高的通信带宽，而且也为以太网的扩充提供了更大的灵活性，由于不再有 CSMA/CD 机制可检测的冲突域距离限制，只要数据信号强度允许，通信节点间的物理距离就可以任意地扩展。

IEEE802.1p/b 排队特性在以太网交换机中的引入，为以太网支持优先级通信提供了新的契机，为了处理不同优先级的数据流，交换机可以在每个端口采用多个缓冲区队列。在每个输出端口只有单个队列的交换机中，当出现拥塞时，所有数据帧都必须在同一个队列里进行等待，相比之下，每个输出端口具有多个队列的交换机，能够给予优先级高的数据帧以更快的响应时间，同时采用 IEEE802.1p/b 排队特性区分不同类型的数据，这也为进一步在周期性实时数据内部实施服务策略提供了基础。

应用各种交换技术可以实现网络数据的优先级，使重要的控制数据能被准确、及时地传输，各种交换技术应用不同的策略来实现数据的优先级划分。

① 第 2 层交换：通过硬件地址（MAC 地址）以太网端口和优先级标签来划分数据的优先级，其中优先级标签是 IEEE802.1p/b 协议在以太网数据帧头中使用特定的三个数据位来划分数据的优先级。

② 第 3 层交换：通过位于 IPV4 数据包头服务类型字段中前三个数据位的优先权子字段来进行数据的优先级划分，但在 Internet，这三个数据位现在已经被忽略。在 IPV6 中数据包头中，第 3～7 位是优先级位，可以由发送者设定。

③ 第 4 层交换：网络管理员可以在设置交换机时，根据应用来对数据流划分优先级，这使网络管理员能够为最终用户定义服务质量（QoS）。

通过划分数据的优先级，可以使重要的网络数据被优先发送，从而提高网络的确定性，使网络的实时性得到保障。

3.3.2 虚拟局域网技术

虚拟局域网（VLAN）是指在交换式局域网的基础上，采用交换机网络管理软件构建的可跨越不同网段的，与设备物理位置无关的逻辑组，而这些组成员往往具有某些共同的特性或需求，每一个 VLAN 的数据帧都有一个明确的 ID 标识符，指明自己所属的逻辑组。VLAN 通过把数据传输限制在其内部，可以使数据仅在需要的网段上进行传输。

工业中实时数据的传输经常采用“生产者/消费者”的通信模式，相应于以太网中的组播通信，在以太网交换机对组播的支持仍不完善时，组播是以广播的方式发送的，此外，以太网交换机在不知道某一目的地址对应的转发端口时，也会把数据帧以广播的方式发送，如果网络中有大量的广播数据，就会降低网络的传输效率，甚至引起广播风暴，造成网络拥塞，这时可以利用 VLAN 把网络分成若干逻辑组，把广播限制在每个 VLAN 的内部，可以大大减少网络中的广播数据，使带宽得到有效的利用。

VLAN 可以有效地将管理层与控制层不同功能单元在逻辑上分隔开，使底层控制域的过程免受管理层的广播数据包的影响，保证了宽带。当不同部门和车间处于同一广播域（子网）时，就成为一个实时通信域，保证了本部门（车间）网络的实时性。

VLAN 也为提高控制网段的安全性提供了有效手段，由于各个 VLAN 之间不能直接通信，其数据交换必须通过路由器转发来实现，工厂的办公网段通常与外部互联网相连更容易遭受病毒和黑客的侵袭。把办公网段和控制网段划分到不同的 VLAN 中，然后在连接它们的路由器中进行严格的安全设置，就可以有效地避免办公网段对控制网段的安全运行造成威胁。虚拟局域网有如下特征。

一个虚拟局域网中的所有设备都是一个广播域的成员。

一个虚拟局域网是一个逻辑的子网或由定义的成员所组成的一个网络段，一个物理的子网由一个物理缆线段上的设备所构成，一个逻辑的子网或虚拟局域网是由被配置为该虚拟局域网成员的设备组成。

虚拟局域网成员通常大多数是基于交换机的端口号，但是虚拟局域网也能够基于设备的介质访问控制（MAC 地址）而动态设置。虚拟局域网最常用的类型是地理上的虚拟局域网，地理上的虚拟局域网是在某个地理区域内被定义的，这个区域通常是一个接线柜。

端到端的虚拟局域网是通过交换架构进行定义的。一个端到端虚拟局域网可以跨越几个甚至几座建筑物。端到端虚拟局域网通常与一个如部门或项目组这样的工作组相关联。

通常虚拟局域网的划分方式有三种：静态端口分配、动态虚拟网和多虚拟网端口配置。静态端口分配指的是网络管理人员利用网管软件或直接设置交换机的端口，使其直接从属某个虚拟网，这些端口将保持这样的从属性，除非网管人员重新设置。动态虚拟网指的是支持动态虚拟网的端口可以借助智能管理软件自动确定它们的从属。多虚拟网端口配置支持一个用户或一个端口同时访问多个虚拟网，这样可以将一台控制层计算机配置成多个部门可以同时访问，也可以同时访问多个虚拟网的资源。

不同的 VLAN 属于逻辑上划分的不同网段，而交换机不具备路由功能，故不同 VLAN 子网之间不能通信，可采取如下两种方式解决。

① 外置路由器。交换机与路由器通过主干连接，发往不同 VLAN 的数据包需经过路由器转发。不过由于在局域网上，不同 VLAN 之间的通信数据量是很大的，这样，如果路由器要对每一个数据包都路由一次，随着网络上数据量的不断增大，路由器将不堪重负，路由器将成为整个网络的瓶颈。

② 第三层交换。简而言之，第三层交换技术就是将路由技术与交换技术合二为一的技术，路由器在对第一个数据流进行路由后，将会产生一个 MAC 地址与 IP 地址的映射表，当同样的数据流再次通过时，将根据此表直接从二层通过而不是再次路由，从而消除了路由器进行路由选择而造成网络的延迟，提高了数据包转发的效率，消除了路由器可能产生的网络瓶颈问题。

3.3.3 服务质量

QoS（Quality of Service）是指网络的服务质量，也是指数据流通过网络时的性能。它的目的就是向用户提供端到端的服务质量，保证它有一套度量指标，包括业务可用性、延迟、可变延迟、吞吐量和丢包率等。QoS 是网络的一种安全机制。在正常情况下并不需要 QoS，但是当出现对精心设计的网络也能造成性能影响的事件时就十分必要。在工业以太网中采用 QoS 技术，可以为工业控制数据的实时通信提供一种保障机制，当网络过载或拥塞时，QoS 能确保重要控制数据传输不受延迟或丢弃，同时保证网络的高效运行。

对于传统的现场总线，信息层和控制层、设备层充分隔离，底层网络承载的数据不会与信息层数据竞争带宽，同时底层网络的数据量小，故无需使用 QoS。工业以太网的出现，很重要的一点就是要实现从信息层到设备层的无缝集成，满足 ERP、SCM 和 MES 等的应用，实现管理信息层直接对现场设备的访问，此时，控制域数据必须比其他数据类型得到优先服务，才能保证工业控制的实时性。

拥有QoS的网络是一种智能网络，它可以区分实时和非实时数据。在工业以太网中，可以使用QoS识别来自控制层的拥有较高优先级的采样数据和控制数据，优先得到处理并转发，而其他拥有较低优先级的数据，如管理层的应用类通信，则相对被延后。智能网络还有能力制止对网络的非法使用，譬如非法访问控制层现场控制单元和监控单元的终端等，这对于工业以太网的安全性提升有重要作用。

服务质量QoS从用户层面看，是服务性能的总效果，该效果决定了一个用户对服务的满意程度，体现的是用户对服务者所提供的服务水平的一种度量和评价。从技术角度来看，QoS是一组服务要求参数，网络必须满足这些要求才能确保数据传输的适当服务级别，具体可以量化为带宽、延迟抖动、丢包率等性能指标。QoS技术本身不能创造带宽，能够在拥挤的网络上，在不增加成本的前提下，提供更好、更可靠的质量属性。

(1) 吞吐率

指单位时间内在网络中发送的数据量，也就是网络提供给通信双方的实际发送速率（有效带宽），单位是比特/秒（bps），包括平均和峰值速率等参数。网络中承载业务对带宽的需求可分为两类：一类以背景类业务为代表，对延时和抖动等指标并不敏感，只关心在单位时间内能否将数据送达接收方，其体现在带宽需求上就是平均带宽；另一类以交互式业务为代表强调尽可能保障其峰值带宽需求。

(2) 丢包率

指网络中传输数据包时丢弃数据包的比率。这种丢失通常由网络拥塞导致丢失，可能导致传输层不断重发数据，这时一方面所承载业务的用户感受显著下降；另一方面会使得网络整体负荷增加对所承载的其他业务流造成冲击，甚至导致拥塞崩溃。

(3) 传输延时

指数据发送者和接收者之间（或网络节点之间）发送数据包和接收到该数据包的时间间隔，通常交互业务和语音通话等实时业务对传输延时较为敏感。影响延时的因素主要有物理传输延时、包处理延时和缓存排队延时，前两者相对稳定，而后者随着网络流量的变化而变化。

(4) 延迟抖动

指数据流中各个数据包传输延时的大小差异，实时业务对延迟抖动比较敏感，严重时可能导致服务不可用。造成延迟抖动可能有两个原因：一是网络节点流量较大，缓存队列较长且长度变化很大，使得数据包在各节点排队时间长短不一，到达速率变化较大；二是由于IP网络路由状态变化，使得各数据包分布经由不同路由到达。通常排队延时变化更为常见，是造成延迟抖动的主要原因。

为了实现QoS需要解决以下问题。

① 分类：具有QoS的网络能够识别哪种应用产生哪种分组，没有分类，网络就不能确定对特殊分组进行的处理。

② 准入控制和协商：即根据网络中资源的使用情况允许用户进入网络进行多媒体信息传输并协商其QoS。

③ 资源预约：为了给用户提供满意的QoS，必须对端对端系统、路由器以及传输带宽等相应的资源进行预约，以确保这些资源不被其他应用所强用。

④ 资源调度与管理：对资源进行预约之后，是否能得到这些资源，还依赖于相应的资源调度与管理系统。

3.3.4 网络可用性

网络可用性也叫生存性，是指以太网应用于工业现场控制时，必须具备较强的网络可用性，即任何一个系统组件发生故障，不管它是否是硬件，都不会导致操作系控制器和应用程序以至于整个系统的瘫痪，这样则说明该系统的网络生存能力较强。因此为了使网络正常运行时间最大化，需要一个可靠的技术来保证在网络维护和改进时系统不发生中断。可用性包括以下几方面的内容。

(1) 可靠性

由于办公自动化对环境要求不太高，因此对网络设备的可靠性要求也不太高，网络出现故障不会引起太大的损失。而当这些以太网设备应用于工业现场时却往往会发生故障并导致系统的瘫痪，这是因为工业现场的机械、气候（包括温度、湿度）、尘埃等条件非常恶劣，因此对设备的可靠性提出了更高的要求。在基于以太网的控制系统中，网络成了相关装置的核心，从功能模块到控制器中的任何一部分都是网络的一部分，网络硬件把内部系统总线和外部世界连成一体，同时网络软件驱动程序为程序的应用提供必要的逻辑通道。

(2) 可恢复性

所谓可恢复性，是指当以太网系统中任一设备或网段发生故障而不能正常工作时，系统能依靠事先设计的自动恢复程序将断开的网络重新连接起来，并将故障进行隔离，以使任一局部故障不会影响整个系统的正常运行，也不会影响生产装置的正常生产。同时系统能自动定位故障，以使故障能够得到及时修复。可恢复性不仅仅是网络节点和通道具有的功能，通过网络界面和软件驱动程序，网络系统的可恢复性取决于网络装置和基础组件的组合情况。

(3) 可管理性

可管理性是高可用性系统的最受关注的焦点之一。通过对系统和网络的在线管理，可以及时地发现紧急情况，并使得故障能够得到及时的处理。可管理性一般包括性能管理、配置管理、变化管理等过程。

一般可采用可靠性设计以提高以太网设备的可靠性和设计冗余的以太网结构，从而提高系统的可恢复性，如工业以太网普遍采用的环形网络结构。

3.3.5 网络安全性

目前工业以太网已经把传统的三层网络系统合成一体，通信速度提高的同时，将其连接的范围大大地扩展，甚至通过 Internet 将网络延伸到世界各地，在实现了数据的共享，使工厂高效率运作的同时，也引入了一系列的网络问题。特别是对设备层，以前现场总线相对独立，设备层网络不存在办公环境出现的网络安全和病毒对系统的破坏，以太网的实现，使安全问题也成为工业控制层需要考虑的问题。网络安全来源于安全策略与技术的多样化，如果采用一种统一的技术和策略也就不安全了，网络的安全机制与技术要不断地变化。随着网络在社会各个方面的延伸，进入网络的手段也越来越多，因此，网络安全技术是一个十分复杂的系统工程。

网络安全的技术特征主要表现在系统的可靠性、可用性、保密性、完整性、不可抵赖性和可控性等几个方面。

① 可靠性　可靠性是网络信息系统在规定条件下和规定时间内完成规定的功能的特性，可靠性是系统安全的最基本的要求之一，是所有网络信息系统建设和运行的目标。

② 可用性　可用性是网络信息可被授权实体访问并按需求使用的特性，即网络信息服务在需要时允许授权用户或实体使用的特性或者是网络部分受损或需要降级使用时仍能为授权用户提供有效服务的特性。

③ 保密性　保密性是网络信息不被泄露给非授权用户实体或过程或供其利用的特性，即防止信息泄露给非授权个人或实体，信息只为授权用户使用的特性。保密性是在可靠性和可用性基础之上保障网络信息安全的重要手段。

④ 完整性　完整性是网络信息在未经授权的情况下不能被进行改变的特性，即网络信息在存储或传输过程中保持不被偶然或蓄意地删除、伪造乱序、重放、插入等破坏和丢失的特性。完整性是一种面向信息的安全性，它要求保持信息的原样，即信息的正确生成和正确存储及传输。

⑤ 不可抵赖性　不可抵赖性也称作不可否认性，信息交互过程中确信参与性，即所有参与者都不可能否认或抵赖曾经完成的操作和承诺。利用信息源证据可以防止发信方不真实地否认已发送信息，利用递交接收证据可以防止收信方事后否认已经接收的信息。

⑥ 可控性　可控性是对网络信息的传播及内容具有控制能力的特性。

网络安全的层次结构主要包括物理安全、安全控制和安全服务。物理安全是指在物理介质层次上对存储和传输的网络信息的安全保护，物理安全是网络信息的最基本的保障，是整个安全系统不可缺少和忽视的组成部分。一方面在各种软件和硬件系统中要充分考虑到系统所受到的物理安全威胁和相应的防护措施；另一方面也要通过安全意识的提高、安全制度的完善、安全操作的提倡等方式使用户、管理和维护人员在物理层次上实现对网络信息的有效保护。安全控制是指在网络信息系统中对存储和传输信息的操作和进程进行控制和管理，重点是在网络信息处理上对信息进行初步的安全保护。安全服务是指在应用程序层对网络信息的保密性、完整性和信源的真实性进行保护和鉴别，满足用户需求，防止和抵御各种安全威胁和攻击手段，安全服务可以在一定程度上弥补和完善现有操作系统和网息系统的安全漏洞。

在建立完善的安全体系结构的同时，从技术对工业控制网络可采用网络隔离（如网关隔离）的办法，将内部控制网络与外部网络系统分开。外部网络系统和内部控制网络系统的隔离是通过具有包过滤功能的交换机实现的，这种交换机除了实现正常以太网交换功能外，还作为控制网络与外界的唯一接口，在网络层中对数据包实施有选择的通过，即所谓的包过滤技术。也就是说，该交换机可以依据系统内事先设定的过滤逻辑，检查数据流中每个数据包的部分内容后，根据数据包的源地址、目的地址、所用的 TCP 端口与 TCP 链路状态等因素来确定是否允许数据包通过，只有完全满足包过滤逻辑要求的报文才能访问内部控制网络。此外，还可以通过引进防火墙机制，进一步实现对内部控制网络的访问进行限制，防止非授权用户得到网络的访问权，强制流量只能从特定的安全点去向外界，防止拒绝服务攻击，以及限制外部用户在其中的行为等效果。

实现防火墙机制的关键技术是除了以上介绍的包过滤技术外还包括以下几种技术。

（1）代理服务器

代理服务器是位于内部控制网络和外界网络之间的一种软件，它接收分析服务请求，并在允许的情况下对其进行转发。代理服务提供服务的替代连接，就相当于一个代理。作为中介，代理服务器隐藏了关于用户的一些消息，但仍允许服务器通过它来进行。

（2）应用层技术

应用层网关是一种应用软件，它除了检查每个报文的端口、地址等包过滤已经实现的功能外，还对报文的具体内容进行合法性检查，以判断它是否符合其连接应用的要求。因为应用层网关必须检查每个报文的全部内容，因而性能较包过滤低。但是它却可以提供别的诸如支持 VPN 与入侵检查系统集成以及可对路由器进行管理等功能。

(3) 监视与记录技术

监视是防火墙设计中最重要的方面之一。负责防火墙安全的网络管理人员需要注意各种绕过安全性的企图。监视与记录可以大大增加防火墙机制的防御能力监视技术，可以将网络中发生的事件迅速通知管理人员，使潜在的问题得以立即发现，同时，监视技术的记录功能将每个事件记录成为日志，使管理人员可以定期分析日志记录，以利于综合考察网络的安全趋势。

其他如加密技术认证和识别技术、病毒防治技术以及虚拟专用网 VPN 技术都能提高企业信息网络安全水平。

3.3.6 工业以太网系统的安全性和可靠性

工业现场的机械、气候（包括温度、湿度）、尘埃等条件非常恶劣，因此对设备的可靠性提出了更高的要求。以太网是以办公自动化为目标设计的，并没有考虑工业现场环境的适应性需要，如超高或超低的工作温度，大马达或大导体产生的影响信道传输特性的强电磁噪声等，故商用网络产品不能应用在有较高可靠性要求的恶劣工业现场环境中，工业以太网如要在车间底层应用必须解决可靠性的问题。

目前，解决以太网的工业可靠性问题的主要措施有以下几种。采取冗余配置，网络节点的网络模块采用冗余配置和自动无扰切换，其前提是具有有效的故障诊断手段，具备完全的自诊断功能程序，该程序一直在后台连续运行，实时检测节点的所有软硬件故障，一旦发现问题就给予相应处理，并且将问题发生详细情况和采取的解决办法通知相关技术人员。在可能的情况下配置一个实时网络监控软件，不断监视整个通信网络，一旦发现异常应能够迅速将故障节点隔离开来并作出相应报警。对各种可能影响网络的软件系统都要仔细设计，考虑各种异常工况并作出相应处理。选用高可靠性的实时操作系统，提高系统的实时响应和容错能力，采用交换式以太网代替共享式以太网络。交换式以太网由于避免了共享式以太网中的碰撞域而提高了传输效率，同时可以有效保证正常节点之间的通信不受非正常节点的影响。实际上，交换机本身就具有一定的故障节点隔离功能。合理设计各个控制站，尽量减少各控制站之间的数据交换，以有效提高各控制子系统的工作独立性，尽量保证在网络通信故障时仍能够维持基本的控制功能，即所谓的降级运行。合理设计各级控制网络的通信体系，各层网络之间做到故障隔离。

随着网络技术的发展，上述问题正在迅速得到解决，为了解决在不间断的工业应用领域、在极端条件下网络也能稳定工作的问题，美国 Synergetic 微系统公司和德国 Phoenix Contact，Hirschmann，Jetter AG 等公司专门开发和生产了导轨式集线器、交换机产品，安装在标准 DIN 导轨上，并有冗余电源供电，接插件采用牢固的 DB-9 结构，美国 Woodhead Connectivity 公司专门开发和生产了用于工业控制现场的加固型连接件（如加固的 RMS 接头具有加固 RJ45 接头的工业以太网交换机、加固型光纤转换器/中继器等），可以用于工业以太网变送器、执行机构等。另外还有美国 NET Silicon 公司研制的工业级以太网通信接口芯片。此外，在实际应用中，主干网可采用光缆传输，现场设备的连接则可采用屏蔽双绞线，对于重要的网段还可采用冗余网络技术，以提高网络的抗干扰能力和可靠性。

在工业生产过程中，很多场合不可避免地存在易燃、易爆或有毒的气体，对应用于这些场合的设备，都必须采用一定的防爆措施来保证工业现场的安全生产。现场设备的防爆技术包括两类，即隔爆型（如增安、气密和浇封等）和本质安全型。与隔爆技术相比较，本质安全技术采取抑制点火源能量作为防爆手段，其关键技术为低功耗技术和安全防爆技术。由于目前以太网收发器本身的功耗都比较大，一般都在60～70mA（5V工作电源），低功耗的以太网现场设备难以设计，因此，在目前技术条件下，对以太网系统采用隔爆防爆的措施比较可行，确保现场设备本身的故障产生的点火能量不外泄，保证运行的安全性。而对于没有严格的本质安全要求的危险场合，则可以不考虑复杂的防爆措施。

3.3.7 工业以太网的供电技术

长期以来以太网都用于传送数据，以太网设备必须自带电池或者与外部电源相连才能正常工作。一般来说，诸如IP电话设备、无线局域网接入设备、笔记本电脑和网络照相机等都需要两个接口：一个连接到局域网，另一个连接到电源上。这样，除网线之外，电源线不可缺少，工业控制领域通常希望减少布线，这不仅是成本上的考虑，通过总线供电还可带来安全和可靠性方面的好处，所以，以太网供电技术PoE（Power over Ethernet）就成为工业以太网的一个研究热点。

为了规范PoE应用，IEEE802.3工作组从1999年开始着手制定802.3af标准，并于2003年6月通过IEEE802.3af标准。标准对网络供电的电源、传输和接收都作了详尽的规定。在标准里，一个完整的PoE系统包括供电端设备PSE（Power Sourcing Equipment）、受电设备PD（Power Device）两部分。PSE设备是为以太网交换机设备供电的设备，同时也是整个PoE以太网供电过程的管理者，而PD设备是接受供电的以太网设备。两者基于IEEE802.3af标准建立许多方面的信息联系，并据此PSE向PD供电。这些信息包括受电设备检测、供电监控以及模块测试的各种相关技术指标。简单地说，供电设备PSE不仅要能够对受电设备PD供电，而且还具有对PD检测、分级和故障处理等功能。

IEEE802.3af标准定义了两种供电方法：中跨式（Mid-Span）供电和端点式（End-Span）供电。中跨式供电时使用传输电缆中没有使用的备用线对来提供直流电能，由于利用了备用传输线对进行电信号的传输，与网络信号的传输不相关，而端点式则是在传输数据的电缆上叠加直流电能进行传输。目前端点式供电更受青睐，其原因是在实际应用中，这种方法可以内嵌入支持以太网供电的交换机中。以太网信号经过曼彻斯特编码的差分信号，两信号之差才决定真正的数据，在这种差分传输的模式下，直流电能相对于高频交流信号来说相当于一个共模成分，因此发送线对和接受线对之间的一个共模电压差不会对数据传输产生影响，可以保证数据的可靠性与有效性。

IEEE802.3af标准中定义了设计PoE网络时必须遵循的参数，包括：操作电压为48VDC，波动范围可以在44～57V之间，由PSE产生的电流在350～400mA之间，以确保以太网电缆不会由于其自身的阻抗而导致过热，因此，PSE在其端口输出的最大功率是15.4W。考虑到电缆损耗，受电端设备PD所能获得的最大的功率为12.95W，等等。为了符合IEEE802.3af协议的要求，PSE设备要实现以下功能。

① 检测　开始工作时，PSE在供电端口上输出一个很小的电压，直到其检测到线缆端

是一个支持IEEE802.3af标准的受电端设备。IEEE802.3af定义了一种特殊的线对的特征电阻，用来识别能够接受符合IEEE802.3af规范的以太网供电方式的设备。在IEEE802.3af中，有效的PD应该在端口电压介于8～10V的条件下具有一个典型值为25kΩ的电阻。

② 分级　当检测到受电端设备PD之后，PSE会对PD进行分类，判断此PD所需的功率损耗．开始供电，在一个可配置的时间（一般小于15μs）的启动期内，PSE开始从低电压向PD设备供电，直至提供DC48V。对于PD分级时间，IEEE802.3af将其限定为75ms，如果超过这个时间，则PD受电设备有可能过热。

③ 端口上电　为PD提供可靠稳定的48V直流电，同时使得PSE最大输出15.4W的功率。

④ 断电　如果PD负载由于未知原因从端口上断开，PSE能够快速地切断电源，停止为PD设备供电并重复检测过程，以检测电缆终端是否重新连接PD设备。

⑤ 监控保护　具有电流故障限制以及短路保护功能，对于供电过程中出现的过流以及短路事件能够快速反应，并且采取诸如切断电源之类的动作来保护电路。在IEEE802.3af协议中规定只要两个电压差值大于1V并且都在2.8～10V的范围内，PSE就必须强制进行电压或电流测量，直到其检测并确定线缆的终端连接设备是一个支持还是不支持IEEE802.3标准的用电设备。对于不符合要求的用电设备PD，要求PSE不向其提供48V直流电源。

由于PSE供电资源有限，不能向用电设备提供任意大小的电能，所以在成功检测到合格的用电设备之后，接下来PSE设备就需要根据该设备的分级信号对这个用电设备进行电能分级，从而可以确定出是否可以提供该设备所需的能量。PSE根据每个设备级别的不同按照相应的功率大小供给电能，如果PD设备需要的能量超出PSE设备规定的输出最大值范围，PSE设备将不向其供电。IEEE802.3af要求PSE对端口提供15.5～20.5V的电压，此时PD向PSE提供一个以吸收电流电平大小为衡量的“分级标志”，PSE根据此电流电平大小来判断PD的功率等级。标准对电流从0～45mA定义了5级PD标准。由于噪声频率的关系，从PD设备连入网络到加电到PD上的整个过程应在1s之内完成。PSE完成分级后，PSE设备输出44～57V范围之内的电压。而电流方面PSE设备必须有能力在50ms时间之内可以保持400mA的电流。分级结束后，PSE为PD提供稳定可靠的48V直流电能，并且同时能够保证PD设备不超过15.4W的功率消耗。

3.4 基于工业以太网的控制网络

3.4.1 工业以太网控制网络模型

以太网作为网络控制系统通信介质，产生了一种新的控制系统结构。随之在系统结构、系统性能上都有许多新的课题需要研究。一个比较典型的工业以太网网络结构示意图如图3-6所示，系统中带有以太网接口的智能传感器节点采集被控对象的状态、位置、温度、流量等各种数据，然后转换为以太网报文，通过工业以太网交换机发送到控制器；控制器接收到所有执行控制算法所需数据以后，执行控制算法计算出控制量值并通过以太网交换机发送到智能执行器节点。控制器同时还执行任务调度、带宽分配等任务，智能执行器节点通过工业以太网接口接收到以太网报文以后，转换为适当的控制信号，执行控制动作。

整个网络采用结构化设计，分为核心层、分布层两层。核心交换机为核心层设备，网络

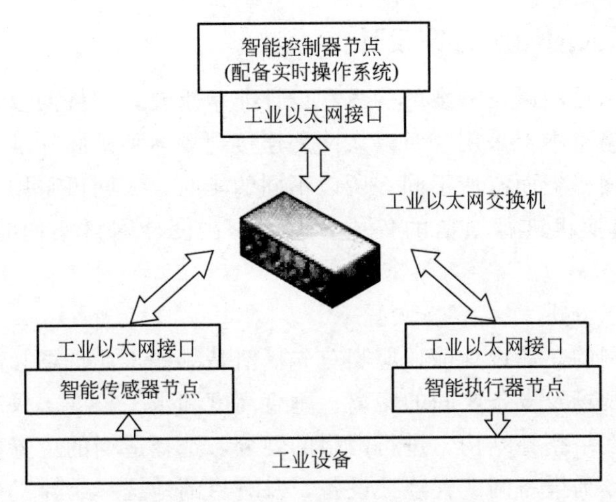

图 3-6 工业以太网网络结构示意图

数据都通过它进行高速交换。核心交换机为三层高速交换机，创建和维护网络路由表，实现不同功能单元或虚拟局域网子网之间的路由，实施访问控制机制。分布层采用二层交换机实现各功能单元内部的数据交换，交换机与现场设备或下游交换机采用点对点全双工方式连接，使单元主要设备都能独享带宽，从而保证系统通信的实时性，各单元之间是对等关系，单元内部是相对独立的实时控制区域，控制功能下放到各现场控制单元的现场中，做到彻底的分散控制，提高了系统的灵活性、自治性和安全可靠性。

工业以太网系统采用分层式结构，分布层可以进一步采用灵活的拓扑结构。

① 星形结构：交换机的一个端口只连接一台现场设备，采用全双工通信模式，每台设备独占全部宽带，避免了与其他节点发生冲突，有利于提高数据传输的实时性。另外，星形结构具有较好的扩展性。

② 线性结构：节点接入方便、成本低，特别是大多数实时以太网可采取这种方式连接。

③ 环形结构：交换机通过冗余链路构成环形，故逻辑上为线性结构。环形链路需要透明的冗余管理器进行管理，当链路发生故障，则切换到冗余链路，适合于对可靠性要求高的现场控制单元。

图 3-7 是 ISO/OSI 模型、TCP/IP 协议以太网模型及工业以太网模型的对比。工业以太网模型基于 TCP/IP 协议以太网模型，严格来讲没有做实时性扩展。

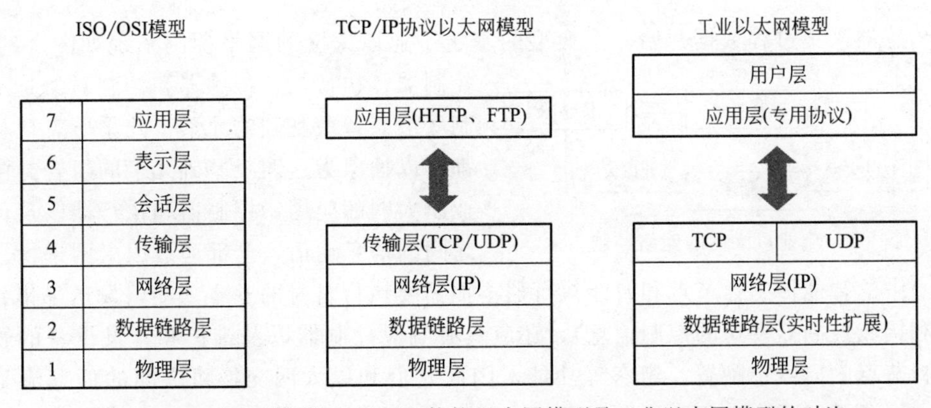

图 3-7 ISO/OSI 模型、TCP/IP 协议以太网模型及工业以太网模型的对比

3.4.2 工业以太网网络方案设计

基于工业以太网的控制网络方案的构思和设计非常重要，可按照以下理念来设计。在设备层由于工业控制网络基本上采用实时以太网来连接现场多种国际标准，造成了底层网络根据所选用的实时以太网种类而有所不同。所以不同的实时以太网可采用交换机形成的微网段相互“隔离”，通过交换机进行通信的集成。总之，在设计网络架构时主要从以下几方面考虑。

(1) 拓扑结构需求分析

在进行工业以太网的总体设计前，应当首先搞清楚哪些工业现场和部门布线，哪些位置需要预留信息插座，现场及设备之间的距离、垂直高度和水平长度。只有事先调查好这些情况，才能合理地设计网络拓扑结构，进行网络的划分，选择适当的位置作为网络管理监控中心，选择适当的位置作为设备间放置连接设备，及有目的地选择组建工业以太网所使用的通信介质和交换机。

(2) 数据传输需求分析

用户对数据传输量的需求决定了网络应当采用何种连接设备和布线。基于当前大传输量的需求，以 1000M 光纤作为主干和垂直布线，以 100M 超五类双绞线作为水平布线，从而实现 100M 交换到带有 1000M 上行端口和若干个 100M 端口的设备和主机的网络。

(3) 发展需求分析

进行网络设计时，不仅要容纳网络当前的用户和需求，而且还应当为网络保留至少三到五年的可扩展能力，从而在用户和设备增加时，网络仍然能够基本满足增长的需求。这一点非常重要，因为网络布线一旦完成就很难再进行扩充性施工，所以在埋设网线和信息插座时，一定要有足够的余量。

(4) 性能需求分析

不同厂家乃至同一厂家不同型号的网络设备在性能和功能都有较大的差异，如安全性、稳定性、转发速率等方面都有较大的不同，因此应当慎重考察和分析所组建的工业以太网的根本需求，以便于选择相应品牌和型号的网络设备。在架设通信线路时，必须遵循最长距离限制的规范，而且在可能的情况下，线缆要尽量短一些，这一方面可以节约材料，另一方面也有利于信号的顺利传输。

3.4.3 工业以太网应用分析

从传感器采集过程数据开始一个典型的基于工业以太网的网络控制系统如图 3-8 所示。

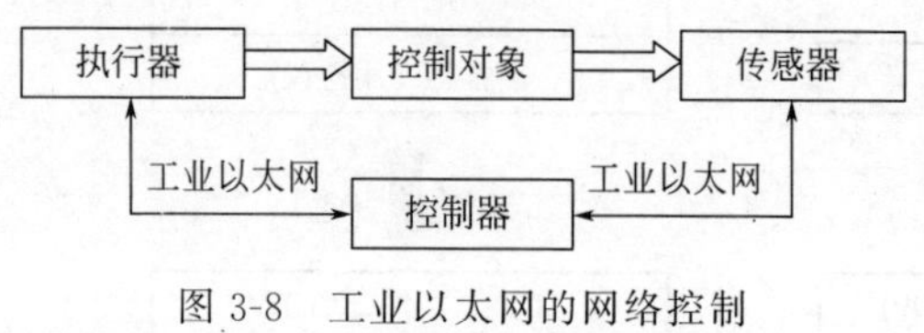

图 3-8 工业以太网的网络控制

控制器，执行器、传感器和控制对象是工业控制底层设备最基础的元素，几乎所有现场设备都可以抽象为这四个基础元素的组合。由于工业以太网的应用，控制器和执行器以及传感器之间的信息通信，全部通过以太网进行。

系统中的智能传感器节点和智能执行器不但需要执行自身的基本功能（发送采集到的现场数据和接收控制器发送的控制信息），还应具有响应控制器以及维护和开发设备的管理报文，执行节点的启停、配置、组态等功能，因此它们和以太网交换机之间的信息流是双向的。以太网是控制系统中所有信息的通路，是系统通信的关键部件，网络性能的好坏直接影响着控制系统的性能。工业以太网由于采用了全双工传输、报文交换、工业级别的接插件以及电源冗余和信道冗余等技术，保证了系统的性能。

从对基于工业以太网的网络控制系统体系结构的分析可以看出，网络控制系统的构成不但需要具有实时性和确定性的网络，而且需要具有网络通信功能的智能控制节点，具有以太网通信能力的智能控制节点是构成工业以太网控制系统的基础部件，这些智能控制节点一般分散在工业控制现场，直接采集生产现场的生产数据，然后通过节点上的网络接口传输到其他智能节点或者上位机，形成闭环控制，由于位于现场的智能控制节点、数据采集节点和执行器节点之间可以通过网络通信，因此可以实现基本的底层控制算法，这样当上位机发生故障时，底层的控制算法可以保证生产的继续进行，虽然可能不是最佳工况，但避免了整个控制系统的瘫痪，提高了系统的可靠性。

智能控制节点的核心是具有较强计算功能的微处理器及其周边电路和嵌入式操作系统，一般一个智能控制节点包括微处理器、随机访问存储器、Flash小存储器、电源接口电路和外围电路等构成。功能强大的微处理器可以更快速地执行命令，保证控制模块快速地采集数据和处理网络通信，并同时执行控制任务。微处理器将频繁访问的数据放在随机访问存储器里，可以提高程序的执行速度。位于微处理器电路和外围电路之间的接口电路，不但可以保护微处理器的电路不受外界干扰的影响，而且可以扩展微处理器的端口和驱动能力，增强嵌入式系统的功能。

嵌入式系统是整个系统的灵魂，嵌入式系统可以高效地处理硬件触发的中断，保证系统响应的实时性。有效地调度任务使得程序更加有效地利用系统资源，系统同时还提供给开发者一个清晰易用的编程接口，可以加快系统的开发，一个执行效率高、占源少、扩展方便、易于开发的嵌入式操作系统占有和微处理器系统同样重要的地位。

在工业现场中许多过程信号是比较弱的弱电信号，环境存在比较大的干扰信号，还有许多信号则超过了微处理器接口的最大量程并有可能带有较强的电流冲击和干扰，这些信号无法直接为微处理器所利用。外围电路可以将外部传感器信号进行放大、整形、滤波、隔离、调理和采样等处理，将不符合微处理器接口要求的外部传感器信号，转变成可以正确反映工业过程现状并符合微处理器接口标准的信号。

工业以太网应用在网络化控制系统中时所碰到的一些问题也是其他网络化控制系统如现场总线控制和无线遥控系统所共有的，主要表现在通信延迟抖动和瞬态传输错误上。

通信延迟：可以分为三部分，即传感器的采集信号通过网络送给控制器所经历的延迟，在控制器中执行控制算法所需的时间，以及控制信号由控制器送往执行器时所经历的延迟。无论哪种类型的延迟都会使网络化控制系统的相位滞后，使系统性能恶化。

抖动：是由控制设备和网络设备的时钟误差以及网络中的通信调度等原因引起，它同样会恶化网络化控制系统的系统性能。

瞬态传输错误：主要是由于采样或控制数据帧在网络传输中丢失引起的，比如在交换式以太网中交换机的缓冲区溢出就会导致排队的数据帧丢失。

传统的控制系统在信息层大都采用以太网，而控制层和设备层则采用不同的现场总线或其他专业网络。但目前以太网已经渗透到了控制层和设备层，开始成为现场的一员，以太网进入工业领域可以归纳为三个方面。

与其他控制网络结合的以太网：以太网正逐步向现场级深入发展，并尽可能和其他网络形式融合，这是工业以太网所面临的重要课题。但以太网和TCP/IP协议原本不是面向控制领域的，在体系结构、协议规则、物理介质、数据软件、适用环境等诸多方面与成熟的自动化解决方案（如 PLC、DCS、FCS）相比有很大差异，要想做到完全意义上的融合是很困难的。因此，其他控制形式与以太网保留各自优点、互为补充，是目前以太网进入控制领域最常见的应用方案。

专用的工业以太控制网络：它可视作狭义的工业以太网或实时以太网，由于采用了和普通以太网不同的一些专有技术，在实时性要求较高的场合下应用。

嵌入式以太网控制：随着信息技术的发展，楼宇、工厂乃至家庭都开始大量安装以太网以共享信息，这些通用以太网灵活方便，费用低廉，与 Internet 自然结合。它通过 Internet 使所有连接网络的设备彼此互通互连，从计算机、PDA、通信设备到仪器仪表、家用电器等。

3.4.4 工业以太网实际应用

（1）制造企业的应用

重型矿山行业属于典型的装备制造业，为了实现矿石加工过程的安全经济与高效，需要使用控制器收集关于生产设备的温度、转速、振动等变化的传感信号，同时，这些数据应及时地传给控制中心，以便操作人员进行远程控制和维护，对生产进行有效管理。面向重矿行业的开放式控制器基于嵌入式系统的软硬件平台，配备特殊设计的控制硬件和软件，把嵌入式系统强大的数据分析与处理能力和控制器硬件的测控能力集成在一起，在控制器上运行嵌入式实时操作系统 ReWorks。ReWorks/ReDe 是华东计算技术研究所自主研制的嵌入式实时操作系统和集成开发环境，是一个实时嵌入式系统开发与运行平台，适用于信息家电、船舶电子、装备制造电子、工业控制等领域，已成功地应用在船舶导航系统、车载 GIS 系统、数字电视机顶盒无线通信系统等多个项目中。嵌入式控制器应用于不同的重矿设备，多个嵌入式控制器之间通过工业以太网进行连接。

本系统涉及的重矿设备包括单段锤式破碎机（简称单锤破）和板式喂料机（简称板喂机）。矿石经第一次破碎后通过板喂机传输至单锤破进行第二次的细碎作业，单锤破和板喂机各需要一个嵌入式控制器并加入一台具备监控功能的 PC 机作为上位机。控制器之间以及同上位机之间均通过无线网络进行连接。监控人员不但可以在现场对设备的重要信号进行监控，也可以在控制室对整个加工线的情况进行监控，减少了不必要的设备关断现场观测，极大方便了人工操作，通过研究矿山开采加工中的问题，优化工艺参数和系统之间的协同工作，就可以提高质量、降低能耗、减少废弃物、提高矿石的利用率以及设备的可靠性和效率。

ReWorks 实时操作系统和×86 嵌入式控制器作为系统设备控制器的平台，可与重矿设备上的数据采集与传输设备相连完成数据的输入输出和网络通信的功能。实时操作系统 ReWorks 为整个嵌入式系统提供服务，各个外围设备的功能通过不同的驱动程序实现。设备层包括传感器执行机构、视频设备、网络设备以及被控的矿山机械设备，直接对重矿进行操作。可以看出，嵌入式开放控制器具备开放性、可移植、可裁减的特点，适应重矿行业不同类型、不同层次的设备。重矿行业设备不同于机械加工设备，对轨迹控制方面要求不高，但是对逻辑控制有较高要求。

（2）电力企业的应用

以电力设备嵌入式数据采集与故障诊断平台为例，该平台针对电力设备中的大型汽轮发电机组，实现了对电厂主机和辅机设备的数据采集和故障诊断功能。系统是构筑在现场总线工业以太网和 Internet 基础上的应用系统，广泛采用了自动化技术、计算机技术、网络通信技术、嵌入式技术和互联网技术等，系统的总体架构如图 3-9 所示，系统主要包括三个部分。

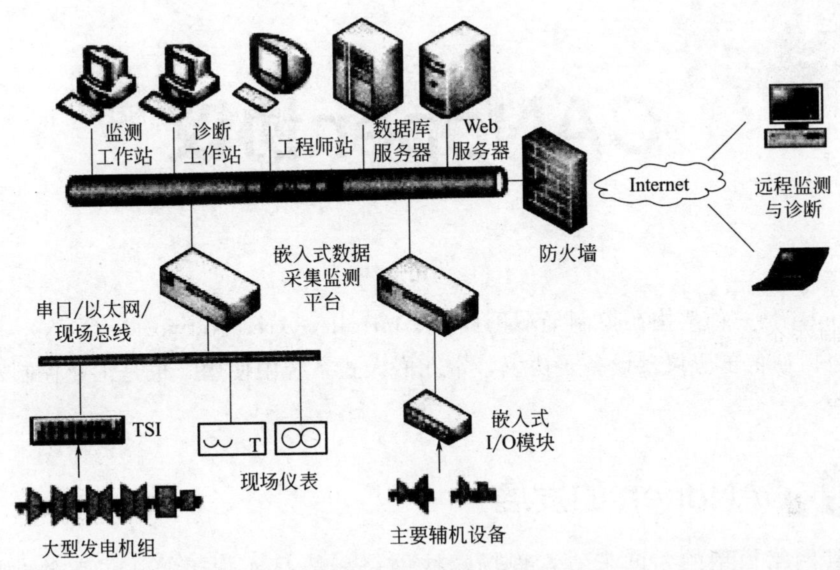

图 3-9　电力设备监控实例示意图

① 嵌入式数据采集监测平台　从发电机组 TSI 系统或者各种传感器中在线采集各种运行数据，如振动、位移、胀差、键相、转速、压力、温度及各种工艺参数等，该平台可支持串口、工业以太网、现场总线等多种通信方式进行数据采集。采集数据经过多种信号分析处理技术，如 FFT 变换、小波变换等技术进行预处理后，通过局域网发送到监测与诊断中心，通过故障诊断专家系统平台分析处理后形成各种特征图谱，以供本地监测和诊断工作站远程专家和监测用户等进行实时监测和状态分析。

② 监测与诊断中心　主要由故障诊断专家系统、Web 服务器及数据库服务器监测与诊断工作站等组成，它通过与嵌入式数据采集监测平台进行实时网络通信而获得实时数据，并在实时数据库中进行存储。在实时数据库平台上利用现代故障诊断技术，如支持向量机神经网络和专家系统等形成故障诊断专家系统，实现对发电机组典型故障特征的智能诊断，同时将诊断结果通过 Web 服务器向远程诊断平台发布，供远程诊断专家分析使用。

③ 远程监测与诊断　远程专家系统和诊断专家及监测用户通过 Internet 从中心服务器获得实时数据进行实时远程监测并与服务器上的数据库连接获得历史数据进行状态分析。同时通过中心服务器发布的智能诊断结果，结合诊断专家分析意见，为机组实施状态检修计划与决策支持提供指导性检修意见。

第4章 CANopen协议

Chapter 04

CANopen是一种架构在控制局域网路（Controller Area Network，CAN）上的高层通信协定，包括通信子协议及设备子协议，常在嵌入式系统中使用，也是工业控制常用到的一种现场总线。

4.1 CANopen的发展

从OSI网络模型的角度来看，现场总线网络一般只实现了第1层（物理层）、第2层（数据链路层）、第7层（应用层）。因为现场总线通常只包括一个网段，因此不需要第3层（传输层）和第4层（网络层），也不需要第5层（会话层）第6层（描述层）的作用。

CAN现场总线仅仅定义了第1层、第2层（见ISO11898标准）；实际设计中，这两层完全由硬件实现，设计人员无需再为此开发相关软件（Software）或固件（Firmware）。同时，CAN只定义物理层和数据链路层，没有规定应用层，本身并不完整，需要一个高层协议来定义CAN报文中的11/29位标识符、8字节数据的使用。

应用层：为网络中每一个有效设备都能够提供一组有用的服务与协议。

通信描述：提供配置设备、通信数据的含义，定义数据通信方式。

设备描述：为设备（类）增加符合规范的行为。

CANopen协议是CAN-in-Automation（CiA）定义的标准之一，并且在发布后不久就获得了广泛的承认。尤其是在欧洲，CANopen协议被认为是在基于CAN的工业系统中占领导地位的标准。大多数重要的设备类型，例如数字和模拟的输入输出模块、驱动设备、操作设备、控制器、可编程控制器或编码器，都在称为“设备描述”的协议中进行描述；“设备描述”定义了不同类型的标准设备及其相应的功能。依靠CANopen协议的支持，可以对不同厂商的设备通过总线进行配置。

在OSI模型中，CAN标准、CANopen协议之间的关系如图4-1所示。

4.2 CAL协议

CAL（CAN Application Layer）协议是目前基于CAN的高层通信协议中的一种，最早

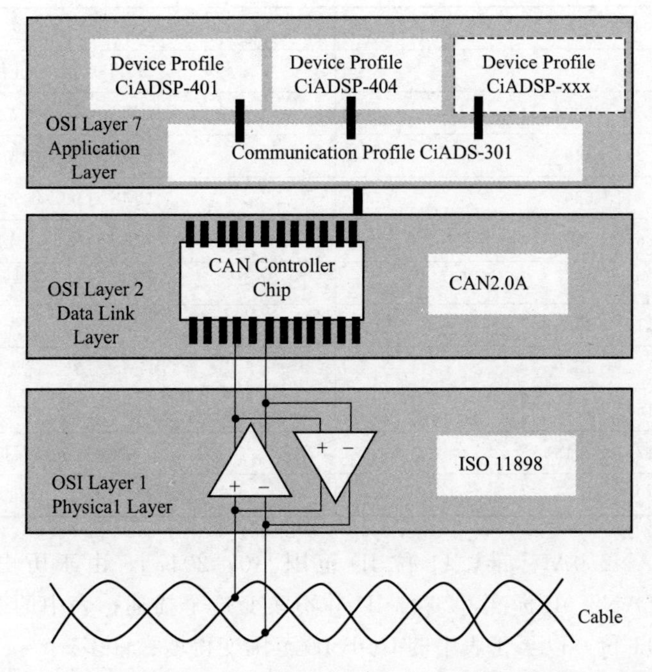

图 4-1 CAN 标准、CANopen 协议在 OSI 网络模型中的位置框图

由 Philips 医疗设备部门制定。现在 CAL 由独立的 CAN 用户和制造商集团 CiA（CAN in Automation）协会负责管理、发展和推广。

CAL 提供了 4 种应用层服务功能。

（1）CMS（CAN-based Message Specification）

CMS 提供了一个开放的、面向对象的环境，用于实现用户的应用。CMS 提供基于变量、事件、域类型的对象，以设计和规定一个设备（节点）的功能如何被访问［例如，如何上载、下载超过 8 字节的一组数据（域），并且有终止传输的功能］。

CMS 从 MMS（Manufacturing Message Specification）继承而来。MMS 是 OSI 为工业设备的远程控制和监控而制定的应用层规范。

（2）NMT（Network Management）

NMT 提供网络管理（如初始化、启动和停止节点，侦测失效节点）服务。这种服务是采用主从通信模式（所以只有一个 NMT 主节点）来实现的。

（3）DBT（Distributor）

DBT 提供动态分配 CAN ID（正式名称为 COB-ID，Communication Object Identifier）服务。这种服务是采用主从通信模式（所以只有一个 DBT 主节点）来实现的。

（4）LMT（Layer Management）

LMT 提供修改层参数的服务：一个节点（LMT Master）可以设置另外一个节点（LMT Slave）的某层参数（如改变一个节点的 NMT 地址，或改变 CAN 接口的位定时和波特率）。

CMS 为它的消息定义了 8 个优先级，每个优先级拥有 220 个 COB-ID，范围为 1～1760。剩余的标志（0，1761～2031）保留给 NMT、DBT 和 LMT，如表 4-1 所示。

表 4-1 映射到 CAL 服务和对象的 COB-ID（11 位 CAN 标识符）

COB-ID	服务或对象
0	NMT 启动/停止服务
1～220	CMS 对象　优先级 0
221～440	CMS 对象　优先级 1
441～660	CMS 对象　优先级 2
661～880	CMS 对象　优先级 3
881～1100	CMS 对象　优先级 4
1101～1320	CMS 对象　优先级 5
1321～1540	CMS 对象　优先级 6
1541～1760	CMS 对象　优先级 7
1761～2015	NMT 节点保护
2016～2031	NMT、LMT、DBT 服务

注意：这是 CAN2.0A 标准，11 位 ID 范围［0，2047］，由于历史原因限制在［0，2031］。如果使用 CAN2.0B 标准，29 位 ID 并不改变这个描述；表中的 11 位映射到 29 位 COB-ID 中的最高 11 位，以至于表中的 COB-ID 范围变得增大许多。

4.3 CANopen 基本结构与通信子协议

CAL 提供了所有的网络管理服务和报文传送协议，但并没有定义 CMS 对象的内容或者正在通信的对象的类型（它只定义了 how，没有定义 what）。而这正是 CANopen 切入点。

CANopen 是在 CAL 基础上开发的，使用了 CAL 通信和服务协议子集，提供了分布式控制系统的一种实现方案。CANopen 在保证网络节点互用性的同时允许节点的功能随意扩展：或简单或复杂。

CANopen 的核心概念是设备对象字典（OD：Object Dictionary），在其他现场总线（Profibus，Interbus-S）系统中也使用这种设备描述形式。注意：对象字典不是 CAL 的一部分，而是在 CANopen 中实现的。CANopen 的基本结构如图 4-2 所示。

CANopen 通信模型定义了 4 种报文（通信对象）。

（1）管理报文

分层的管理，网络管理和 ID 分配服务：如初始化，配置和网络管理（包括节点保护）。

服务和协议符合 CAL 中的 LMT、NMT 和 DBT 服务部分。这些服务都是基于主从通信模式：在 CAN 网络中，只能有一个 LMT、NMT 或 DBT 主节点以及一个或多个从节点。

（2）服务数据对象 SDO（Service Data Object）

通过使用索引和子索引（在 CAN 报文的前几个字节），SDO 使客户机能够访问设备（服务器）对象字典中的项（对象）。

SDO 通过 CAL 中多元域的 CMS 对象来实现，允许传送任何长度的数据（当数据超过 4 个字节时分拆成几个报文）。

协议是确认服务类型：为每个消息生成一个应答（一个 SDO 需要两个 ID）。SDO 请求和应答报文总是包含 8 个字节（没有意义的数据长度在第一个字节中表示，第一个字节携带协议信息）。SDO 通信有较多的协议规定。

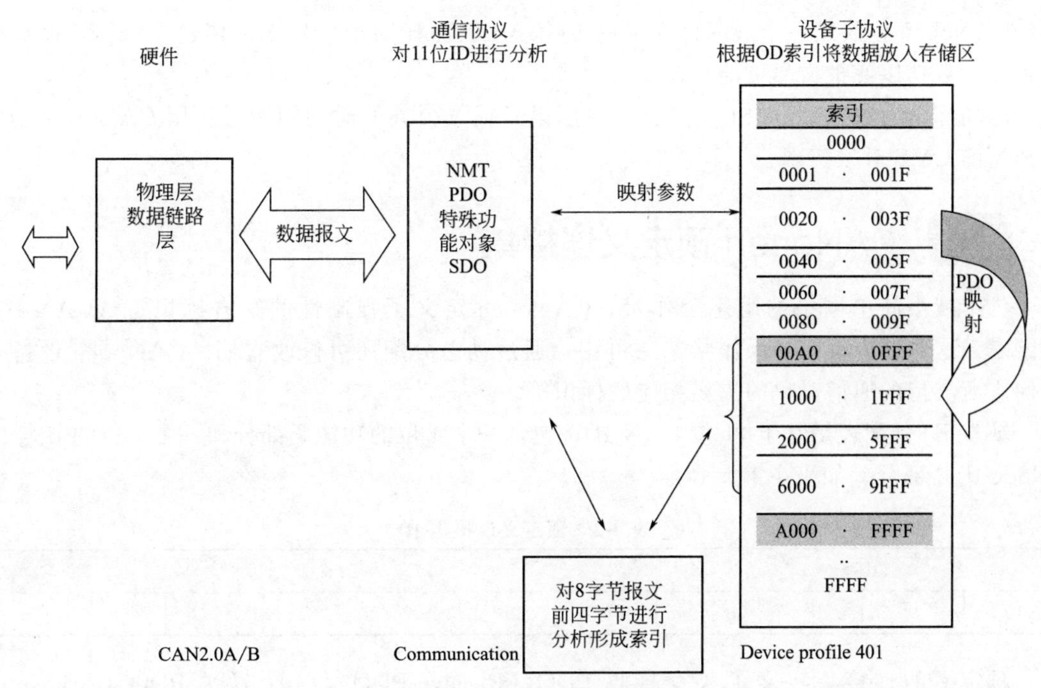

图 4-2　CANopen 的基本结构

（3）过程数据对象 PDO（Process Data Object）

用来传输实时数据，数据从一个生产者传到一个或多个消费者。数据传送限制在 1～8 个字节（例如，一个 PDO 可以传输最多 64 个数字 I/O 值，或者 4 个 16 位的 AD 值）。

PDO 通信没有协议规定。PDO 数据内容只由它的 CAN ID 定义，假定生产者和消费者知道这个 PDO 的数据内容。

每个 PDO 在对象字典中用以下 2 个对象描述。

PDO 通信参数：包含哪个 COB-ID 将被 PDO 使用，传输类型，禁止时间和定时器周期。

PDO 映射参数：包含一个对象字典中对象的列表，这些对象映射到 PDO 里，包括它们的数据长度（in bits）。生产者和消费者必须知道这个映射，以解释 PDO 内容。

PDO 消息的内容是预定义的（或者在网络启动时配置的）：

映射应用对象到 PDO 中是在设备对象字典中描述的。如果设备（生产者和消费者）支持可变 PDO 映射，那么使用 SDO 报文可以配置 PDO 映射参数。

PDO 可以有多种传送方式。

同步：通过接收 SYNC 对象实现同步。

非周期：由远程帧预触发传送，或者由设备子协议中规定的对象特定事件预触发传送。

周期：传送在每 1～240 个 SYNC 消息后触发。

异步：由远程帧触发传送，由设备子协议中规定的对象特定事件触发传送。

（4）预定义报文或者特殊功能对象

同步（SYNC）：在网络范围内同步（尤其在驱动应用中），在整个网络范围内当前输入值准同时保存，随后传送（如果需要），根据前一个 SYNC 后接收到的报文更新输出值。

主从模式：SYNC 主节点定时发送 SYNC 对象，SYNC 从节点收到后同步执行任务。在 SYNC 报文传送后，在给定的时间窗口内传送一个同步 PDO，再用 CAL 中基本变量类型的 CMS 对象实现。

CANopen 建议用一个最高优先级的 COB-ID 以保证同步信号正常传送。SYNC 报文可以不传送数据以使报文尽可能短。

时间标记对象（Time Stamp）：为应用设备提供公共的时间帧参考。用 CAL 中存储事件类型的 CMS 对象实现。

4.4 CANopen 预定义连接集

为了减小简单网络的组态工作量，CANopen 定义了强制性的缺省标识符（CAN-ID）分配表。这些标识符在预操作状态下可用，通过动态分配还可修改它们。CANopen 设备必须向它所支持的通信对象的提供相应的标识符。

缺省 ID 分配表是基于 11 位 CAN-ID，包含一个 4 位的功能码部分和一个 7 位的节点 ID（Node-ID）部分。如表 4-2 所示。

表 4-2 预定义连接集 ID

功能码				节点						
10	9	8	7	6	5	4	3	2	1	0

预定义的连接集定义了 4 个接收 PDO（Receive-PDO），4 个发送 PDO（Transmit-PDO），1 个 SDO（占用 2 个 CAN-ID），1 个紧急对象和 1 个节点错误控制（Node-Error-Control）ID。也支持不需确认的 NMT-Module-Control 服务，SYNC 和 Time Stamp 对象的广播。缺省 ID 分配表如表 4-3 所示。

表 4-3 CANopen 预定义主/从连接集 CAN 标识符分配表

CANopen 预定义主/从连接集的广播对象			
对象	功能码（ID-bits 10～7）	COB-ID	通信参数在 OD 中的索引
NMT Module Control	0000	000H	—
SYNC	0001	080H	1005H,1006H,1007H
TIME SSTAMP	0010	100H	1012H,1013H
CANopen 主/从连接集的对等对象			
对象	功能码（ID-bits 10～7）	COB-ID	通信参数在 OD 中的索引
紧急	0001	081H～0FFH	1024H,1015H
PDO1(发送)	0011	181H～1FFH	1800H
PDO1(接收)	0100	201H～27FH	1400H
PDO2(发送)	0101	281H～2FFH	1801H
PDO2(接收)	0110	301H～37FH	1401H
PDO3(发送)	0111	381H～3FFH	1802H
PDO3(接收)	1000	401H～47FH	1402H
PDO4(发送)	1001	481H～4FFH	1803H
PDO4(接收)	1010	501H～57FH	1403H
SDO(发送/服务器)	1011	581H～5FFH	1200H
SDO(接收/客户)	1100	601H～67FH	1200H
NMT Error Control	1110	701H～77FH	1016H～1017H

Node-ID由系统集成商定义，例如通过设备上的拨码开关设置。Node-ID范围是1～127（0不允许被使用）。

4.5 CANopen标识符分配

ID地址分配表与预定义的主从连接集（set）相对应，因为所有的对等ID是不同的，所以实际上只有一个主设备（知道所有连接的节点ID）能和连接的每个从节点（最多127个）以对等方式通信。两个连接在一起的从节点不能够通信，因为它们彼此不知道对方的节点ID。

比较表4-3的ID映射和CAL的映射，显示了具有特定功能的CANopen对象如何映射到CAL中一般的CMS对象。

CANopen网络中CAN标识符（或COB-ID）分配三种不同方法。

使用预定义的主从连接集。ID是缺省的，不需要配置。如果节点支持，PDO数据内容也可以配置。

上电后修改PDO的ID（在预操作状态），使用（预定义的）SDO在节点的对象字典中适当位置进行修改。

使用CAL DBT服务：节点或从节点最初由它们的配置ID指称。节点ID可以由设备上的拨码开关配置，或使用CAL LMT服务进行配置。

当网络初始化完毕并且启动后，主节点首先通过Connect_Remote_Node报文（是一个CAL NMT服务）和每个连接的从设备建立一个对话。一旦这个对话建立，CAN通信ID（SDO和PDO）用CAL DBT服务分配好，这需要节点支持扩展的Boot-up。

4.6 CANopen Boot-up过程

在网络初始化过程中，CANopen支持扩展的Boot-up，也支持最小化Boot-up过程。

扩展Boot-up是可选的，最小Boot-up则必须被每个节点支持。两类节点可以在同一个网络中同时存在。如果使用CAL的DBT服务进行ID分配，则节点必须支持扩展Boot-up过程。可以用节点状态转换图表示这两种初始化过程，如图4-3所示。扩展Boot-up的状态

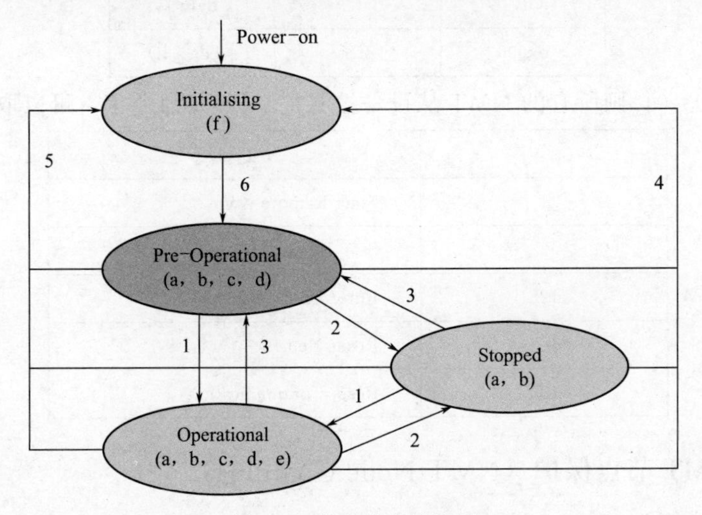

图4-3 节点状态转换图

图在预操作和操作状态之间比最小化 Boot-up 多了一些状态。

图 4-3 中括号内的字母表示处于不同状态那些通信对象可以使用。a，NMT；b，Node Guard；c，SDO；d，Emergency；e，PDO；f，Boot-up 状态转移（1～5 由 NMT 服务发起），NMT 命令字（在括号中）：

1：Start _ Remote _ Node（0x01）

2：Stop _ Remote _ Node（0x02）

3：Enter _ Pre-Operational _ State（0x80）

4：Reset _ Node（0x81）

5：Reset _ Communication（0x82）

6：设备初始化结束，自动进入 Pre _ Operational 状态，发送 Boot-up 消息。

在任何时候 NMT 服务都可使所有或者部分节点进入不同的工作状态。NMT 服务的 CAN 报文由 CAN 头（COB-ID=0）和两字节数据组成：第一个字节表示请求的服务类型（NMT command specifier），第二个字节是节点 ID，或者 0（此时寻址所有节点）。仅支持最小化 Boot-up 的设备叫最小能力设备。最小能力设备在设备初始化结束后自动进入预操作 1 状态。在这个状态，可以通过 SDO 进行参数配置和进行 COB-ID 分配。设备进入准备状态后，除了 NMT 服务和节点保护服务（如果支持并且激活的话）外，将停止通信。

4.7 CANopen 消息语法细节

在以下部分中 COB-ID 使用的是 CANopen 预定义连接集中已定义的缺省标识符。

4.7.1 NMT 模块控制（NMT Module Control）

只有 NMT-Master 节点能够传送 NMT Module Control 报文。所有从设备必须支持 NMT 模块控制服务。

NMT Module Control 消息不需要应答。NMT 消息格式如下：

NMT-Master→NMT-Slave（s）

COB-ID	Byte 0	Byte 1
0x000	CS	Node _ ID

当 Node _ ID=0，则所有的 NMT 从设备被寻址。CS 是命令字，可以取如下值：

命令字	NMT 服务
1	Start Remote Node
2	Stop Remote Node
128	Enter Pre-operational State
129	Reset Node
130	Reset Communication

4.7.2 NMT 节点保护（NMT Node Guarding）

通过节点保护服务，NMT 主节点可以检查每个节点的当前状态，当这些节点没有数据传送时这种服务尤其有意义。

NMT-Master 节点发送远程帧（无数据）如下：

NMT-Master→NMT-Slave

COB-ID
0x700+Node_ID

NMT-Slave 节点发送如下报文应答：

NMT-Master←NMT-Slave

COB-ID	Byte0
0x700+Node_ID	bit 7：toggle bit6～0：状态

数据部分包括一个触发位（bit7），触发位必须在每次节点保护应答中交替置“0”或者“1”。触发位在第一次节点保护请求时置为“0”。位0到位6（bits0～6）表示节点状态，可为下表中的数值：

Value	状态
0	Initialising
1	Disconnected *
2	Connecting *
3	Preparing *
4	Stopped
5	Operational
127	Pre-operational

注意：带*号的状态只有支持扩展Boot-up的节点才提供。注意状态0从不在节点保护应答中出现，因为一个节点在这个状态时并不应答节点保护报文。或者一个节点可被配置为产生周期性的被称作心跳报文（Heartbeat）的报文。

Heartbeat Producer→Consumer（s）

COB-ID	Byte 0
0x700+Node_ID	状态

状态可为下表中的数值：

状态	意义
0	Boot-up
4	Stopped
5	Operational
127	Pre-operational

当一个Heartbeat节点启动后，它的Boot-up报文是其第一个Heartbeat报文。Heartbeat消费者通常是NMT-Master节点，它为每个Heartbeat节点设定一个超时值，当超时发生时采取相应动作。一个节点不能够同时支持Node Guarding和Heartbeat协议。

4.7.3 NMT Boot-up

NMT-Slave 节点发布 Boot-up 报文通知 NMT-Master 节点它已经从 Initialising 状态进入 Pre-operational 状态。

NMT-Master←NMT-Slave

COB-ID	Byte 0
0x700＋Node _ ID	0

4.7.4 过程数据对象（PDO）

作为一个例子，假定第二个 Transmit-PDO 映射如下（在 CANopen 中用对象字典索引 0x1A01 描述）：

对象 0x1A01： 第二个 Transmit-PDO 映射		
子索引	值	意义
0	2	2 个对象映射到 PDO 中
1	0x60000208	对象 0x6000，子索引 0x02，由 8 位组成
2	0x64010110	对象 0x6401，子索引 0x01，由 16 位组成

在 CANopen I/O 模块的设备子协议（CiA DSP-401）定义中，对象 0x6000 子索引 0x02 是节点的第 2 组 8 位数字量输入，对象 0x6401 子索引 0x01 是节点的第 1 组 16 位模拟量输入。

这个 PDO 报文如果被发送（可能由输入改变、定时器中断或者远程请求帧等方式触发，和 PDO 的传输类型相一致，可以在对象 0x1801 子索引 2 中查找），则由 3 字节数据组成，格式如下：

PDO-producer→PDO-consumer（s）

COB-ID	Byte 0	Byte 1	Byte 2
0x280＋Node _ ID	8 位数据量输入	16 位模拟量输入（低 8 位）	16 位模拟量输入（高 8 位）

通过改变对象 0x1A01 的内容，PDO 的内容可被改变［如果节点支持（可变 PDO 映射)］。注意在 CANopen 中多字节参数总是先发送 LSB。不允许超过 8 个字节的数据映射到某一个 PDO 中。

在 CANopen Application Layer and Communication Profile（CiA DS 301 V 4.02）中定义了 MPDO（Multiplex or PDO)，允许一个 PDO 传输大量变量，通过在报文数据字节中包含源或目的节点 ID、OD 中的索引和子索引来实现。举个例子：如果没有这个机制，当一个节点有 64 个 16 位的模拟通道时，就需要 16 个不同的 Transmit-PDO 来传送数据。

4.7.5 服务数据对象（SDO）

SDO 用来访问一个设备的对象字典。访问者被称作客户（client），对象字典被访问且提供所请求服务的 CANopen 设备被称作服务器（server）。客户的 CAN 报文和服务器的应答 CAN 报文总是包含 8 字节数据（尽管不是所有的数据字节都一定有意义）。一个客户的请求一定有来自服务器的应答。

SDO 有两种传送机制：

加速传送（Expedited Transfer）：最多传输 4 字节。

数据分段传送（Segmented Transfer）：传输数据长度大于 4 字节。

SDO 的基本结构如下：

Client→Server/Server→Client

Byte 0	Byte 1～2	Byte 3	Byte 4～7
SDO	对象索引	对象子索引	**

注意：** 表示最大 4 字节数据（Expedited Transfer）或 4 字节字节计数器（Segmented Transfer）或关于 Block Transfer 参数。

Client→Server/Server→Client

Byte 0	Byte 1～70
SDO　命令字	最大 7 字节数据（Segmented Transfer）

SDO　命令字包含如下信息：

下载/上传（Download/Upload）；

请求/应答（Request/Response）；

分段/加速传送（Segmented/Expedited Transfer）。

用于后续每个分段的交替清零和置位的触发位（toggle bit）SDO 中实现了 5 个请求/应答协议：启动域下载（Initiate Domain Download），域分段下载（Download Domain Segment），启动域上传（Initiate Domain Upload），域分段上传（Upload Domain Segment）和域传送中止（Abort Domain Transfer）。

在 CANopen 通信协议的最新版本中，引入了一种新的 SDO 传送机制。

块传送（Block Transfer）：当传送数据长度大于 4 字节时，多个分段只由 1 个确认报文应答（如果是下载，则由服务器启动传送，如果是上传，则由客户启动传送）以增加总线吞吐量。

相应的协议为：启动块下载（Initiate Block Download），块分段下载（Download Block Segment），块下载结束（End Block Download），启动块上传（Initiate Block Upload），块分段上传（Upload Block Segment）和块上传结束（End Block Upload）。下载（Download）是指对对象字典进行写操作，上传（Upload）指对对象字典进行读操作。这些协议的 SDO 命令字（SDO CAN 报文的第一个字节）语法和细节在下面部分说明（“—” 表示不相关，应为 0）。

启动域下载（Initiate Domain Download）								
Bit	7	6	5	4	3	2	1	0
Client→	0	0	1	—	n	e	s	
←Server	0	1	1	—	—	—	—	—

说明如下。

n：如果 e=1，且 s=1，则有效，否则为 0；表示数据部分中无意义数据的字节数（字节 8−n 到 7 数据无意义）。

e：0=正常传送，1=加速传送。

s：是否指明数据长度，0=数据长度未指明，1=数据长度指明。

e=0，s=0：由 CiA 保留。

e=0，s=1：数据字节为字节计数器，Byte 4 是数据低位部分（LSB），Byte 7 是数据高位部分（MSB）。

e=1：数据字节为将要下载（Download）的数据。

域分段下载（Download Domain Segment）								
Bit	7	6	5	4	3	2	1	0
Client→	0	0	0	t		n		c
←Server	0	0	1	t	—	—	—	—

说明如下。

n：无意义的数据字节数。如果没有指明段长度，则为 0。

c：0=有后续分段需要 Download，1=最后一个段。

t：触发位，后续每个分段交替清零和置位（第一次传送为 0，等效于 Request/Response）。

启动域上传（Initiate Domain Upload）								
Bit	7	6	5	4	3	2	1	0
Client→	0	1	0	—	—	—	—	—
←Server	0	1	0	—	n		e	s

说明：n，e，s 与启动域下载相同。

域分段上传（Upload Domain Segment）								
Bit	7	6	5	4	3	2	1	0
Client→	0	1	1	t	—	—	—	—
←Server	0	0	0	t		n		c

说明：n，c，t 与域分段下载相同。

SDO 客户或服务器通过发出如下格式的报文来中止 SDO 传送：

域传送中止（Abort Domain Transfer）								
Bit	7	6	5	4	3	2	1	0
C→/	1	0	0	—	—	—	—	—

在域传送中止报文中，数据字节 0 和 1 表示对象索引，字节 2 表示子索引，字节 4～7 包含 32 位中止码，描述中止报文传送原因，如表 4-4 所示。

表 4-4 域传送中止 SDO：16 进制中止代码表（字节 4～7）

中止代码	代码功能描述
0503 0000	触发位没有交替改变
0504 0000	SDO 协议超时
0504 0001	非法或未知的 Client/Server 命令字
0504 0002	无效的块大小(仅 Block Transfer 模式)

续表

中止代码	代码功能描述
0504 0003	无效的序号(仅 Block Transfer 模式)
0503 0004	CRC 错误(仅 Block Transfer 模式)
0503 0005	内存溢出
0601 0000	对象不支持访问
0601 0001	试图读只写对象
0601 0002	试图写只读对象
0602 0000	对象字典中对象不存在
0604 0041	对象不能够映射到 PDO
0604 0042	映射的对象的数目和长度超出 PDO 长度
0604 0043	一般性参数不兼容
0604 0047	一般性设备内部不兼容
0606 0000	硬件错误导致对象访问失败
0606 0010	数据类型不匹配,服务参数长度不匹配
0606 0012	数据类型不匹配,服务参数长度太大
0606 0013	数据类型不匹配,服务参数长度太短
0609 0011	子索引不存在
0609 0030	超出参数的值范围(写访问时)
0609 0031	写入参数数值太大
0609 0032	写入参数数值太小
0609 0036	最大值小于最小值
0800 0000	一般性错误
0800 0020	数据不能传送或保存到应用
0800 0021	由于本地控制导致数据不能传送或保存到应用
0800 0022	由于当前设备状态导致数据不能传送或保存到应用
0800 0023	对象字典动态产生错误或对象字典不存在 (例如,通过文件生成对象字典,但由于文件损坏导致错误产生)

4.7.6 应急指示对象(Emergency Object)

应急指示报文由设备内部出现的致命错误触发，由相关应用设备以最高优先级发送到其他设备。适用于中断类型的错误报警信号。

一个应急报文由 8 字节组成，格式如下：

Sender→Receiver (s)

COB-ID	Byte 0～1	Byte 2	Byte 3～7
0x080＋Node _ ID	应急错误代码	错误寄存器 (对象 0x1001)	制造商特定的错误区域

错误寄存器(Error Register)在设备的对象字典(索引 0x1001)中，说明了错误寄存器的位定义。设备可以将内部错误映射到这个状态字节中，并可以快速查看当前错误。8 位

错误寄存器位定义如表 4-5 所示。

表 4-5　8 位错误寄存器位定义

Bit	错误类型	Bit	错误类型
0	Generic	4	Communication
1	Current	5	Device profile specific
2	Voltage	6	Reserved(=0)
3	Temperature	7	Manufacturer specific

制造商特定错误区域可能包含与设备相关的其他的错误信息。

Chapter 05

POWERLINK基本原理

5.1 POWERLINK概述

POWERLINK是IEC国际标准，同时也是中国的国家标准。

通信描述：IEC61784-2。

服务和协议：IEC61158-300；IEC61158-400；IEC61158-500；IEC61158-600。

设备描述：ISO15745-1。

5.1.1 POWERLINK物理层

POWERLINK的物理层采用标准的以太网，遵循IEEE802.3快速以太网标准。因此，无论是POWERLINK的主站还是从站，都可以运行于标准的以太网之上，这使得POWERLINK具有以下优点。

① 只要有以太网的地方就可以实现POWERLINK，例如，在用户的PC机上可以运行POWERLINK，在一个带有以太网接口的ARM上可以运行POWERLINK，在一片FPGA上也可以运行POWERLINK。

② 以太网的技术进步就会带来POWERLINK的技术进步。因为POWERLINK是基于标准以太网的，而标准的以太网是一个开放的、全民的网络，在各个领域广泛应用，各行各业的人不断地为以太网的升级而进行研发。目前POWERLINK支持100M/1000M以太网，只需在硬件驱动程序中稍作改动，POWERLINK就可以支持10G以太网。

③ 实现成本低。如果用户的产品以前基于ARM平台，一般ARM芯片都会带有以太网，这样用户无需增加任何硬件，也无需增加任何成本，就可以在产品中集成POWERLINK，用户所付出的只是把POWERLINK的程序集成到应用程序中，而POWERLINK的源程序又是开放且免费的，所以很容易实现。

用户可以购买普通的以太网控制芯片（MAC）来实现POWERLINK的物理层，如果用户想采用FPGA解决方案，POWERLINK提供开放源码的openMAC。这是一个用VHDL语言实现的、基于FPGA的MAC，同时POWERLINK又提供了一个用VHDL语言实现的openHUB。如果用户的网络需要做冗余，如双网、环网等，就可以直接在FPGA中实现，其易于实现且成本很低。此外，由于是基于FPGA的方案，从MAC到数据链路层（DLL）的通信，POWERLINK采用了DMA，因此速度更快。

5.1.2 POWERLINK 数据链路层

（1）POWERLINK 概述

POWERLINK 基于标准以太网 CSMA/CD 技术（IEEE802.3），因此可工作在所有传统以太网硬件上。但是，POWERLINK 不使用 IEEE802.3 定义的用于解决冲突的报文重传机制，该机制会引起传统以太网的不确定行为。

POWERLINK 的从站通过获得 POWERLINK 主站的允许来发送自己的帧，所以不会发生冲突，因为管理节点会统一规划每个节点收发数据的确定时序。

（2）POWERLINK 管理节点

负责管理总线使用权的节点被称为 POWERLINK 管理节点（MN）。只有 MN 可以独立发送报文，即不是对接收报文的响应。受控节点只能当 MN 请求时才被允许发送报文。

MN 应周期性地访问受控节点。单播数据应从 MN 发送到每个已配置的 CN（Preq 帧），然后各已配置的 CN 应通过多播方式向所有其他节点发布它的数据（Pres 帧）。网络上的所有可用节点都由 MN 配置。一个 POWERLINK 网络中只允许有一个活动的 MN。

（3）POWERLINK 受控节点

仅在 MN 分配的通信时隙内发送报文的所有其他节点被称为受控节点（Controlled Node，CN）。之所以叫受控节点，是因为该节点的数据收发完全由管理节点控制，CN 节点只在 MN 请求时才能发送数据。

（4）POWERLINK 服务

POWERLINK 提供以下三种服务。

① 等时同步数据传输　每个节点的一对报文在每个周期或在复用类 CN 的情况下每 n 个周期被传送。另外，每个周期可能有从 MN 发出的一个多播 Pres 报文。等时同步数据传输通常用于对时间有严格要求的数据（实时数据）的交换。

② 异步数据传输　每个周期可能有一个异步报文。MN 通过 SoA 报文向请求节点分配发送的权限。异步数据传输用于对时间无严格要求的数据的交换。

③ 所有节点的同步　在每个等时同步阶段的开始，MN 非常精确地发送多播 SoC 报文来同步网络中的所有节点。

（5）POWERLINK 周期

POWERLINK 周期应由 MN 控制。节点之间的同步数据交换周期性发生，并以固定的时间间隔重复发生，该间隔被称为 POWERLINK 周期，如图 5-1 所示。

一个周期内包含以下时间阶段：等时同步阶段；异步阶段；空闲阶段。

保持 POWERLINK 周期的启动时间尽可能精确（无抖动）是很重要的。在 POWERLINK 周期的预设阶段内，单个阶段的长度可以改变，例如某个循环周期的异步阶段可能比上一个循环周期的异步阶段时间长了一些，相应的空闲阶段就会缩短。但是整个循环周期的总时间长度是精确且固定的，也就是相邻两个 SoC 报文之间的时间间隔是固定且精确的，如图 5-2 所示。

网络配置不能超出预设周期时间。应由 MN 监视周期时间的一致性。

所有数据传输应是非证实的，即不证实发送的数据已被接收。因为同步数据会被周期性发送和接收，即使本周期内某个数据没有被接收，下个循环周期会被再次发送过来，这相当于重传。

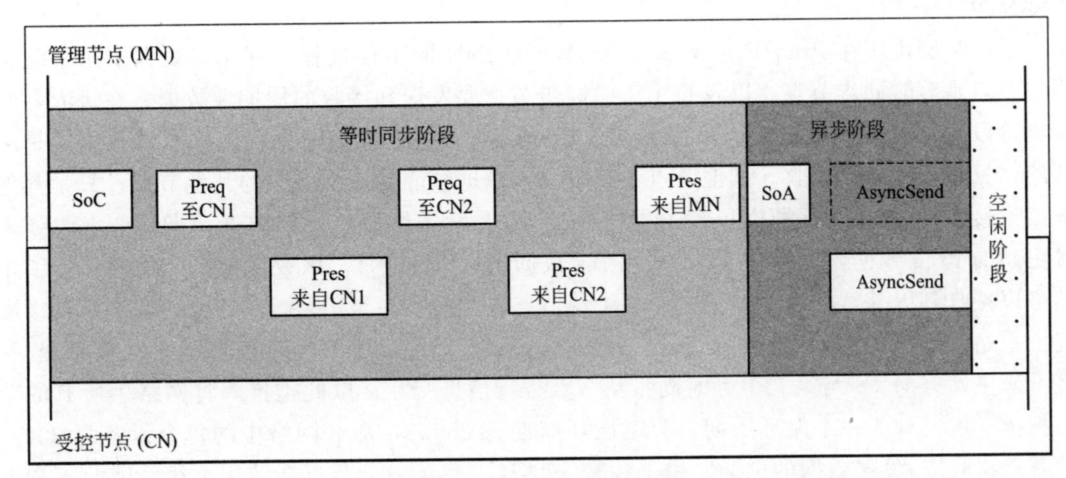

图 5-1 POWERLINK 周期

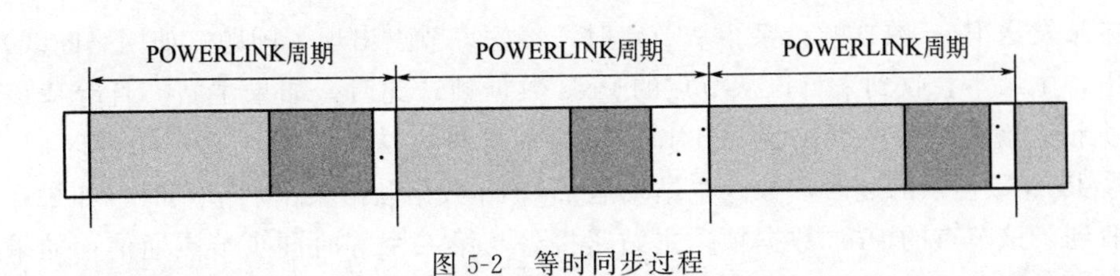

图 5-2 等时同步过程

（1）等时同步阶段

POWERLINK 通信周期示意图如图 5-1 所示。

在图 5-1 中，等时同步阶段从 SoC 的起点开始算起，直到 SoA 的起点结束。同步阶段可以有两种工作模式：Preq/Pres 模式和 Poll Response Chaining 模式。

在 POWERLINK 周期开始时，MN 应通过以太网多播发送一个 SoC 帧给所有节点。此帧的发送和接收的时刻应该成为所有节点共同的定时基准。

① Preq/Pres 模式　只有 SoC 帧是周期性产生的，其他所有帧的产生都是由事件控制的。

在 SoC 帧发送完毕后，MN 开始进行等时同步数据交换。Preq 帧发送到每个已配置的且活动的节点。被访问的节点应以 Pres 帧进行响应。

Preq 帧是以太网单播帧，只由目标节点接收。Pres 帧作为以太网多播帧形式进行发送。

Preq 帧和 Pres 帧都可以传输应用数据。MN 用一个独立的数据帧给一个 CN 发送 Preq 数据。Preq 帧传输仅用于被寻址 CN 的相关数据。

相比之下，Pres 帧可以由所有节点接收，这使得通信关系遵循生产者/消费者模型。

对于每个已配置且活动的等时同步 CN，应重复进行 Preq 帧/Pres 帧过程。当所有已配置且活动的等时同步 CN 都已被处理，同步通信阶段结束。

POWERLINK 周期的大小主要受等时同步阶段的大小影响。当配置 POWERLINK 周期时，应考虑访问每个配置 CN 的 Preq 帧和 Pres 帧所要求的时间的总和，即必须说明在一个周期中访问所有配置节点所需的时间。使用复用类访问技术可以缩短时间的长度。

当处理等时同步阶段时，该阶段的长度会根据活动 CN 的数量发生变化，当某个被配置了等时同步的节点从网络中脱离时，同步阶段中就没有了该节点的 Preq/Pres，同步阶段的长度缩短。

下面举例说明在Preq/Pres模式下POWERLINK的工作过程。首先需要在主站中配置哪些节点是等时同步节点，以及每个等时同步节点要发送和接收的周期性数据。在进入等时同步阶段后，主站首先发送Preq数据帧（PreqCN）给第一个等时同步从站，该数据帧是单播的，只有该号节点接收，其他节点不接收（该数据帧能到达网络中的其他节点，只是其他节点不接收）。在该数据帧中包含了主站（MN）要发送给该从站的数据。当该节点收到来自主站的Preq数据帧，就会上报一个Pres数据帧（PresCN），该数据帧是广播的，除了主站可以接收到以外，网络中其他任何一个从节点也能接收，至于是否要接收，取决于网络配置。主站（MN）与该从节点（CN1）一来（Preq）、一往（Pres），就完成了一次信息交互。接下来主站（MN）与第二个等时同步从节点进行信息交互，以此类推，将网络中所有的节点扫描一次，称为一个循环周期。假定循环周期为200μs，那么网络中的每个设备每200μs就有一次收取/发送数据的机会。由于在某一时刻，只有一个节点在使用总线，因此不会造成冲突。

当主站发送Preq数据帧给某个从节点时，恰好该节点出现了问题（如网络断线），在这种情况下，主站不会收到来自该从节点的Pres数据帧，此时，如果主站一直等待该从站的Pres数据帧，就会使整个网络无法工作。主站的处理方法是，对于每一个等时同步节点，都有一个Pres数据帧的超时参数。主站发送了Preq数据帧给某个从节点时，如果在规定的时间内收到了该节点的Pres数据帧，主站紧接着与第二个等时同步节点通信；如果在规定的时间内没有收到该节点的Pres数据帧，主站会认为该节点丢失了一次Pres，这是一个错误，主站将该错误的计数器的值累加8，然后继续与第二个等时同步节点通信。如果一个节点连续丢失Pres数据帧，那么主站中该错误的计数器的值会不断地累加8，直到错误计数器的值超过上限，就会产生相应的错误。

该种模式下的性能：完成一个站的通信所需要的时间取决于物理层的传输速度和需要传送的数据包大小。

假定物理层为100M以太网，该种网络的传输速度为12.5Byte/μs，假定数据包大小为64Byte（每个Preq和Pres数据帧最大可传输1490Byte的数据），那么完成一个站的通信所需要的时间 $T=T_{preq}+T_{gap}+T_{pres}$。

T_{preq}：主站发送Preq数据帧给从站，时间长度为64/12.5=5.12μs。

T_{pres}：从站发送Pres数据帧给主站，时间长度为64/12.5=5.12μs。

T_{gap}：Preq数据帧与Pres数据帧之间的时间间隙，约为2μs。

因此完成一个站的通信，总时间长度为5.12+2+5.12=12.24μs。

② Poll Response Chaining（PRC）模式　Poll Response Chaining模式如图5-3所示。

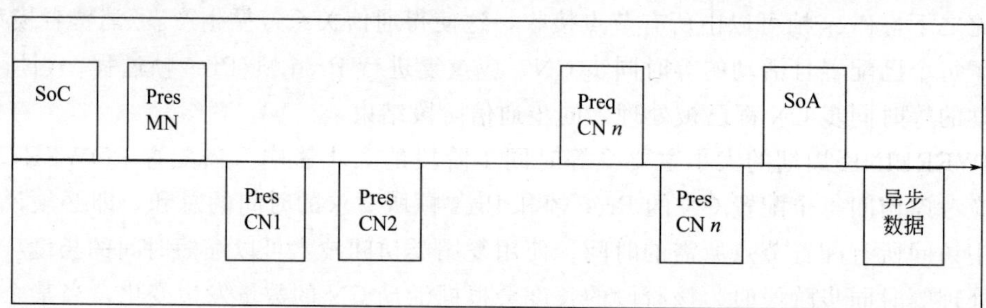

图5-3　Poll Response Chaining模式

在基于请求-应答模式（Preq-Pres）通信时，从节点什么时候上报自己的数据，取决于主站什么时候发送请求（Preq）给它。PRC 模式省掉了主站的 Preq 数据帧，取而代之的是一个接一个的 Pres。每个节点发送数据的行为是通过时间来触发的。

MN 配置 PRC 模式的 CN，使得 CN 在特定的时间点发送数据。这个时间点由主站根据网络的配置情况、网路延迟等计算出来并配置给 CN。每个循环周期依然以 SoC 数据帧作为开始，紧接着是一个 PresMN 数据帧，该数据帧是由主站发出，并广播到网络上，该数据帧包含主站周期性上报的 PDO 数据，同时该数据帧也是一个时间参考点。支持 PRC 模式的 CN 的发送数据的时间参考点是接收完主站的 PresMN 数据帧。

在一个循环周期里，既可以存在 Preq/Pres 的从节点，也可以存在 PRC 节点。一个节点要么被配置为 Preq/Pres 从节点，要么被配置为 PRC 节点，二者只能选其一。在一个循环周期中，PRC 节点先通信，然后主站才会轮询 Preq/Pres 从节点。

举例说明上述通信过程：假定有 3 个从站，主站可以通过配置使得 1 号从站在收到 PresMN 后的第 5μs 上传 PresCN1 数据帧，2 号从站在收到 PresMN 后的第 15μs 上传 PresCN2 数据帧，3 号从站在收到 PresMN 后的第 22μs 上传 PresCN3 数据帧，这样就避免了冲突。因为 POWERLINK 是基于时间槽的通信，而且 POWERLINK 支持 1588 分布式时钟协议，每个 POWERLINK 节点都有一个时钟，因此 POWERLINK 可以很方便地实现这种通信模式。

在该种模式下的性能：完成一个站的通信所需要的时间，取决于物理层的传输速度和需要传送的数据包大小。

假定物理层为 100M 以太网，该种网络的传输速度为 12.5Byte/μs。假定数据包大小为 64Byte（每个 Preq 和 Pres 数据帧最大可传输 1490Byte 的数据）。那么完成一个站的通信所需要的时间 $T=T_{gap}+T_{pres}$。

T_{pres}：从站发送 Pres 数据帧给主站，时间长度为 64/12.5=5.12μs。

T_{gap}：Preq 数据帧与 Pres 数据帧之间的时间间隙，约为 2μs。

因此完成一个站的通信，总时间长度为 5.12+2=7.12μs。

这种通信比基于请求/应答模式至少能提高 30%的效率。

从站是支持 PRC 模式，还是支持请求/应答模式，这是由参数决定的。可以通过参数设置，在一个周期内，让某些从节点采用 PRC 模式，而另外一些从节点采用请求/应答模式。这使得网络容量可以灵活搭配。

在一个系统中，通常有多种不同类型的设备，如有伺服驱动器、I/O、传感器、仪表等。不同种类的设备对通信周期和控制周期的要求往往不同。假设现在有三种设备：伺服驱动器、I/O、传感器。伺服的控制周期为 200μs，而 I/O 的控制周期为 1ms，传感器却不定时地上传数据。面对如此应用，POWERLINK 如何来解决？

首先解决伺服的 200μs 和 I/O 的 1ms 的配置问题。因为两种设备需要的循环周期不同，如果将循环周期设为 200μs，伺服没有问题，可是 I/O 却由于通信过于频繁而反应不过来；如果将循环周期设为 1ms，那么伺服会由于控制周期太长而达不到精度的要求。

POWERLINK 采用多路复用来解决这个问题。在这里，可以将循环周期设置为 200μs，将伺服配置成每个循环周期都参与通信，将 I/O 配置成每 n 个循环周期参与一次通信，n 是一个参数，可以设置为任意整数（在这里 n 的值为 5）。这样就可以达到伺服的通信周期为 200μs，I/O 的通信周期为 200×5=1ms。

有11个节点要通信，其中1、2、3这3个节点每个循环周期都通信；而4、5、6、7、8、9、10、11这8个节点为复用节点，这些节点每3个循环周期才通信一次。

这样就可以使快速设备和慢速设备经过合理配置达到系统最优，这就是多路复用的实例。

数据在每个POWERLINK周期内被交换的节点称为连续节点，如图5-4中的1、2、3节点。

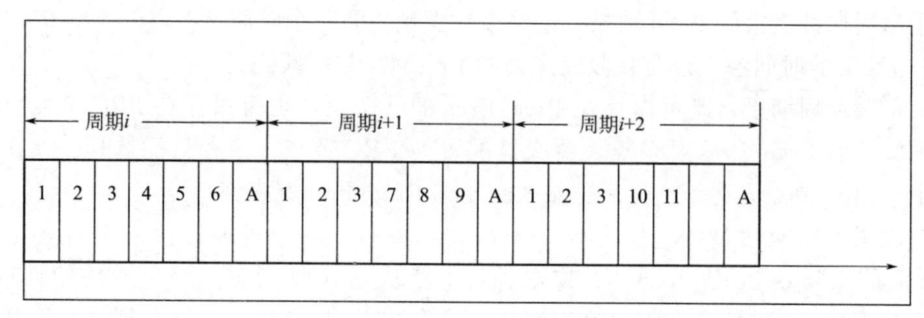

图5-4　多路复用实例

数据在每n个POWERLINK周期内被交换的节点称为复用节点，复用类CN的访问降低了对特定CN的轮询频率。

图5-5展示了拥有复用时隙的POWERLINK周期。

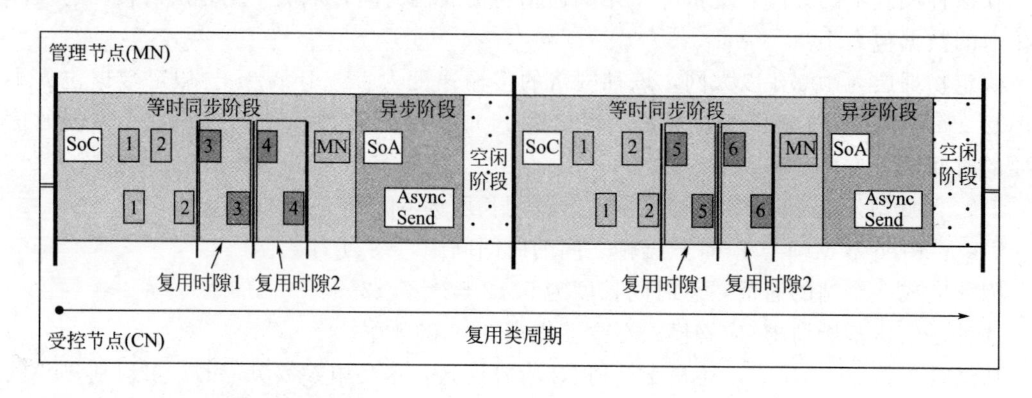

图5-5　复用类POWERLINK周期

虽然复用类节点并不是在每个周期内都被处理，但因为所有的Pres帧都以多播帧的形式来传送，所以可以监视连续类节点整个数据的传输。

例如，在运动控制中，大量的从动轴可使用复用类时隙来接收少数主动轴发出的位置数据。配置主动轴来进行连续通信及访问复用类从动轴。采用此方式，主动轴在每个周期都发送它们的数据给（监视）从动轴，而从动轴则以一个较慢的周期参与通信。

每个特定复用类时隙的大小，应等于分配给该时隙的CN进行Preq帧/Pres帧访问所需的最大时间。

（2）异步阶段

一个完整的POWERLINK周期分为两个阶段：同步阶段和异步阶段。

同步阶段用来传输周期性通信的数据；异步阶段用来传输那些非周期性的通信数据。从

SoC 数据帧开始到 SoA 数据帧的时间段为同步阶段，SoA 和 AsyncData 为异步阶段。

在周期的异步阶段，对 POWERLINK 网络的访问可赋予一个 CN 或 MN，来传送一个异步报文。每个循环周期，目前只能有一个节点发送异步报文，如果有多个节点要发送异步报文，就需要排队。在 MN 中存在一个队列，负责调度异步数据的发送权，异步调度如图 5-6 所示。

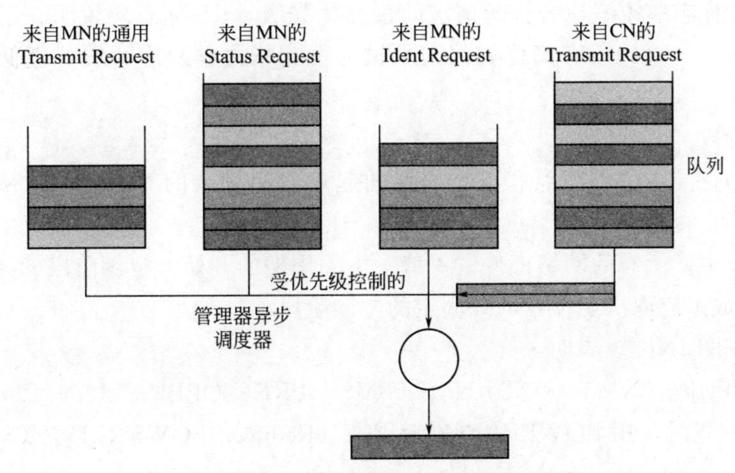

图 5-6 MN 处理所有异步数据传输的调度

如果 CN 要发送一个异步帧，则应通过 Pres 帧或 Status Response 帧通知 MN。MN 的异步调度器决定异步帧发送的权限应在哪个周期被准许。这保证了即使在网络负荷高的情况下，发送请求不会被延迟不确定的时间长度。

MN 从所有排队的发送请求中选择一个节点（包含 MN 本身）。MN 发送一个 SoA 帧，该帧中的 Requested Service Target 用来识别被允许发送异步帧的节点。

MN 使用不同的队列来管理异步阶段的调度：

来自 MN 的通用 Transmit Request；

来自 MN 的用来识别 CN 的 Ident Request 帧；

用来轮询 CN 的 Status Request 帧；

来自 CN 的 Transmit Request。

1）异步阶段的分布　通过 Pres、Ident Response 或 Status Response 的 RS 标志，CN 说明在其队列内的发送就绪包的数目。

RS 值为 0（000B）说明队列是空的，而 RS 值为 7（111B）说明队列中有 7 个或更多的包。

异步阶段的分配减少了被各个 CN 请求的、由 MN 管理的帧的数量。如果 MN 队列的长度达到 0，则不再分配更多的异步阶段。

2）异步传输优先级　异步传输请求可由 Pres 帧、Ident Response 帧及 Status Response 帧中的 3 个 PR 比特来划分优先级。

POWERLINK 支持 8 个优先级，其中两个用于 POWERLINK 目的。

① PRIO _ NMT _ REQUEST。在 CN 请求一个由 MN 发出的 NMT 命令时，这是专用于此的最高优先级。

② PRIO _ GENERIC _ REQUEST。用于非 NMT 命令请求的标准优先级，即中等优先

级。通过异步通信请求的 SDO 应采用此优先级。应用请求可采用 PRIO _ GENERIC _ REQUEST。

其余的高于和低于 PRIO _ GENERIC _ REQUEST 的优先级都可用于应用目的。

相对于具有低优先级数值的请求，MN 应优先分配具有高优先级的请求。

不同优先级的请求应由 CN 的独立的优先级特定队列进行处理。

Pres 的 PR 标志应说明包含挂起请求的最高优先级，RS 标志应说明在已报告的优先级中挂起请求的数目。直到所有高优先级请求被分配完毕之前，应暂缓处理低优先级请求的指示。

（3）空闲阶段

空闲阶段是在异步阶段终点和下一周期的起点之间剩余的时间间隔，从 SoA 或 ASnd 的终点开始计算，直到 SoC 的起点结束。

在空闲阶段中，所有的网络部件“等待”下一周期的开始。空闲阶段的持续时间可以为 0，即周期的完成不应取决于存在的或固定的空闲阶段。

（4）POWERLINK 短周期

在系统启动期间（NMT 状态为 NMT _ MS _ PRE _ OPERATION _ 1），当系统通过 SDO 通信进行配置时，用 POWERLINK 短周期（Reduced POWERLINK Cycle）来减低网络的负载。

POWERLINK 短周期仅由一串异步阶段组成。异步阶段的持续时间会有变化，因此，POWERLINK 短周期的持续时间从一个周期到下一个周期也会发生变化。

如果要求 CN 发送而 MN 中又没有相关预期的 AsyncSend 帧长度的信息，则下一个 POWERLINK 短周期至少要等待一个超时后再开始。该超时是由最大容量的以太网帧（NMT _ CycleTiming _ REC. AsyncMTU _ U16）的长度加上 CN 所要求的对 SoA 授权（invite）报文的最大响应时间 NMT _ CycleTiming _ REC. ASndMaxLatency _ U32）来决定的。

如果 MN 有 AsyncSend 长度的信息，即如果 MN 为自己分配了异步时隙，或 MN 就是异步报文的目标节点，则 POWERLINK 短周期的长度会缩短，如图 5-7 所示。

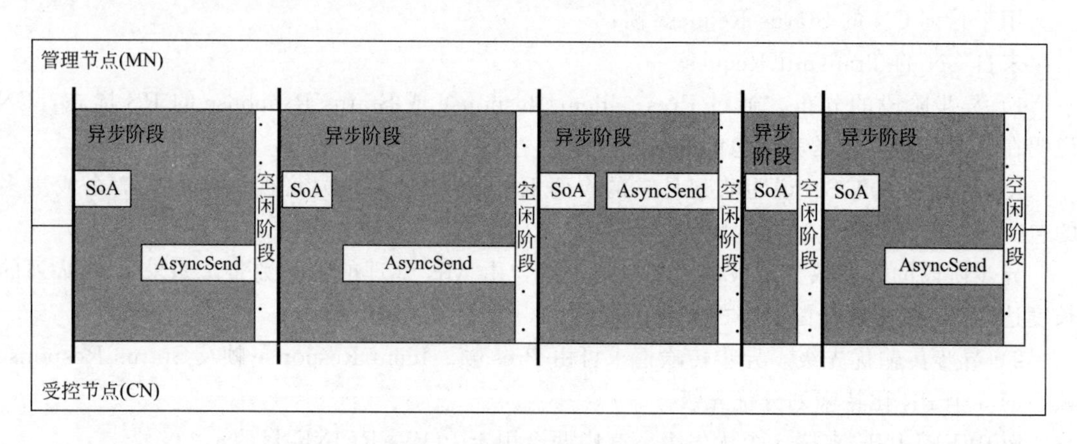

图 5-7　POWERLINK 短周期

如果未对任何节点（包括 MN）进行分配，则下一个 POWERLINK 短周期就会不等待任何超时而开始。

用于等时同步 POWERLINK 周期中的异步阶段的分配机制也应适用于 POWERLINK 短周期。

POWERLINK 的数据链路层也是 POWERLINK 的核心，主要包括如下功能。

① 构建/解析数据帧、对数据帧定界、网络同步、数据帧收发顺序的控制。

② 传输过程中的流量控制、差错检测、对物理层的原始数据进行数据封装等。

③ 实时通信的传输控制。

④ 网络状态机。

在 POWERLINK 网络中，至少有一个设备作为主站，其他的设备作为从站。每个从站设备都有唯一的节点号，该节点号用来区分网络中的设备，取值范围为 1～239。主站设备的节点号为 240，主站的作用是为了协调各个从站，合理分配总线使用权，避免冲突，实现实时通信。

POWERLINK 的实时通信机制是基于请求/应答模式和基于定时主动上报模式（PRC 模式）。

5.1.3 POWERLINK 应用层

POWERLINK 技术规范规定的为 CANopen，但是 CANopen 并不是必需的，用户可以根据自己的需要自定义应用层，或者根据其他行规编写相应的应用层。

（1）CANopen 应用层

POWERLINK 的应用层遵循 CANopen 标准。CANopen 是一个应用层协议，它为应用程序提供了一个统一的接口，使得不同的设备与应用程序之间有统一的访问方式。CANopen 协议有三个主要部分：PDO、SDO 和对象字典 OD。

① PDO：过程数据对象，可以理解为在通信过程中，需要周期性、实时传输的数据。

② SDO：服务数据对象，可以理解为在通信过程中，非周期性传输、实时性要求不高的数据，例如网络配置命令、偶尔要传输的数据等。

③ OD：对象字典，可以理解为所有参数、通信对象的集合。

（2）对象字典

对象字典就是很多对象（object）的集合。那么什么又是对象呢？一个对象可以理解为一个参数，假设有一个设备，该设备有很多参数。CANopen 通过给每个参数一个编号来区分参数，这个编号就叫作索引（Index），这个索引用一个 16bit 的数字表示。如果这个参数又包含了很多子参数，那么 CANopen 又会给这些子参数分别分配一个子索引（Subindex），用一个 8bit 的数字来表示。因此一个索引和一个子索引就能明确地标识出一个参数。

一个参数除了具有索引和子索引信息外，还应该有参数的数据类型（是 8bit 还是 16bit，是有符号还是无符号），还要有访问类型（是只读的、可写的，还是可读写的），还有默认值等。因此一个参数需要有很多属性来描述，所以一个参数也就成了一个对象 object，所有对象的集合就构成了对象字典（object dictionary）。

POWERLINK 对 OD 的定义和声明在 objdict. h 文件中。这个文件采用宏定义的方式，定义了一个数据结构，如图 5-8 所示。

① 索引：16bit 的无符号整数，可以把索引看作一个 object 的编号，用来对对象字典内的所有 object 进行寻址。

② 子索引：8bit 的无符号整数，可以把子索引看作一个 object 的子编号。索引和子索

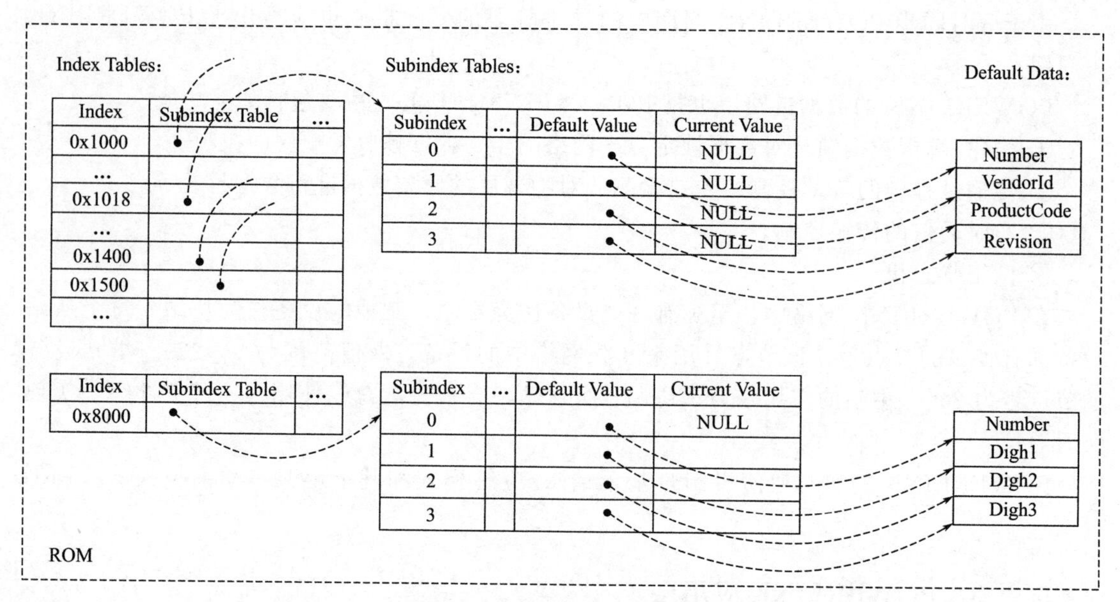

图 5-8　CANopen 对象字段结构

引组合起来，就唯一确定了一个 object。在 POWERLINK 中，通过索引和子索引来寻址 object。

③ 默认值：object 的初始默认值。

④ 对象类型：用来描述 object 的类型，是字符串、变量，还是时间等，object 的类型说明如表 5-1 所示。

表 5-1　对象数据类型说明

类　型	说　明
kEplObdTypBool	Boolean(value 0x0001)
kEplObdTypInt8	signed integer 8bit(value 0x0002)
kEplObdTypInt16	signed integer 16bit(value 0x0003)
kEplObdTypInt32	signed integer 32bit(value 0x0004)
kEplObdTypUInt8	unsigned integer 8bit(value 0x0005)
kEplObdTypUInt16	unsigned integer 16bit(value 0x0006)
kEplObdTypUInt32	unsigned integer 32bit(value 0x0007)
kEplObdTypReal32	real 32bit(value 0x0008)
kEplObdTypVString	visible string(value 0x0009)
kEplObdTypOString	octet string(value 0x000A)
kEplObdTypTimeOfDay	time of day(value 0x000C)
kEplObdTypTimeDiff	time difference(value 0x000D)
kEplObdTypDomain	domain(value 0x000F)
kEplObdTypInt24	signed integer 24bit(value 0x0010)
kEplObdTypReal64	real 64bit(value 0x0011)
kEplObdTypInt40	signed integer 40bit(value 0x0012)
kEplObdTypInt48	signed integer 48bit(value 0x0013)

续表

类　型	说　明
kEplObdTypInt56	signed integer 56bit(value 0x0014)
kEplObdTypInt64	signed integer 64bit(value 0x0015)
kEplObdTypUInt24	unsigned integer 24bit(value 0x0016)
kEplObdTypUInt40	unsigned integer 40bit(value 0x0018)
kEplObdTypUInt48	unsigned integer 48bit(value 0x0019)
kEplObdTypUInt56	unsigned integer 56bit(value 0x001A)
kEplObdTypUInt64	unsigned integer 64bit(value 0x001B)

⑤ 数据类型：object 的数据类型的 C 语言定义。例如，该 object 的对象类型是 kEplObdTypUInt8，那么它的数据类型定义应该是 unsigned char。由于在 EplObd. h 文件中对各种数据类型作了宏定义，如 typedef unsigned char tEplObdUnsigned8，所以可以用 tEplObdUnsigned8 替换 unsigned char。

对象类型和数据类型的对应关系如表 5-2 所示。

表 5-2　对象类型和数据类型的对应关系

对象类型	数据类型
kEplObdTypBool	tEplObdBoolean
kEplObdTypInt8	tEplObdInteger8
kEplObdTypInt16	tEplObdInteger16
kEplObdTypInt24	tEplObdInteger24
kEplObdTypInt32	tEplObdInteger32
kEplObdTypInt40	tEplObdInteger40
kEplObdTypInt48	tEplObdInteger48
kEplObdTypInt56	tEplObdInteger56
kEplObdTypInt64	tEplObdInteger64
kEplObdTypUInt8	tEplObdUnsigned8
kEplObdTypUInt16	tEplObdUnsigned16
kEplObdTypUInt24	tEplObdUnsigned24
kEplObdTypUInt32	tEplObdUnsigned32
kEplObdTypUInt40	tEplObdUnsigned40
kEplObdTypUInt48	tEplObdUnsigned48
kEplObdTypUInt56	tEplObdUnsigned56
kEplObdTypUInt64	tEplObdUnsigned64
kEplObdTypReal32	tEplObdReal32
kEplObdTypReal64	tEplObdReal64
kEplObdTypTimeOfDay	tEplObdTimeOfDay
kEplObdTypTimeDiff	tEplObdTimeDifference
kEplObdTypVString	tEplObdVString
kEplObdTypOString	tEplObdOString

当对象类型为 kEplObdTypInt8 时，相应的数据类型应该为 tEplObdInteger8，否则，会出现错误。

⑥ 访问类型：指 object 是可读的、可写的，还是常量等。各访问权限对应的值和相应的描述如表 5-3 所示。

表 5-3 对象的访问类型

访问权限	值	描述
kEplObdAccRead	0x01	该 object 的数值为只读的
kEplObdAccWrite	0x02	该 object 的数值为可写的
kEplObdAccConst	0x04	该 object 的数值为常量
kEplObdAccPdo	0x08	该 object 可以被映射为 PDO，通常和 kEplObdAccVar 一起使用
kEplObdAccRange	0x20	该 object 的数值具有上下限
kEplObdAccVar	0x40	该 object 是一个变量，放置在应用程序中
kEplObdAccStore	0x80	该 object 的数值可以被保存在非易失的存储器中

一个 object 可以具有一个权限，也可以具有多个权限，例如某个 object 的访问类型为可读写的，而且可以被映射为 PDO 的，那么它的权限值应该为 kEplObdAccVar、kEplObdAccPdo、kEplObdAccWrite 或 kEplObdAccRead。

在 EplObd.h 文件中，对一些常用的访问类型作了预定义。例如刚刚说的可读写，而且可以被映射为 PDO 的权限类型定义如下：

#define kEplObdAccVPRW (kEplObdAccVar | kEplObdAccPdo | kEplObdAccWrite | kEplObdAccRead)

在 objdict.h 中，object 的定义实例如下：

EPL_OBD_BEGIN_INDEX_RAM (0x6000, 0x02, NULL)
EPL_OBD_SUBINDEX_RAM_VAR (0x6000, 0x00, kEplObdTypUInt8, kEplObdAccConst, tEplObdUnsigned8, number_of_entries, 0x1)
EPL_OBD_SUBINDEX_RAM_USERDEF (0x6000, 0x01, kEplObdTypUInt8, kEplObdAccVPR, tEplObdUnsigned8, Sendb1, 0x0)

EPL_OBD_END_INDEX (0x6000)

EPL_OBD_BEGIN_INDEX_RAM (0x6000, 0x02, NULL) 是 object 的头，EPL_OBD_END_INDEX (0x6000) 是 object 的尾。这里的 0x6000 是这个 object 的索引；0x02 是指它有两个子 object；NULL 是回调函数指针，对于简单应用，这里不用考虑。

接下来的 EPL_OBD_SUBINDEX_RAM_VAR (0x6000, 0x00, kEplObdTypUInt8, kEplObdAccConst, tEplObdUnsigned8, number_of_entries, 0x1) 是第一个子 object，其中 0x6000 是索引；0x00 是子索引；kEplObdTypUInt8 是对象类型，无符号 8bit；kEplObdAccConst 是访问类型，这里为常量；tEplObdUnsigned8 是数据类型，无符号 8bit；number_of_entries 是 object 的名称；0x1 是默认值，这里之所以默认值为 1，原因是通常子索引为 0x00 的子 object 用来表示有多少个有效的子 object，也就是除了子索引为 0x00 的子 object 外，有多少个有效可用的子 object。这里可以看到，除了子索引为 0x00 的子 object 外，只有一个子索引为 0x01 的子 object，因此 0x00 的子 object 的值应设置为 1。

EPL_OBD_SUBINDEX_RAM_USERDEF (0x6000, 0x01, kEplObdTypUInt8, kEplObdAccVPR，tEplObdUnsigned8，Sendb1，0x0）是第二个子 object，其中 0x6000 是索引；0x01 是子索引；kEplObdTypUInt8 是对象类型，无符号 8 bit；kEplObdAccVPR 是访问类型，kEplObdAccVPR 的意思是变量，可映射为 PDO，只读的；tEplObdUnsigned8 是数据类型，无符号 8 bit；Sendb1 是 object 的名称；0x0 是默认值。

了解了上面的规则，就可以定义自己的 object。例如，要定义一个索引为 0x6300 的 object，它有 4 个子 object。

EPL_OBD_BEGIN_INDEX_RAM（0x6300，0x04，NULL）
EPL_OBD_SUBINDEX_RAM_VAR（0x6300，0x00，kEplObdTypUInt8，kEplObdAccConst，tEplObdUnsigned8，number_of_entries，0x3）
EPL_OBD_SUBINDEX_RAM_USERDEF（0x6300，0x01，kEplObdTypUInt8，kEplObdAccVPR，tEplObdUnsigned8，input8，0x0）
EPL_OBD_SUBINDEX_RAM_USERDEF（0x6300，0x02，kEplObdTypUInt16，kEplObdAccVPRW，tEplObdUnsigned16，output16，0x0）
EPL_OBD_SUBINDEX_RAM_USERDEF（0x6300，0x03，kEplObdTypUInt32，kEplObdAccVPRW，tEplObdUnsigned32，output32，0x0）
EPL_OBD_END_INDEX（0x6300）

EPL_OBD_BEGIN_INDEX_RAM（0x6300，0x04，NULL）表示该 object 的索引为 0x6300，一共有 4 个子 object。

EPL_OBD_SUBINDEX_RAM_VAR（0x6300，0x00，kEplObdTypUInt8，kEplObdAccConst，tEplObdUnsigned8，number_of_entries，0x3）子索引为 0x00 的子 object，默认值为 3，表示下面有 3 个有效的子 object。

EPL_OBD_SUBINDEX_RAM_USERDEF（0x6300，0x01，kEplObdTypUInt8，kEplObdAccVPR，tEplObdUnsigned8，input8，0x0）子索引为 0x01 的子 object，数据类型为无符号 8bit，访问类型为只读的，且可映射为 PDO。

EPL_OBD_SUBINDEX_RAM_USERDEF（0x6300，0x02，kEplObdTypUInt16，kEplObdAccVPRW，tEplObdUnsigned16，output16，0x0）子索引为 0x02 的子 object，数据类型为无符号 16bit，访问类型（kEplObdAccVPRW）为可读可写的，且可映射为 PDO。

EPL_OBD_SUBINDEX_RAM_USERDEF（0x6300，0x03，kEplObdTypUInt32，kEplObdAccVPRW，tEplObdUnsigned32，output32，0x0）子索引为 0x03 的子 object，数据类型为无符号 32bit，访问类型为可读可写的，且可映射为 PDO。

最后，需要注意，objdict.h 中定义的对象字典被分为以下三部分。

① 0x1000～0x1FFF：为 POWERLINK 通信行规区，这些 object 用来保存 POWERLINK 通信所需的参数，如循环周期（0x1006）等。这部分参数被包含在 objdict.h 中的宏定义 EPL_OBD_BEGIN_PART_GENERIC（）和 EPL_OBD_END_PART（）之间。为了保证 POWERLINK 通信，这部分 object 不能随意改动，而且也无需改动。

② 0x2000～0x5FFF：为设备制造商行规，这些 object 用来保存设备制造商自己定义的设备参数。这部分参数被包含在 objdict.h 中的宏定义 EPL_OBD_BEGIN_PART_MANUFACTURER（）和 EPL_OBD_END_PART（）之间。这些 object 需要设备制造商自行定义。

③ 0x6000～0x9FFF：为设备行规，这些 object 用来保存某一类设备所需要的参数。例

如定义一个伺服驱动器，DSP402 中对一个伺服驱动器应该具有哪些参数，这些参数对应的索引和子索引都作了规定。如控制字为 0x6040，状态字为 0x6041。这部分参数被包含在 objdict. h 中的宏定义 EPL _ OBD _ BEGIN _ PART _ DEVICE（）和 EPL _ OBD _ END _ PART（）之间。这些 object 需要设备制造商自行定义或者根据 CANopen 的行规添加。

因此，在开发基于 POWERLINK 的产品过程中，当需要添加自定义的 object 时，根据索引的值，将其添加到相应的部分，而且在 objdict. h 文件中的 object，它们的 index 是按照增序排列的。例如，要添加 index 为 0x5000 的 object，这个 object 需要添加在 0x6000～0x9FFF 区间，而且该 object 之前不能有索引比 0x5000 大的 object，否则编译会出错。

（3）XDD 文件

什么是 XDD 文件？它有什么用处？

简单地讲，XDD 文件就是用来描述对象字典的电子说明文档，是 XML Device Description 的简写。设备生产商在自己的设备中实现了对象字典，该对象字典存储在设备里，因此设备提供商需要向设备使用者提供一个说明文档，让使用者知道该设备有哪些参数，以及这些参数的属性。XDD 文件的内容要与对象字典的内容一一对应，即在对象字典中实现了哪些参数，那么在 XDD 文件中就应该有这些参数的描述。

上面描述了 3 个 object，索引为 0x2201 的 object 有 9 个子索引，每个子索引的属性包括名称、对象类型、数据类型、可访问类型，以及是否可以映射为 PDO。

XDD 文件的作用有两个：第一个作用是让设备的使用者了解设备有哪些参数，以及这些参数的属性；第二个作用也是主要作用，是给网络配置工具使用，以组建和配置网络。

XDD 文件可以是对象字典的子集，也就是说，假如在对象字典中实现了某个 object，但是在 XDD 文件中却没有这个 object 的描述，这造成的结果是，设备里实际存在某个参数，但是使用者却不知道该参数的任何信息，包括索引、子索引、数据类型、用途等，那么使用者也就无法使用该参数。设备制造商往往为了保护客户的利益，可能会隐藏一些参数信息。例如，设备制造商给某个客户定制化的产品，该客户不希望设备制造商向其他客户开放这些功能，制造商就可以使用此种方法。

对象字典不可以是 XDD 文件的子集。如果对象字典是 XDD 文件的子集，也就是某个参数在对象字典中没有定义，但是却在 XDD 文件中有这个参数的描述信息，那么，当客户试图去访问该参数时，就会返回一些错误，因为设备中根本就没有该参数，这会让使用者困惑。

XDD 文件是设备提供商提供的，设备提供商在完成产品开发后，根据设备的对象字典（OD）来编写 XDD 文件。设备提供商在为客户提供设备时，同时要提供 XDD 文件。XDD 文件与对象字典 OD 的关系如图 5-9 所示。

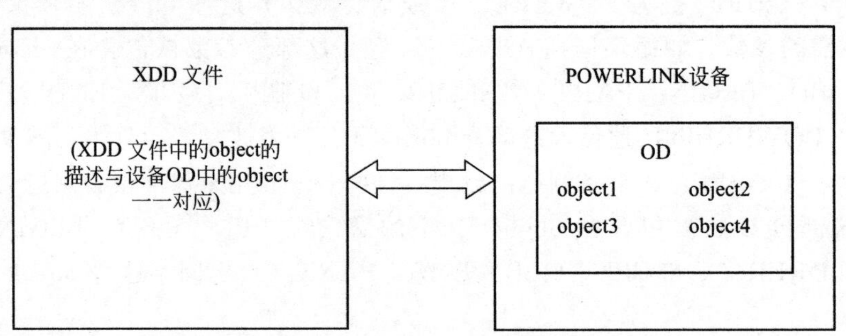

图 5-9 XDD 文件与 OD 的对应关系

对象字典存在于 POWERLINK 设备中，是设备软件的一部分；而 XDD 文件是一个 XML 的文件，该文件描述了 POWERLINK 设备中的 object，但该文件不保存在设备中。

可以从 http：//www. ethernet-powerlink. org 网站下载 XDD 文件的模板，以及对 XDD 文件格式的详细说明。

一个 XDD 文件主要由两部分组成：设备描述（Device Profile）和网络通信描述（Communication Network Profile）。

（4）设备描述

设备描述包含如下信息。

Device Identity：描述设备本身的一些信息。

vendorName：设备生产厂家的名称或者品牌。

vendorID：设备生产厂家的 ID 号。

vendorText：生产厂家的文字描述，例如公司介绍、地址电话等。

deviceFamily：设备类别，标识该设备的种类，例如压力传感器等。

productFamily：产品系列，设备制造商自定义的产品系列。

productName：产品名称。

productID：产品的 ID。

productText：产品的描述。

orderNumber：订货号。

version：版本描述，包括软件版本、硬件版本、固件版本。

（5）网络通信描述

网络通信描述包含如下信息：应用层，传输层，网络管理。

应用层的描述主要包括如下信息：identity，DataTypeList，ObjectList。

① identity：标识信息。这里的标识信息可以是 Device Identity 的子集。可以没有标识信息。

② DataTypeList：数据类型列表。用一个十六进制的数表示数据类型，这样对于配置工具来说，很容易识别某个 object 的数据类型。

③ ObjectList：主要包含了对 object 和 sub object 的描述。这部分内容要和对象字典相对应，这里是对设备的对象字典中的 object 的描述。

举例说明如下。

下面是一个 object 在 OD 中的定义，以及在 XDD 文件中对该 object 的描述。

在 OD 中的定义如下：

//output variables of master EPL _ OBD _ BEGIN _ INDEX _ RAM（0x2000，0x05，NULL）EPL _ OBD _ SUBINDEX _ RAM _ VAR（0x2000，0x00，kEplObdTypUInt8，kEplObdAccConst，tEplObdUnsigned8，number _ of _ entries，0x4）EPL _ OBD _ SUBINDEX _ RAM _ USERDEF（0x2000，0x01，kEplObdTypUInt8，kEplObdAccVPR，tEplObdUnsigned8，Sendb1，0x0）EPL _ OBD _ SUBINDEX _ RAM _ USERDEF（0x2000，0x02，kEplObdTypUInt8，kEplObdAccVPR，tEplObdUnsigned8，Sendb2，0x0）EPL _ OBD _ SUBINDEX _ RAM _ USERDEF（0x2000，0x03，kEplObdTypUInt8，kEplObdAccVPR，tEplObdUnsigned8，Sendb3，0x0）EPL _ OBD _ SUBINDEX _ RAM _ USERDEF（0x2000，0x04，kEplObdTypUInt8，kEplObdAccVPR，tEplObdUnsigned8，Sendb4，

0x0）EPL _ OBD _ END _ INDEX（0x2000）

详细解释如下。

EPL _ OBD _ BEGIN _ INDEX _ RAM（0x2000，0x05，NULL）：索引为 0x2000 的 object 一共有 0x05 个子 object。

EPL _ OBD _ SUBINDEX _ RAM _ VAR（0x2000，0x00，kEplObdTypUInt8，kEplObdAccConst，tEplObdUnsigned8，number _ of _ entries，0x4）：索引为 0x2000、子索引为 0x00 的 object 表示一共有多少个有效的子 object。这里的值为 0x4，表示一共有 4 个有效的子 object。接下来分别是子索引为 0x01、0x02、0x03、0x04 的子 object。

EPL _ OBD _ SUBINDEX _ RAM _ USERDEF（0x2000，0x01，kEplObdTypUInt8，kEplObdAccVPR，tEplObdUnsigned8，Sendb1，0x0）：对于该 object 中的参数说明如下。

0x2000：object 的索引值，16 位无符号整数。

0x01：object 的子索引值，8 位无符号整数。

kEplObdTypUInt8：对象的数据类型（kEplObdTypUInt8 表示无符号 8bit 整数）。

kEplObdAccVPR：访问类型。

tEplObdUnsigned8：对象数据类型的 C 语言定义。

Sendb1：SDO 的回调函数，当该 object 被 SDO 操作时，会执行该回调函数，如果该值被设置为 NULL，表示不执行回调函数。

0x0：该 object 的默认值。

该 object 在 XDD 文件中的描述如下：

解释如下：

……

这是一个 object 的框架，中间的“……”代表该 object 的子 object 的描述。其中每个字段的描述如下。

index=“2000”：该 object 的索引为 0x2000（注意这里的数值为十六进制）。

name=“Digital Input 8 Bit”：该 object 的名称为“Digital Input 8 Bit”，其属性为字符串。

objectType=“8”：表示对象类型为数组。该字段的取值为 7，表示对象为变量；该字段的取值为 8，表示对象为数组 ARRAY；该字段的取值为 9，表示对象为数组 RECORD。

这是索引为 0x2000 的 object 下的一个子 object 定义。

subIndex=“01”：该子 object 的子索引为 01（注意这里的数值为十六进制）。

name=“Byte 1”：该子 object 的名称为“Byte 1”，该属性为字符串。

objectType=“7”：表示对象类型为变量。该字段的取值为 7，表示对象为变量；该字段的取值为 8，表示对象为数组 ARRAY；该字段的取值为 9，表示对象为数组 RECORD。

dataType=“0005”：数据类型值为 0005，表示是无符号 8bit；用 4 位十六进制数表示对象的数据类型。详细信息如下：

accessType=“ro”：object 的访问类型，可取的值如下。

const：只读；该值为常量，数据值不能被改变。

ro：只读。

wo：只写。

rw：可读写。

PDOmapping＝“TPDO”：表示可被映射为发送 PDO。该属性可设置的值如下。

no：不能映射到 PDO。

default：根据默认值映射。

TPDO：只能被映射到 TPDO。

RPDO：只能被映射到 RPDO。

Optional：可选的，既可以被映射为 TPDO，也可以被映射为 RPDO。

设备供应商需要根据自己设备的对象字典，手动编辑 XDD 文件。可以使用任何一个可以编辑 XML 文件的工具，打开 XDD 文件进行添加、删除、修改等操作。

从 POWERLINK 的官方网站 http：//www.ethernet-powerlink.org 可以下载到 XDD 文件的模板和格式（Powerlink _ Main.xsd）说明。Powerlink _ Main.xsd 描述了 POWERLINK 的 XDD 文件的结构和语法，可以使用该文件来验证 XDD 文件，以检查该 XDD 文件是否符合要求。检查的内容包括文档中出现的元素、文档中出现的属性、子元素、子元素的数量、子元素的顺序、元素是否为空、元素和属性的数据类型、元素或属性的默认和固定值。XML Schema 本身是一个 XML 文档，它符合 XML 语法结构，可以用通用的 XML 解析器解析它。

（6）异步通信模型

SDO 是 Service Data Object 的缩写。SDO 和 PDO 一样，是通信数据对象，也就是在网络上收发的数据。SDO 和 PDO 的区别在于：PDO 用来周期性地传输过程数据，用于同步通信；而 SDO 传输的是异步数据，即非周期的、偶尔传输的数据，它用来传输网络命令，配置网络参数，以及偶尔对其他节点的 object 的访问等。

SDO 应用最多的有读和写两个操作。

SDO 读，访问另一个节点的 object 时，该节点可以向另一个节点发送 SDO 读命令，来访问另一个节点的 object。被访问的节点收到了 SDO 读命令以后，会把相应的数据发送到网络上，传给需要的节点。

tEplKernel PUBLICEplApiReadObject（tEplSdoComConHdl* pSdoComConHdl _ p，unsigned int uiNodeId _ p，unsigned int uiIndex _ p，unsigned int uiSubindex _ p，void* pDstData _ le _ p，unsigned int* puiSize _ p，tEplSdoType SdoType _ p，void* pUserArg _ p）

函数描述：通过 SDO 的方式读指定节点上的指定的 object。如果是远程节点（非本节点），该函数会产生一次 SDO 的传输，发送一个 SDO 的读命令给远程节点。当远程节点返回数据时，POWERLINK 协议栈会发送一个消息 kEplApiEventSdo，同时执行 AppCbEvent 回调函数。

参数描述如下。

pSdoComConHdl _ p＝INOUT：SDO 连接的句柄，是一个指针。如果读本地的 OD 时，该指针可以为空。否则该指针指向一个 unsignedint 的变量。

uiNodeId _ p＝IN：要访问的节点的 Node Id（0：表示本地）。

uiIndex _ p＝IN：要访问的 object 的索引值。

uiSubindex _ p＝IN：要访问的 object 的子索引值。

pDstData _ le _ p＝OUT：数据缓冲区，读到的数据被存放到该指针指向的数据区中（以小端排列）。

puiSize _ p=INOUT：要读的 object 的大小，以字节为单位。这个参数是指针，指向一个变量。

SdoType _ p=IN：SDO 传输的类型。

pUserArg _ p=IN：用户定义指针，该指针会被传递到事件回调函数。

例程如下：

unsigned int SdoComConHdl；EplRet = EplApiReadObject（&SdoComConHdl，m _ uiNodeId，0x1006，0x00，&dw _ le _ CycleLen _ g，4，kEplSdoTypeAsnd，NULL）；

SDO 写，改变另一个节点的 object 时，该节点可以向另一个节点发送 SDO 写命令，来改变另一个节点的 object。该节点收到了 SDO 写命令以后，会把相应的数据发送到网络上，传给需要的节点。

tEplKernel PUBLIC EplApiWriteObject（tEplSdoComConHdl* pSdoComConHdl _ p，unsigned int uiNodeId _ p，unsigned int uiIndex _ p，unsigned intuiSubindex _ p，void* pDstData _ le _ p，unsigned int* puiSize _ p，tEplSdoType SdoType _ p，void* pUserArg _ p）；

函数描述：通过 SDO 的方式将数据写到指定节点上的指定的 object。如果是远程节点（非本节点），该函数会产生一次 SDO 的传输，发送一个 SDO 的写命令给远程节点。当远程节点写入数据时，POWERLINK 协议栈会发送一个消息 kEplApiEventSdo，表示写入成功。

参数描述如下。

SdoComConHdl _ p=INOUT：SDO 连接的句柄，是一个指针。如果读本地的 OD 时，该指针可以为空。否则该指针指向一个 unsignedint 的变量。

uiNodeId _ p=IN：Node Id（0 表示本地），要访问的节点的 Node Id。

uiIndex _ p=IN：要访问的 object 的索引值。

uiSubindex _ p=IN：要访问的 object 的子索引值。

pDstData _ le _ p= OUT：数据缓冲区，读到的数据被存放到该指针指向的数据区中（以小端排列）。

puiSize _ p=INOUT：要访问的 object 的大小，以字节为单位。这个参数是指针，指向一个变量。

SdoType _ p=IN：SDO 传输的类型。

pUserArg _ p=IN：用户定义的参数指针，该指针会被传递到事件回调函数。

例程如下：

EplRet=EplApiWriteObject（&SdoComConHdl，m _ uiNodeId，0x1006，0x00，&dw _ le _ CycleLen _ g，4，kEplSdoTypeAsnd，NULL）；

SDO 读写操作完成后，协议栈会触发事件回调函数［AppCbEvent（）］，触发事件回调函数的事件为 kEplApiEventSdo（该事件的定义在 Epl. h 中）。SDO 的读写的参数信息和结果保存在 pEventArg _ p->m _ Sdo 中。

pEventArg _ p->m _ Sdo 的数据结构如下所示：

typedef struct { tEplSdoComConHdl m _ SdoComConHdl；

tEplSdoComConState m _ SdoComConState；

DWORD m _ dwAbortCode；

tEplSdoAccessType m _ SdoAccessType；

unsigned int m _ uiNodeId；//NodeId of the target unsigned int m _ uiTargetIndex；//index which was accessed unsigned int

m _ uiTargetSubIndex；//subindex which was accessed unsigned int

m _ uiTransferredByte；//number of bytes transferred

void* m _ pUserArg；//user definable argument pointer}

tEplSdoComFinished；

下面是一个处理该事件的例子。

① 调用 EplApiWriteObject 或 EplApiReadObject 函数。

EplRet＝EplApiWriteObject（&SdoComConHdl，m _ uiNodeId，0x1006，0x00，&dw _ le _ CycleLen _ g，4，kEplSdoTypeAsnd，NULL）；

② 检查事件回调函数 AppCbEvent（）中是否有对 kEplApiEventSdo 消息的处理。

EplKernel PUBLIC AppCbEvent（tEplApiEventType EventType _ p，//IN：event type（enum）

tEplApiEventArg* pEventArg _ p，//IN：event argument（union）

void GENERIC* pUserArg _ p）

{tEplKernel EplRet＝kEplSuccessful；

UNUSED _ PARAMETER（pUserArg _ p）；//check if NMT _ GS _ OFF is reached switch（EventType _ p）

{……………………………………………………………………………………………

case kEplApiEventSdo：

{//SDO transfer finish if（pEventArg _ p->m _ Sdo. m _ SdoComConState＝＝kEplSdoComTransferFinished）

{if（pEventArg _ p->m _ Sdo. m _ dwAbortCode＝＝0）

{//... successfully pEventArg _ p->m _ Sdo. m _ uiNodeid//Sdo 命令的 nodeid

pEventArg _ p->m _ Sdo. m _ uiTargetIndex//Sdo 命令的索引

pEventArg _ p->m _ Sdo. m _ uiTargetSubIndex//Sdo 命令的子索引}}}

//对 kEplApiEventSdo 事件处理完毕……………………………………}

//事件回调函数 AppCbEvent（）处理完毕}

更详细的说明见 openPOWERLINK 源码的 Documentation 文件夹中的文档。

（7）SDO 命令接收方的处理过程

上述为 SDO 命令发送方的处理过程，对于 SDO 命令的接收方，处理的过程分为三步：第一步为物理层收到异步的 SDO 数据；第二步为数据链路层解析 SDO 命令，执行 SDO 读或者 SDO 写；第三步调用应用层的回调函数，执行应用层的动作。

使用者会关心在哪里设置 SDO 命令的回调函数，因为当 POWERLINK 的站点收到 SDO 的读命令或者 SDO 的写命令时，通过回调函数通知应用层，应用层需要在回调函数里执行一下操作。SDO 的读命令或者写命令对目标节点中指定索引和子索引的 object 进行操作，因此回调函数应该与某个 object 相关。在对象字典中声明某个 object 时，由一个参数指定回调函数，将回调函数的名称写在这里，如下面代码中索引为 0x1600 的 object，其回调函数的名字为 EplPdouCbObdAccess。这一步操作是将名称为 EplPdouCbObdAccess 的回调函数与 0x1600 的 object 绑定，但是 EplPdouCbObdAccess 这个函数完成什么功能还没有定义。

EPL _ OBD _ BEGIN _ INDEX _ RAM（0x1600，0x02，EplPdouCbObdAccess）

EPL _ OBD _ SUBINDEX _ RAM _ VAR (0x1600, 0x00, kEplObdTypUInt8, kEplObdAccRW, tEplObdUnsigned8, NumberOfEntries, 0x01)
EPL _ OBD _ SUBINDEX _ RAM _ VAR (0x1600, 0x01, kEplObdTypUInt64, kEplObdAccRW, tEplObdUnsigned 64, NumberOfEntries, 0x02)
EPL _ OBD _ END _ INDEX (0x1600)

本示例中对函数 EplPdouCbObdAccess 的声明和定义，在源文件 EplPdou. c 和 EplPdou. h 中。用户自定义的回调函数可根据自己的实际需要，在相应的文件中声明，并编写该函数的功能。

tEplKernel PUBLIC EplPdouCbObdAccess (tEplObdCbParam MEM * pParam _ p) {tEplKernel Ret=kEplSuccessful; unsigned int uiIndexType; BYTE bMappObjectCount; tEplObdAccess AccessType; unsigned int uiCurPdoSize; pParam _ p->m _ dwAbortCode=0; if (pParam _ p->m _ ObdEvent! =kEplObdEvPreWrite) {//read accesses, post write events etc. are OK goto Exit;} Exit: return Ret;}

在 openPOWERLINK 中，已经定义好的用户的异步回调函数为 EplApiCbObdAccess，用户可以直接使用。使用时将该函数在 OD 中与相应的 object 绑定，并在 EplApiCbObdAccess 函数中增加相应的处理。回调函数的参数如下。

typedef struct {tEplObdEvent m _ ObdEvent; //对该函数的解释见下文 unsigned int m _ uiIndex; //收到 SDO 命令的索引 unsigned int m _ uiSubIndex; //收到 SDO 命令的子索引 void * m _ pArg; DWORD m _ dwAbortCode; //收到 SDO 命令的错误码} tEplObdCbParam;

下面是对回调函数中参数 m _ ObdEvent 的解释。

typedef enum {kEplObdEvCheckExist=0x06, //检查对象是否存在
kEplObdEvPreRead=0x00, //在读一个 object 在 OD 中的数据前触发的事件
kEplObdEvPostRead=0x01, //在读一个 object 在 OD 中的数据后触发的事件
kEplObdEvWrStringDomain=0x07, //改变字符串、域数据指针或大小时触发的事件
kEplObdEvInitWrite=0x04, //检查要写入的对象的大小
kEplObdEvPreWrite=0x02, //在写一个 object 在 OD 中的数据前触发的事件
kEplObdEvPostWrite=0x03, //在写一个 object 在 OD 中的数据后触发的事件
kEplObdEvAbortSdo=0x05, //在传输中止之后触发的事件} tEplObdEvent;

(8) 同步通信模型

同步通信即周期性的实时通信，用来传输过程数据对象。首先 POWERLINK 站点从物理层接收到数据帧，数据帧中包含了过程数据对象。POWERLINK 协议栈根据接收 PDO 的映射关系来解析数据帧，将解析的数据存放到 OD 中相应的 object 指向的应用程序的变量中。发送过程是本过程的逆过程，读者试着自己理解。过程数据对象的传输过程如图 5-10 所示。

在 CANopen 的协议中，每个节点都有两种参数：通信参数和映射参数。

① 通信参数：决定该节点需要接收来自哪个节点的数据，或者将数据发送给哪个节点。对于从节点，由于发送数据帧是广播的，因此不需要设置该参数；对于主站的发送数据帧 Preq，需要设置该参数，来标识该数据帧是发送给哪个从节点的。

② 映射参数：决定该节点如何组成要发送的数据包或者如何解析收到的数据包，也就是确定对象字典中的对象与数据包中数据段的对应关系。

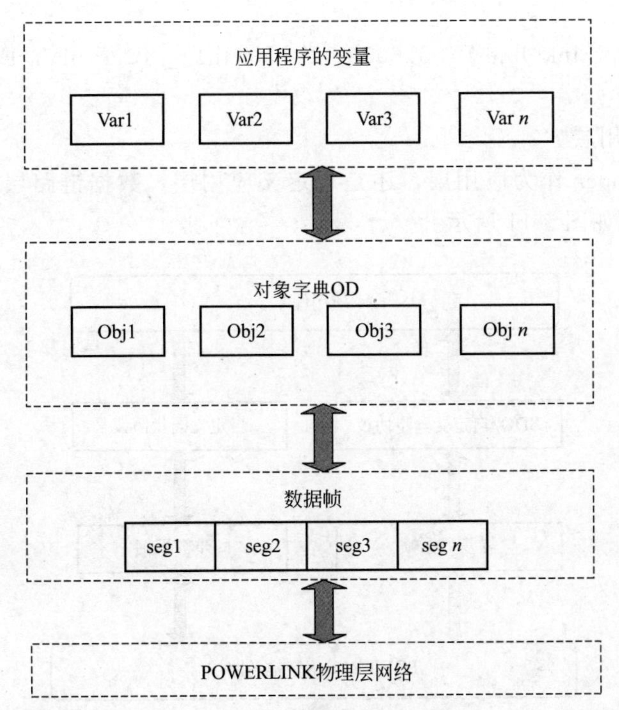

图 5-10 PDO 数据的传输过程

每个 POWERLINK 节点接收和发送数据时，都有一组通信参数和映射参数来描述。

接收参数如下：

0x1400～0x14FF 为通信参数；0x1600～0x16FF 为映射参数。通信参数和映射参数成对出现，一一对应。0x1400 与 0x1600 为一对；0x1401 与 0x1601 为一对；……；0x14xx 与 0x16xx 为一对。

发送参数如下：

0x1800～0x18FF 为通信参数；0x1A00～0x1AFF 为映射参数。

通信参数和映射参数成对出现，一一对应。0x1800 与 0x1A00 为一对；0x1801 与 0x1A01 为一对；……；0x18xx 与 0x1Axx 为一对。

(9) 应用编程接口

应用程序存取通信对象的接口，将要发送的变量赋值给通信对象，将要收到的通信对象赋值给相应的应用变量。

在 POWERLINK 的通信过程中，每个节点收发的数据都已存在节点的 object 中，用户的应用程序有两种方法来访问 object 中的数据。

① 用户可以通过 object 的索引和子索引，检索到该 object，然后向该 object 写入数值，或者从 object 把数值读出来。这个方法效率很低，不适合用于周期性传输的 PDO 数据。

② 将用户自己定义的变量与本地对象字典中的对象链接起来，这样 POWERLINK 协议栈会将收到的数据直接存放到用户自己定义的变量中；同样将用户自己定义的变量直接放到数据帧中发送出去。此时，object 将用户定义的变量空间作为自己的数据区。这种方法使得 POWERLINK 协议栈与用户的应用程序之间的数据交互简单，而且效率很高。

通过调用如下函数将应用程序的变量和 object 链接，这里链接的 object 是被配置用于同步通信的 object。

EplRet = EplApiLinkObject（0x6000，&bVarIn1 _ 1，&uiVarEntries，&ObdSize，0x01）；

（10）自定义应用层

无论采用 CANopen 作为应用层，还是自定义应用层，数据链路层都要遵循 POWERLINK 的协议，结构如图 5-11 所示。

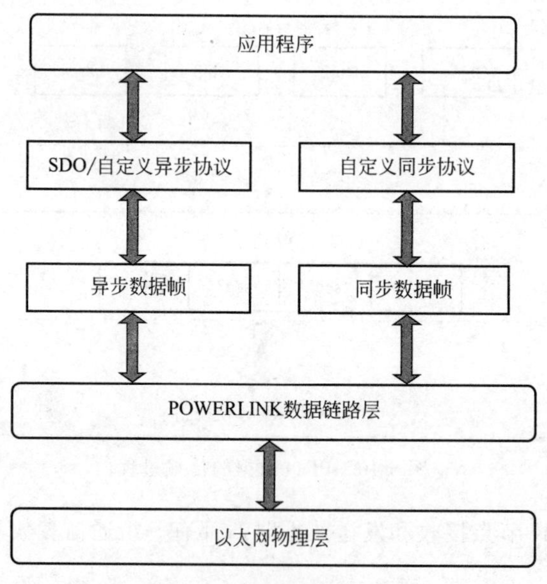

图 5-11　应用层协议结构

（11）自定义应用层对象字典

在自定义的应用层中，一般不需要对象字典，应用程序通过自定义的异步协议和自定义的同步协议直接与相应的数据帧交互。

（12）自定义异步协议

用户根据自己的需要处理收到的异步数据帧，组建要发送的异步数据帧。数据帧的格式由用户自己定义，但如果欲与基于 CANopen 的 POWERLINK 设备相连，数据帧的格式需要遵循 CANopen 的 SDO。

（13）自定义同步协议

基于 CANopen 的 PDO，通过网络参数和映射参数，将 OD 中的数据组建数据帧，解析数据帧并将数据存放到 OD。在自定义的同步协议中，应用程序直接与同步数据帧交换，用户自己决定如何组建数据帧以及如何解析数据帧。

5.2 POWERLINK 数据帧

POWERLINK 通信一共有 5 种数据帧：SoC、Preq、Pres、SoA、AsyncData。POWERLINK 数据帧结构如图 5-12 所示。

POWERLINK 数据帧结构 POWERLINK 的数据帧嵌在标准的以太网数据帧的数据段中，因此 POWERLINK 数据包具有标准的以太网数据帧的帧头和帧尾。如图 5-12 所示，从 14～n 字节为 POWERLINK 数据帧信息，而 0～13 字节是标准以太网的帧头。

	位偏移								项目定义
字节偏移	7	6	5	4	3	2	1	0	
0..5	目的MAC地址								Ethernet Ⅱ
6..11	源MAC地址								
12..13	EtherType								
14	res	信息类型							Ethernet POWERLINK
15	目的								
16	源								
17..*n*	数据								
n+1..*n*+4	CRC32								Ethernet Ⅱ

图 5-12 POWERLINK 数据帧结构

5.2.1 SoC 数据帧结构

图 5-13 所示为 SoC 数据帧的具体结构。

	位偏移							
字节偏移	7	6	5	4	3	2	1	0
0	res	信息类型						
1	目的							
2	源							
3	保留							
4	MC	PS	res	res	res	res	res	res
5	res	res	res			res		
6..13	NETtime/保留							
14..21	Relative Time/保留							
22..45	保留							

图 5-13 SoC 数据帧结构

5.2.2 Preq 数据帧结构

图 5-14 所示为 Preq 数据帧结构。

	位偏移							
字节偏移	7	6	5	4	3	2	1	0
0	res	报文类型						
1	目的							
2	源							
3	保留							
4	MC	PS	res	res	res	res	res	res
5	res	res	PR			RS		
6	PDOVersion							
7	res							
8..9	大小							
8..9	载荷							

图 5-14 Preq 数据帧结构

Preq 应该使用从机的单播 MAC 地址来传输，Preq 数据帧中字段的说明如表 5-4 所示。

表 5-4 Preq 数据帧字段说明

字 段	缩写	描 述	取 值
报文类型(MessageType)	mtyp	POWERLINK 报文类型标识	Preq
目的(Destination)	dest	被寻址节点的 POWERLINK 节点 ID	CN NodeID
源(Source)	src	发送节点的 POWERLINK 节点 ID	C_ADR_MN_DEF_NODE_ID
复用类时隙(Multiplexed Slot)	MS	标志:应在到 CN 的 Preq 帧中置位，这些 CN 在复用类时隙中进行处理	
异常确认(Exception Acknowledge)	EA	标志:错误信号	
准备好(Ready)	RD	标志:如果传输的有效载荷数据有效,则应置位。它应由 MN 的应用进程置位。只有当该比特被置位时,CN 才应被允许接收数据	
PDO 版本(PDO Version)	pdov	指示有效载荷数据使用的 PDO 编码的版本	
大小(Size)	size	指示有效载荷数据 8 位位组的数目	0～C_DLL_ISOCHR_MAX_PAYL
有效载荷(Payload)	pl	从 MN 发送的到被寻址 CN 的等时同步有效载荷数据。较低层应负责填充。PDO 使用的有效载荷	

5.2.3 Pres 数据帧结构

图 5-15 所示为 Pres 的数据帧结构，Pres 应该使用多播 MAC 地址来传输，数据帧中的字段说明如表 5-5 所示。

	位偏移							
字节偏移	7	6	5	4	3	2	1	0
0	res	报文类型						
1	目的							
2	源							
3	保留							
4	MC	PS	res	res	res	res	res	res
5	res	res	PR			RS		
6	PDOVersion							
7	res							
8..9	大小							
8..9	载荷							

图 5-15 Pres 的数据帧结构

表 5-5 Pres 数据帧字段说明

字 段	缩写	描 述	取 值
报文类型(MessageType)	mtyp	POWERLINK 报文类型标识	Pres
目的(Destination)	dest	被寻址节点的 POWERLINK 节点 ID	C_ADR_BROADCAST
源(Source)	src	发送节点的 POWERLINK 节点 ID	CN NodeID

续表

字段	缩写	描述	取值
NMT 状态(NMTStatus)	stat	应报告 CN 的 NMT 状态机的当前状态	
复用类时隙(Multiplexed Slot)	MS	标志:应在来自于 CN 的 Pres 帧中置位,这些 CN 在复用类时隙中进行处理。基于该信息,其他的 CN 可以识别出发送 CN 是在一个复用类时隙中进行处理	
异常新(Exception New)	EN	标志:错误信号	
准备好(Ready)	RD	标志:如果传输的有效载荷数据有效,则应被置位。 它应由 CN 的应用进程处理。只有 RD 被置位时,所有其他的 CN 和 MN 才应允许接收数据	
优先级(Priority)	PR	标志:表示在异步发送队列中具有最高优先级的帧的优先级	C_DLL_ASND_PRIO_NMTRQST,C_DLL_ASND_PRIO_STD
请求发送(Request to Send)	RS	标志:表示节点异步发送队列中挂起帧的数目。C_DLL_MAX_RS 的值表示 C_DLL_MAX_RS 或更多的请求。0 表示没有挂起请求	0~C_DLL_MAX_RS
PDO 版本(PDO Version)	pdov	指示有效载荷数据使用的 PDO 编码的版本	
大小(Size)	size	指示有效载荷数据 8 位位组的数目	0~C_DLL_ISOCHR_MAX_PAYL
有效载荷(Payload)	pl	从节点发送到 POWERLINK 网络的等时同步有效载荷数据。较低层应负责填充。PDO 使用的有效载荷	

5.2.4 SoA 数据帧结构

图 5-16 所示为 SoA 数据帧结构，SoA 应该使用多播 MAC 地址 3 进行传输，数据帧中的字段说明如表 5-6 所示。

	位偏移							
字节偏移	7	6	5	4	3	2	1	0
0	res	报文类型						
1	目的							
2	源							
3	NMT状态							
4	res	res	res	res	res	res	res	res
5	res	res	res		res			
6	Requested Service ID							
7	Requested Service Target							
8..9	EPL Version							
8..9	保留							

图 5-16　SoA 数据帧结构

表 5-6 SoA 数据帧字段说明

字　段	缩写	描　述	取　值
报文类型(Message Type)	mtyp	POWERLINK 报文类型标识	SoA
目的(Destination)	dest	被寻址节点的 POWERLINK 节点 ID	C_ADR_BROADCAST
源(Source)	src	发送节点的 POWERLINK 节点 ID	C_ADR_MN_DEF_NODE_ID
NMT 状态(NMTStatus)	stat	报告 MN 的 NMT 状态机的当前状态	
异常确认(Exception Acknowledge)	EA	标志：错误信号，仅当 Requested Service ID 等于 Status Request 时，EA 比特有效	
异常复位(Exception Reset)	ER	标志：错误信号，仅当 Requested Service ID 等于 Status Request 时，ER 比特有效	
请求服务 ID(Requested Service ID)	svid	指示 SoA 和随后异步时隙专用的异步服务 ID NO_SERVICE 表示没有分配异步时隙	
请求服务目标(Requested Service Target)	svtg	指示节点允许发送的 POWERLINK 地址 C_ADR_INVALID 表示没有分配异步时隙	
EPL Version	eplv	指示 MN 当前的 POWERLINK 版本	

5.2.5 ASnd 数据帧结构

图 5-17 所示为 ASnd 数据帧结构，一个节点的 ASnd 数据帧传输应该在 SoA 数据帧的发送/接收后立即发生。

字节偏移	位偏移							
	7	6	5	4	3	2	1	0
0	res	信息类型						
1	目的							
2	源							
3	ServiceID							
4..*n*	Payload							

图 5-17 ASnd 数据帧结构

ASnd 数据帧应该使用单播传输、组播或广播 MAC 地址传输，数据帧中的字段说明如表 5-7 所示。

表 5-7 ASnd 数据帧字段说明

字　段	缩写	描　述	取　值
报文类型(Message Type)	mtyp	POWERLINK 报文类型标识	ASnd
目的(Destination)	dest	被寻址节点的 POWERLINK 节点 ID	
源(Source)	src	发送节点的 POWERLINK 节点 ID	
服务 ID(Service ID)	svid	表示异步时隙专用的服务 ID	
有效载荷(Payload)	pl	包含用于当前服务 ID 特定的数据	

5.3 POWERLINK 网络性能

5.3.1 网络连接

将安装了 Wireshark 的计算机的以太网口与 POWERLINK 的网络相连，网络结构如图 5-18 所示。

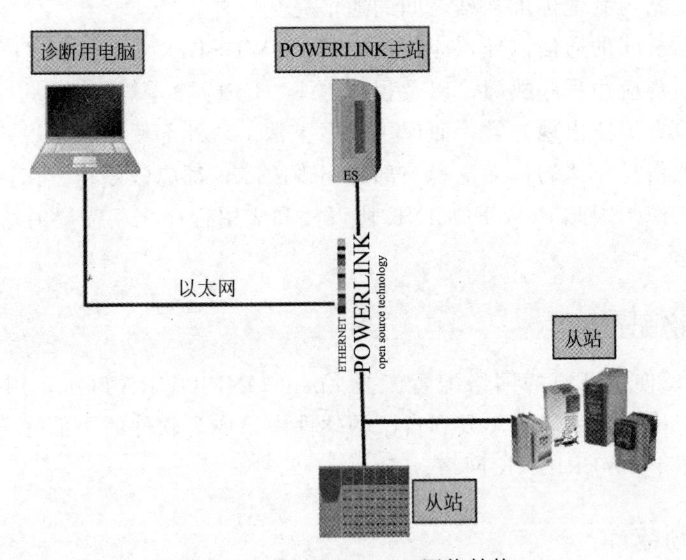

图 5-18 POWERLINK 网络结构

5.3.2 多路复用

网络中不同的节点具有不同的通信周期，兼顾快速设备和慢速设备，使网络配置达到最优。

一个 POWERLINK 周期中既包含同步通信阶段，也包括异步通信阶段。同步通信阶段即周期性通信，用于周期性传输通信数据；异步通信阶段即非周期性通信，用于传输非周期性的数据。

因此 POWERLINK 网络可以适用于各种设备，如图 5-19 所示。

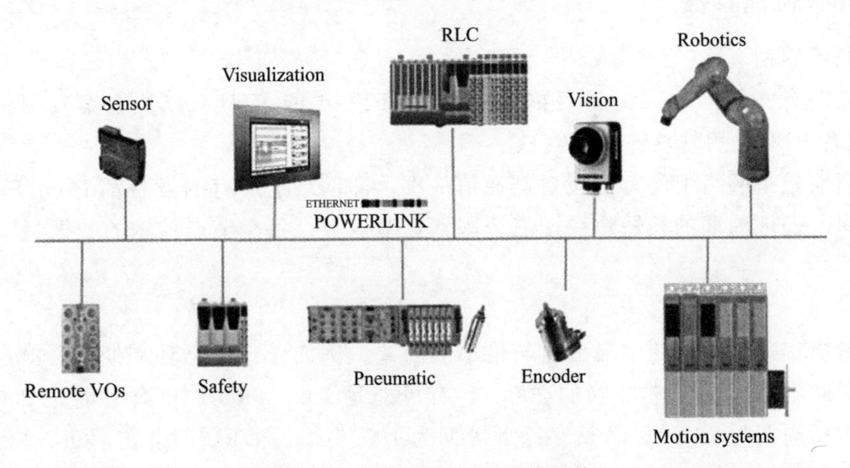

图 5-19 POWERLINK 网络系统

5.3.3 通信性能

备用主站和活动主站之间需要实时通信，这些通信数据可以通过 POWERLINK 网络进行传输，而不需要额外的通信线路。传统的冗余系统，往往需要在冗余主站之间再设一条专门的通信线路。在 POWERLINK 网络中，备用主站处于 standby 状态时，具有标准从站的功能（节点号为 241～250），因此活动主站和备用主站之间可以通过 Preq/Pres 数据帧进行数据交换，这和主站与其他标准从站之间的通信完全一样。

除了冗余主站之间的通信以外，应用程序和 POWERLINK 协议栈之间也需要通信。主站控制器有可能出现应用程序故障，以及程序跑飞、CPU 除零等异常，但是 POWERLINK 的主站通信功能也有可能出现异常，而应用程序正常。从外部使用者来说，主站控制器中的应用程序和主站通信是一体的，无论哪一部分出现故障，都应该停止工作，由另外一台正常的备用主站接替工作。因此 POWERLINK 协议栈和应用程序之间需要有心跳信号，实时通知对方彼此的状态。

5.3.4 网络配置

POWERLINK 使用开源的网络配置工具 openCONFIGURATOR，用户可以单独使用该工具，也可以将该工具的代码集成到自己的软件中，成为软件的一部分。使用该软件可以方便地组建、配置 POWERLINK 网络。

5.3.5 诊断故障

组建一个网络，网络启动后，可能会由于网络中的某些节点配置错误或者节点号冲突等，导致网络异常。需要有一些手段来诊断网络的通信状况，找出故障的原因和故障点，从而修复网络异常。

POWERLINK 的诊断有两种工具：Wireshark 和 Omnipeak。

诊断的方法是将待诊断的计算机接入 POWERLINK 网络中，由 Wireshark 或 Omnipeak 自动抓取通信数据包，分析并诊断网络的通信状况及时序。这种诊断不占用任何带宽，而且是标准的以太网诊断工具，只需要一台带有以太网接口的计算机即可。

5.3.6 性能参数

（1）循环周期

循环周期有两种：100μs（高性能 CPU 或者 FPGA 的 VHDL 解决方案）；200μs（低性能 CPU 或者 FPGA 的软核解决方案）。

循环周期是指网络上所有的设备都通信一次，即网络上所有的设备都 Preq/Pres 一次所花费的时间。循环周期的长短取决于三个因素：节点数，每个节点传输的数据量，传输速度（波特率）。

（2）抖动

抖动是指实际循环周期中最大值与最小值的差。例如设定的循环周期是 200μs，但是实际的循环周期不可能是非常准确的 200μs，有可能是 199.999μs，也有可能是 200.0001μs。假如最大循环周期为 200.5μs，最小循环周期为 199.5μs，循环周期会在 199.5～200.5μs 抖动。抖动的大小和运行 POWERLINK 的硬件及软件平台有关，如果采用 Windows 操作系统，在没有实时扩展的情况下，抖动可能在毫秒级；如果使用 FPGA，抖动可能小于 100ns。

（3）网络容量支持 240 个节点，每个节点支持 1500Byte 的输入和 1500Byte 的输出

240 个节点意味着在一个 POWERLINK 的网络中可以连接 240 个设备或者 I/O 站，每个设备或 I/O 站每个循环周期支持 1500Byte 的输入和 1500Byte 的输出，所以网络容量为 240(1500+1500)=720000Byte。

5.4 POWERLINK 网络拓扑

5.4.1 网络拓扑概述

由于 POWERLINK 的物理层采用标准的以太网，因此以太网支持的所有拓扑结构它都支持。而且可以使用 HUB 和 Switch 等标准的网络设备，这使得用户可以非常灵活地组网，如菊花链、树形、星形、环形；其他任意组合。

因为逻辑与物理无关，所以用户在编写程序的时候无需考虑拓扑结构。网络中的每个节点都有一个节点号，POWERLINK 通过节点号来寻址节点，而不是通过节点的物理位置来寻址，因此逻辑与物理无关。

由于协议独立的拓扑配置功能，POWERLINK 的网络拓扑与机器的功能无关。因此 POWERLINK 的用户无需考虑任何网络相关的需求，只需专注满足设备制造的需求。POWERLINK 环境里的控制器不需要了解网络更底层的内容。

5.4.2 寻址方式

POWERLINK MAC 的寻址遵循 IEEE802.3，每个设备的地址都是唯一的，称为节点 ID。因此新增一个设备就意味着引入一个新地址。节点 ID 可以通过设备上的拨码开关手动设置，也可以通过软件设置，拨码 FF 默认为软件配置地址。此外还有第三个可选方法，POWERLINK 也可支持标准 IP 地址。因此，POWERLINK 设备可以通过万维网随时随地被寻址（需要通过路由或网关）。

5.5 POWERLINK 冗余

POWERLINK 冗余包括三种：双网冗余、环形冗余和多主冗余。

5.5.1 双网冗余

顾名思义，双网冗余就是系统中有两个独立的网络，当一个网络出现故障时，另一个网络依然可以工作。双网冗余是一种物理介质的冗余，又称“线缆冗余”，对于每个节点，都有两个网络接口或多个网络接口。

（1）双网冗余的机制

如图 5-20 所示，节点 1 和节点 2 既可以是主站节点也可以从站节点。节点 1 发出的数据帧在经过选择器的时候，一个数据帧被复制成两个数据帧，同时在两个网络中传输。在接收方节点 2 的选择器处，会同时有两个数据帧到来，选择器选择其中一个，发给节点 2。同理，当节点 2 发送数据时，在经过节点 2 的选择器时，也被复制成两个数据帧，同时在两个

网络中传输。在接收方节点 1 的选择器处，会同时有两个数据帧到来，选择器选择其中一个，发给节点 1。

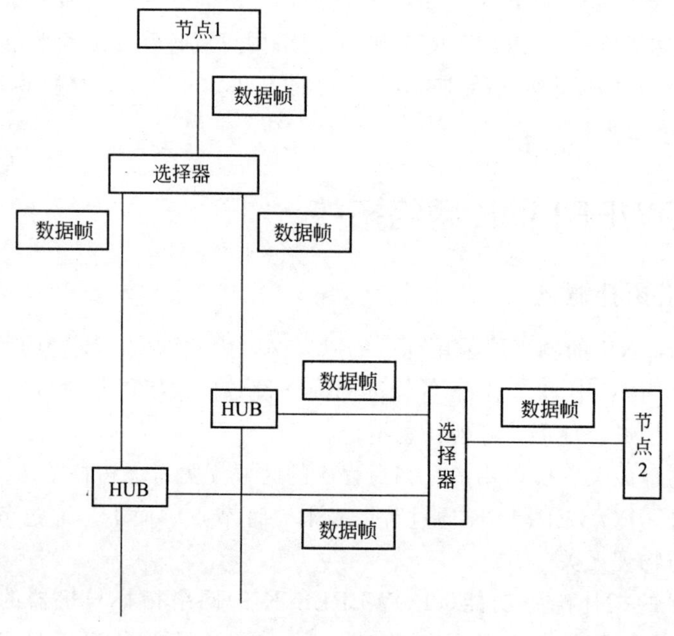

图 5-20　线缆模型

这样，两个网络同时工作，当一个网络出现故障时，网络节点可以从另外一个网络收发数据。这种机制的好处是无需网络切换，所以当一个网络出现故障时，不会影响另外一个网络的运行，整个系统的通信没有延迟，不会丢失数据帧。

（2）线路状态

当某个网段出现线路故障时，需要将此信息通知应用程序，以帮助用户修复网络。选择器检查网络状态的方法如下。

① 选择器检查每个网络数据接收情况，假设某个选择器有两个网口，一个称为 A 网，另一个称为 B 网。如果 B 网已经接收到数据，而 A 网从 B 网接收到数据时开始，在一段时间 T 内没有收到任何数据（或者在一定时间内 B 网已经收到了多于 2 次数据帧，而 A 网在这段时间内没有收到数据），就说明 A 网出现了故障。也可以简单地检查节点的网口状态，即网口的 Link 状态和 Active 状态的信号。

② 当选择器检测到某个网络出现故障时，将该信息上报给与其相连的 POWERLINK 节点，该 POWERLINK 节点的协议栈需要将这个信息上报给网络中的其他节点。对于从站节点，需要将该信息包含在 Poll Response、Status Response、Ident Response 这三种上报的数据帧里；对于主站节点，需要将该信息包含在 Poll Request 数据帧里发给相应的从站。

③ 网络信息在 Poll Response、Status Response、Ident Response、Poll Request 数据帧中的 FLS、SLS。FLS 是英文 First Link Status 的缩写，SLS 是英文 Second Link Status 的缩写，其在数据帧中的位置如图 5-21 所示。

POWERLINK 数据帧的第 5 个字节的 7、6 比特位分别表示第一个线缆的状态（FLS）和第二个线缆的状态（SLS）。

Octet Offset	Bit Offset							
	7	6	5	4	3	2	1	0
0	Res	Massage Type						
1	Destination							
2	Source							
3	xxx							
4	xx	xx	xx	xx	xx	xx	xx	xx
5	FLS	SLS	PR			RS		
6～n	xxx							

图 5-21 线缆状态字段在数据帧中的位置

Bit7＝First Link Status（FLS）（0＝Link OK，1＝Link not OK）

Bit6＝Second Link Status（SLS）（0＝Link OK，1＝Link not OK）

注意：POWERLINK 数据帧的第 5 个字节是以太网数据帧的第 19 个字节。

（3）选择器的设计

双网冗余的核心是选择器，它的功能如下。

① 发送数据时，复制数据帧并在两个网络中同时发送。

② 接收数据时，如果两个网络都正常工作，那么接收节点将从两个网络收到两包相同的数据，选择器需要从两个网络中选择一个数据帧发给节点的应用。选择的机制很多，最简单的选择机制是选择最先到达的数据帧。数据帧到达某个 POWERLINK 节点的时序如图 5-22 所示。

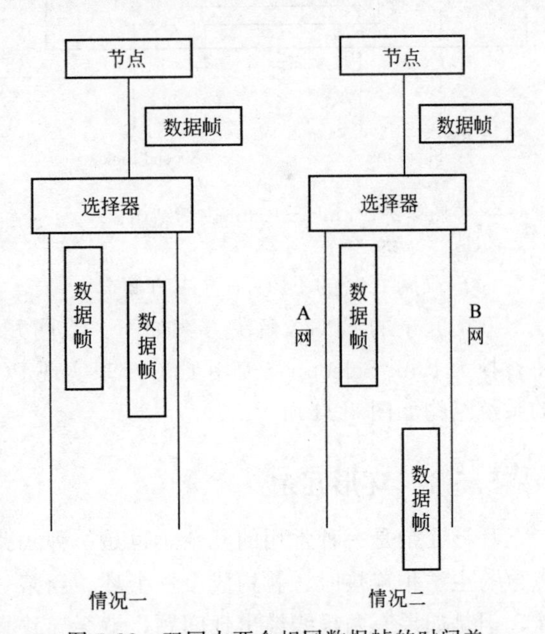

图 5-22 双网中两个相同数据帧的时间差

情况一：从两个网络上传来的数据帧在时间上交叠在一起，对于选择器来说，很容易确定这两个数据帧是同样的数据帧，因此可选择最早到来的数据帧并丢掉另一个。对于这种网络，要求两个网络对同一个数据帧的延迟时间不能大于一个最小以太网帧传输的延迟（对于 100Mbps 网络来说，这个时间是 5.2μs）。如果大于这个时间，就有可能成为“情况二”。

情况二：选择器首先需要确定这两个帧数据是否为相同的数据帧。因为有可能 A 网过来的数据帧是上一次的旧数据，而 B 网过来的数据帧是后一次的新数据，此时 B 网过来数据帧需要传给 POWERLINK 节点。也有可能这两个数据帧是同一数据帧，此时 B 网过来数据帧不需要传给 POWERLINK 节点。对于这种情况如何区分？需要在选择器中缓存先到达的数据帧，将后到达的数据帧和前面缓存的先到达的数据帧进行比较，如果相同，就丢掉后到达的数据帧，否则就需要将后到达的数据帧传给 POWERLINK 节点，同时缓存此数据帧，因为该帧数据为一帧新的数据。

③ 在数据帧中填写线路状态信息。

通过一个选择器（Selector）与两个不同的网络相连。双网冗余支持任意的拓扑结构，如树形、星形等。在连接的时候，两个网络最好选择同样的 HUB、同样长度的线缆，以保证两个网络的数据包到达某一节点的时间差不超过 5.2μs。

在双网冗余中，每个节点需要一个 Selector，该 Selector 可以集成在节点内部，也可以作为一个单独的设备外接在节点外面。每个节点把自己要发送的数据同时发送到两个网络上，这样，接收节点在两个网络上都能收到该数据包。Selector 的作用就是从这两个数据包中选择一个作为接收的数据，如图 5-23 所示。

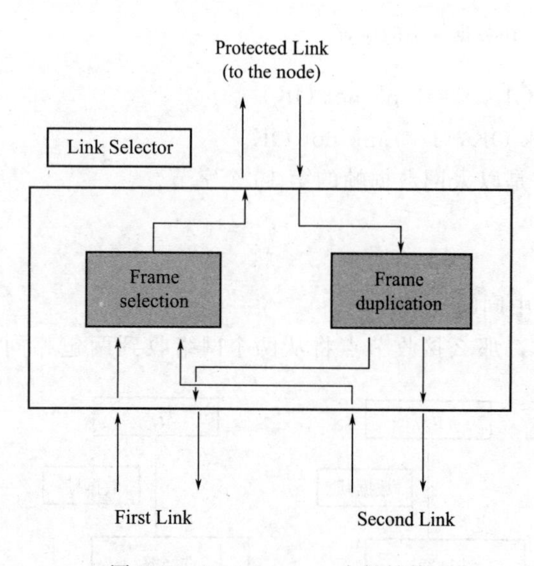

图 5-23 Link Selector 内部结构

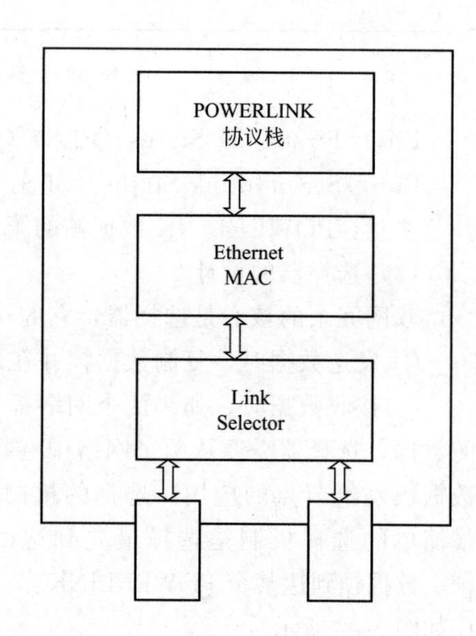

图 5-24 双网冗余的 FPGA 方案

（4）双网冗余的 FPGA 解决方案

双网冗余的 FPGA 解决方案如下：双网冗余是在单网的 FPGA 方案上将 openHUB 模块替换为 Link Selector。使用 FPGA 来实现 POWERLINK 和双网冗余（cable redundancy）的系统结构如图 5-24 所示。

5.5.2 环形冗余

环形冗余是一种常用的冗余，也是一种线路的冗余，当菊花链的拓扑结构的最后一个节点再与主站相连接时，就构成了一个环。当某一根线缆出问题时，这个系统依然可以继续工作，但是如果有两根线缆出现问题，就会导致某个或某些节点从网络中分离。

（1）非环形冗余的拓扑

非环形冗余的拓扑结构如图 5-25 所示。对于这种拓扑结构，如果某个节点或某段线路出现故障，就会导致部分节点从网络上脱离。例如，当 3 号节点出现故障，或者与 3 号节点相连的线缆发生脱落时，就会导致 4 号和 5 号节点从网络中脱离，从而失去连接。

为此引入了环网拓扑，将最后一个节点和第一个节点用线缆相连，这样整个网络上的节点就构成了一个环，因此称为环形冗余，如图 5-26 所示。对于这种拓扑，当 3 号节点出现故障，或者和 3 号节点相连的线缆发生脱落时，4 号和 5 号节点依然和网络相连。因此环形冗余允许一个节点或者一处网段出现故障。

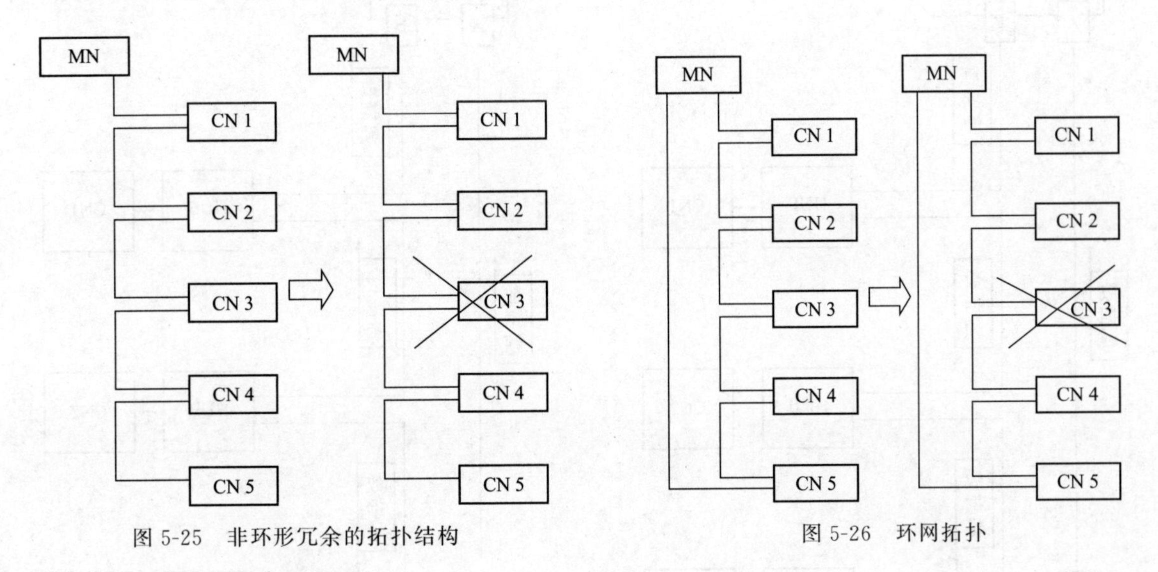

图 5-25 非环形冗余的拓扑结构

图 5-26 环网拓扑

(2) 环形冗余的机制

网络闭合时的通信机制如下。

网络的“环”是闭合的，也就是中间没有断开的点，整个网络形成一个完整的环。

对于环形冗余，有一个节点的模块比较特殊，可以称为“冗余模块”。通常将该模块放置在 POWERLINK 主站节点处，其他节点都是用普通的 HUB 连接。

当主站有数据需要发送时，它从冗余模块的两个网口中选择一个，假定选择 B 口将数据发送出去，如果当前网络的“环”是闭合的，也就是中间没有断开的点，这个数据帧从 B 口发出，经过网络上所有的节点，最后到达冗余模块 A 口。至此，该数据帧已经遍历了网络的所有节点，它的作用已经完成。冗余模块从 A 口接收到该数据帧之后，需要处理这个数据帧，无需再放到网络中传输，否则会形成网络风暴，即在网络上积累的数据帧越来越多，导致系统最终无法运行。如图 5-27 所示。

如图 5-28 所示，当某个从站节点发送数据时，例如 2 号从节点，如果当前网络的“环”是闭合的，也就是中间没有断开的点，该节点发送的数据会从 HUB 的两个网口同时发送出去。由于网络没有断点，所以该数据帧在遍历网络所有节点以后，也会到达冗余模块的 A 口和 B 口，此时它的作用已经完成，冗余模块也需要处理这个数据帧，无需再放到网络中传输。

综上，若网络的“环”是闭合的，则冗余模块只从一个网口收/发数据帧，而另一个网口在收到数据后处理该数据帧并结束其传输过程。

网络开环时的通信机制如下。

网络开环，也就是网络中有一个断点，使得网络的“环”断开，成为菊花链结构。假如 2 号节点和 3 号节点之间的网络脱落，此时冗余模块的作用和 HUB 的功能相同，因为只有这样，才能使网络中的每一个数据帧都遍历整个网络。因此对于环形冗余，在网络“闭环”时，冗余模块的一个网口用来收/发数据，而另一个口用来“吸收”数据；在网络“开环”

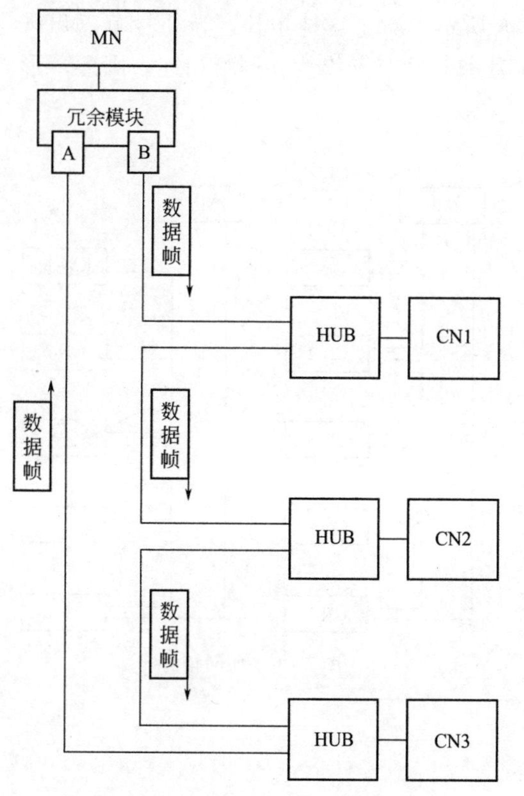

图 5-27　环网冗余主站发送数据

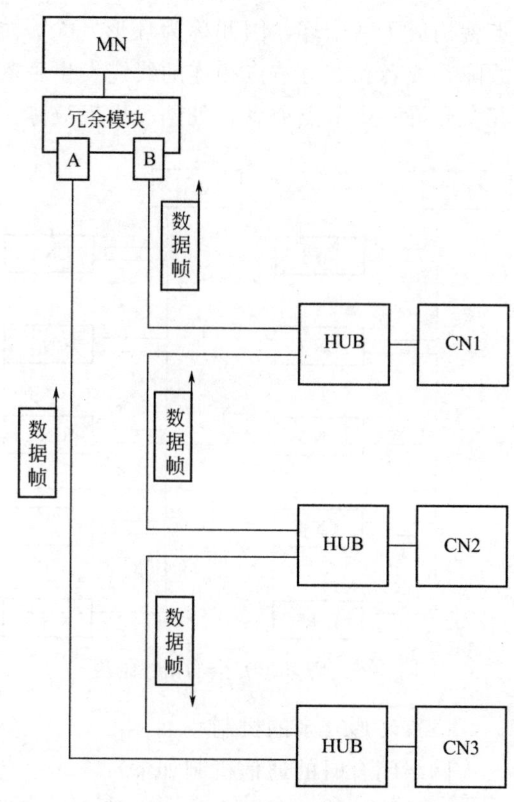

图 5-28　环网冗余从站发送数据

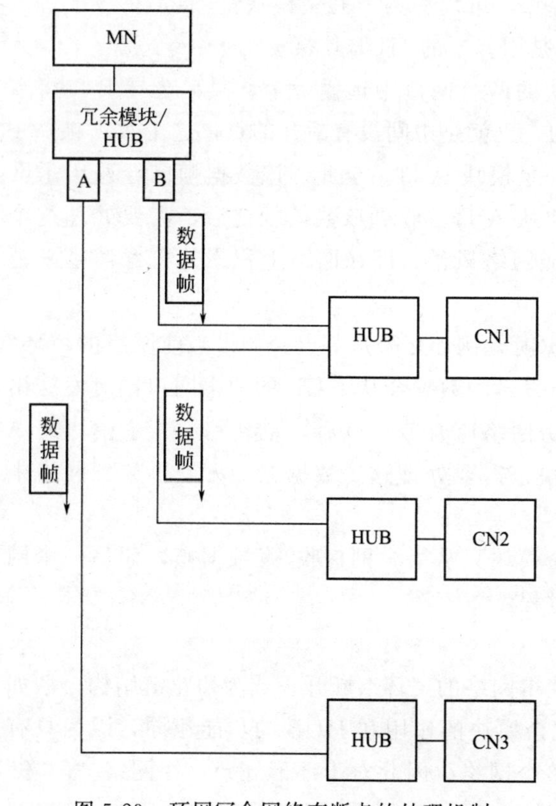

图 5-29　环网冗余网络有断点的处理机制

时，冗余模块就变成了一个 HUB，如图 5-29 所示。

(3) 网络状态检测

由于冗余模块的功能在不同的网络状态（开环和闭环）下是不同的，因此冗余模块需要实时监控网络的状态，根据网络的状态来切换功能。

网络闭环状态的检测如下：当网络的状态为闭环时，主站从冗余模块网口 B 发出的数据能到达冗余模块的网口 A，因此检测网络状态是否为闭环最简单的方法就是监控冗余模块的网口 A 是否收到了来自主站的数据帧，即数据帧中的源 Node ID 的值大于 239，这些数据帧包括 SoA、SoC、PollPreq、PollPresMN、ASnd 等，通常采用 SoA 数据帧。

网络开环状态的检测如下。

当网络的状态为开环时，主站从冗余模块网口 B 发出的数据不能到达冗余模块的网口 A，因此检测网络状态是否为开环最简单的方法就是监控冗余模块的网口 A，如果冗余模块的网口 A 在一段时间 T 内没有收到来自主站的数据，就说明网络状态为开环。这里最关键的是时间参数 T 的选择，如果 T 选得比较小，就会出现错误的判断，如果 T 选择得比较大，就会导致丢失太多的数据帧。时间参数 T 的选取主要取决于网络的传输延迟，即数据帧从冗余模块网口 B 发出到达冗余模块网口 A 所经历的时间 T _ delay。主站从冗余模块网口 B 发出一个数据帧，如果网络是闭合的，那么冗余模块网口 A 应该在时间 T _ delay 后收到该数据，如果没有收到，就说明网络是开环的。时间 T _ delay 可以通过在冗余模块中实际测量得到。

一种比较简单的算法如下：冗余模块网口 B 已经连续发送了 2 次 SoA，但是冗余模块网口 A 还没收到来自主站的数据，这说明网络状态是开环的。因为冗余模块网口 B 连续发送 2 次 SoA 的时间间隔为一个 POWERLINK 循环周期，数据帧在网络中的传输时间 T _ delay 一定小于 POWERLINK 循环周期，否则，意味着主站发送数据至最后一个节点的时间大于一个 POWERLINK 循环周期，这是不可能的。

（4）冗余模块状态检测

如前所述，冗余模块的功能和当前的网络状态有关，当网络状态为闭环时，冗余模块的网口 A 需要吸收接收到的数据帧，同时不断检测当前的网络状态，当发现网络状态变为开环时，就切换到开环状态。当网络状态为开环时，冗余模块成为一个 HUB，冗余模块的网口 A 就成了 HUB 的一个接口，同时不断检测当前的网络状态。当发现网络状态变为闭环时，就切换到闭环状态。图 5-30 所示为环网冗余状态检测模块的工作状态图。

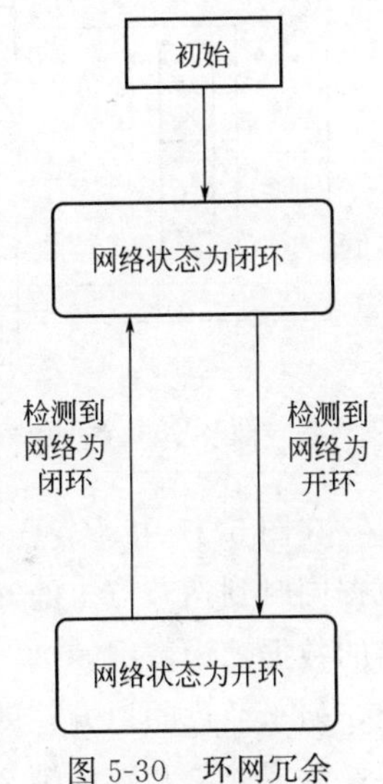

图 5-30　环网冗余状态检测机制

注意：当网络状态从闭环变为开环时，由于检测算法的原因，会导致丢失一个循环周期内的部分数据；当网络状态从开环变为闭环时，由于检测算法的原因，会导致一个循环周期内的部分数据在网络中一直传递，直到冗余模块的工作状态切换到闭环状态，冗余模块的网口 A 将其吸收为止。

（5）链路状态检测

当网络的某个点出现故障时，网络中的节点需要将此信息传递到应用层，方便用户检查并修理故障点。HUB 和冗余模块的每个端口都需要检测对数据帧的接收情况。某个端口如果在一段较长的时间内没有收到数据，说明与该端口连接的网段可能出现了故障，HUB 或冗余模块需要将该端口的状态信息上报到 POWERLINK 协议栈。POWERLINK 协议栈中可以定义一个 object 来保存该信息。其他节点可通过 PDO 或者 SDO 的方式得到该信息，并上报给应用程序。

（6）环形冗余的无缝切换

网络从闭环状态转变为开环状态时，环形冗余会丢失一个循环周期的部分数据；网络从开环状态转变为闭环状态时，会导致一个循环周期的部分数据在网络上传输多次，造成网络风暴。也就是说前面的设计方案在网络状态切换时会造成一个循环周期内的部分数据丢失或多次传输。大部分应用场合可以接受这样的扰动，而有些应用场合则要求无缝切换，也就是网络状态切换时网络通信不受影响。

为了达到无缝切换的效果，需要对 POWERLINK 稍加改动就可以实现。

环形冗余网络无缝切换的结构如图 5-31 所示。

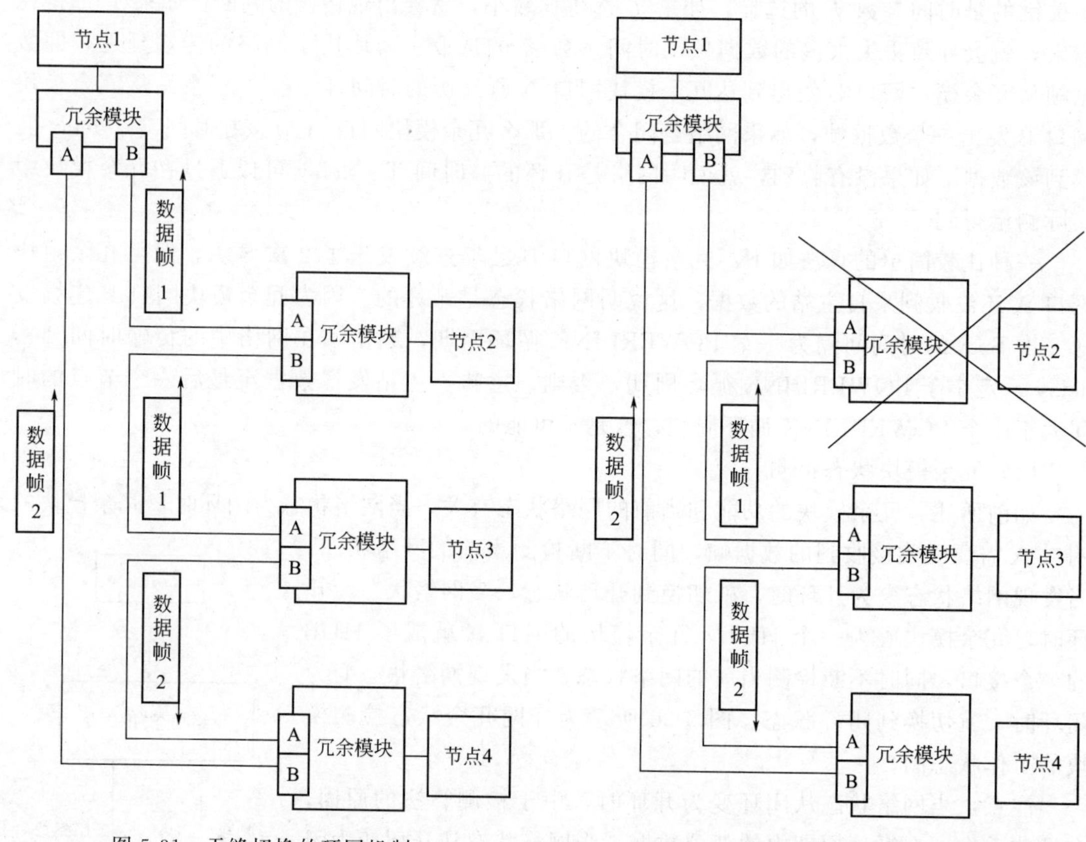

图 5-31　无缝切换的环网机制

图 5-32　无缝切换的环网中出现断点

在图 5-31 中，节点 3 将要发送的数据帧从冗余模块的两个端口同时发出，假如这两帧数据同时到达节点 1 的冗余模块，这里约定从端口 A 发出的数据帧为数据帧 1，从端口 B 发出的数据帧为数据帧 2。这两帧数据就像两列列车，分别沿着顺时针方向和逆时针方向行驶，列车经过的地方，就是数据到达的地方。两列列车相向而行，必然会在某一个点相遇，假设数据帧 1 和数据帧 2 在节点 1 处相遇，这时冗余模块从两个数据帧中选择一个上报给与该冗余模块相连的节点，同时终止数据帧 1 和数据帧 2 在网络上的传输。由于 POWERLINK 工作在以太网的半双工模式下，所以一个端口在接收数据的同时不能发送数据，这必然会导致数据帧 1 和数据帧 2 在相遇节点处的冲突。

当网络出现某个断点时，例如节点 2 从网络上断开，数据帧 1 和数据帧 2 依然可以遍历网络上的所有节点，只是这两帧数据不会发生碰撞。图 5-32 所示为网络出现断点时的数据传输路径。

对于同时收到的两个相同数据帧，选择一个上报给与该冗余模块相连的节点，同时终止这两个数据帧在网络上传输。比较简单的做法是，当在某个冗余模块中检测到冲突时，就选择一个上报给与该冗余模块相连的节点，同时终止这两个数据帧在网络上的传输。因为 POWERLINK 的数据帧具有严格的时序，所以如果不出故障，就不会出现其他情况的冲突。

(7) 环网冗余的 FPGA 解决方案

环网冗余是在单网的 FPGA 方案上，将 openHUB 模块替换为 Switch HUB，如图 5-33 所示。Switch HUB 的功能如上所述，就是根据网络的状态进行切换的。

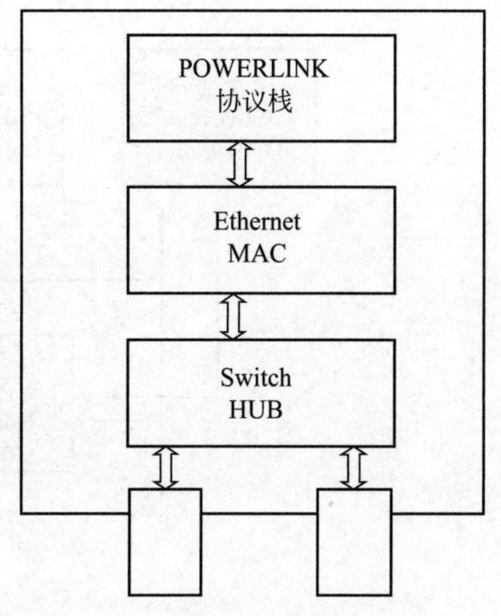

图 5-33 环网冗余的 FPGA 方案

5.5.3 多主冗余

由于一个 POWERLINK 网络中有且只有一个 MN，当正在工作的主站出现故障时，网络就会瘫痪，因此对于要求较高的场合，就需要多主冗余。在一个系统中，存在多个主站，其中一个处于活动状态，其他的主站处于备用状态。当正在工作的主站出现故障时，备用主站就接替其工作，继续维持网络的稳定运行，如图 5-34 所示。

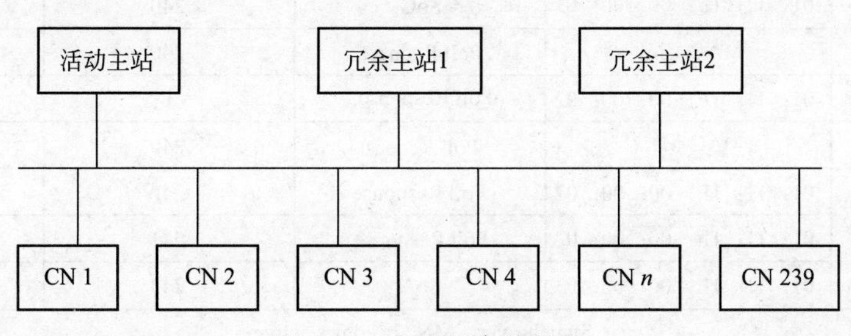

图 5-34 多主冗余的拓扑

(1) 节点号 Node ID 的分配

POWERLINK 的从站节点号是 1～239；而标准的主站节点号为 240。对于主站冗余系统，由于有多个主站，这些主站的节点号为 241～250。

在多主冗余中，无论是活动主站还是备用主站，它们的节点号是 241～250。对于活动的主站，在向外发送 SoC、SoA、Poll Request、ASnd 数据帧时，将其源 Node ID 的值设置为 240；在向外发送 Poll Response 数据帧时，数据帧中源 Node ID 的值设为活动主站自身的 Node ID。对于备用主站，则使用其自身的节点号来收发数据。当节点号为 241 的主站处于活动状态时，它使用 241 和 240 作为自己的节点号来收发数据。当节点号为 241 的主站出现故障，节点号为 242 的主站接替其工作时，节点号为 242 的主站使用 241 和 240 作为自己的节点号来收发数据，如图 5-35 所示。

当活动主站从 MN1 切换到 MN2 时，MN1 和 MN2 发送的数据帧的目标 MAC 地址和 POWERLINK 源地址、目标地址值的变化如图 5-36 所示。图中描述了冗余的活动主站（MN1）和冗余的备用主站（MN2），以及从站（CN1）在通信过程中的“源 MAC”地址和“目标 MAC”地址分配。

其中，Message Type 表示数据帧的类型，MAC Source 表示数据帧的源 MAC 地址，MAC Destination 表示数据帧的目的 MAC 地址，POWERLINK src 表示数据帧的源 Node ID，POWERLINK dest 表示数据帧的目标 Node ID。

(2) 配置管理

主站的对象字典中保存了对网络上所有从节点和冗余主站的配置信息。当网络启动后，

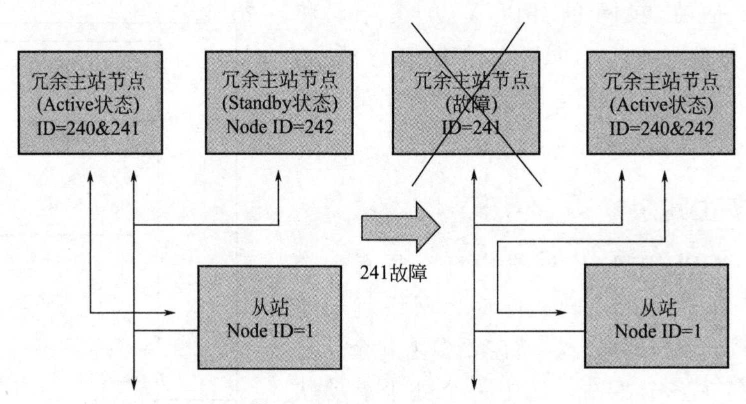

图 5-35　多主冗余的主站切换示意图

MAC Source	MAC Destination	Message Type	POWERLINK src	POWERLINK dest
MAC-MN1	01：11：1E：00：00：01	SoC	240	255
MAC-MN1	MAC-CN1	Poll Request	240	1
MAC-CN1	01：11：1E：00：00：02	Poll Response	1	255
MAC-MN1	MAC-MN2	Poll Request	240	242
MAC-MN2	01：11：1E：00：00：02	Poll Response	242	255
MAC-MN1	01：11：1E：00：00：02	Poll Response	241	255
MAC-MN1	01：11：1E：00：00：03	SoA	240	255
Switch-over，MN2 becomes active				
MAC-MN2	01：11：1E：00：00：01	SoC	240	255
MAC-MN2	MAC-CN1	Poll Request	240	1
MAC-CN1	01：11：1E：00：00：02	Poll Response	1	255
MAC-MN2	MAC-MN1	Poll Request	240	241
MAC-MN1	01：11：1E：00：00：02	Poll Response	241	255
MAC-MN2	01：11：1E：00：00：02	Poll Response	242	255
MAC-MN2	01：11：1E：00：00：03	SoA	240	255

图 5-36　多主冗余主站发送数据帧的 MAC 地址分配

主站首先检查是否需要配置网络上的其他节点，如果需要，就根据保存在主站内的配置信息通过 SDO 的方式发送给相应的节点。当某个节点重新回到网络中时，主站也会检查是否需要重新配置该节点。因此活动主站从 MN1 切换到 MN2 时，MN2 的对象字典里也需要保存与 MN1 相同节点配置信息，配置示意图如图 5-37 所示。

（3）接管仲裁

由于在一个系统中有多个备用主站，所以当活动主站出现故障时，需要有一种机制从多个备用主站中选择一个接替活动主站的工作。这里采用竞争机制，每个备用主站有唯一的优先级。这个优先级有以下两种确定方式。

① 在备用主站中确定一个 object，用来保存优先级参数，object 的索引为 0x1F89，子索引为 0x0A。在组建 POWERLINK 网络时，事先配置好每个备用主站的优先级。优先级是一个数值，取值范围为 1、2、……数值越小，优先级越高。

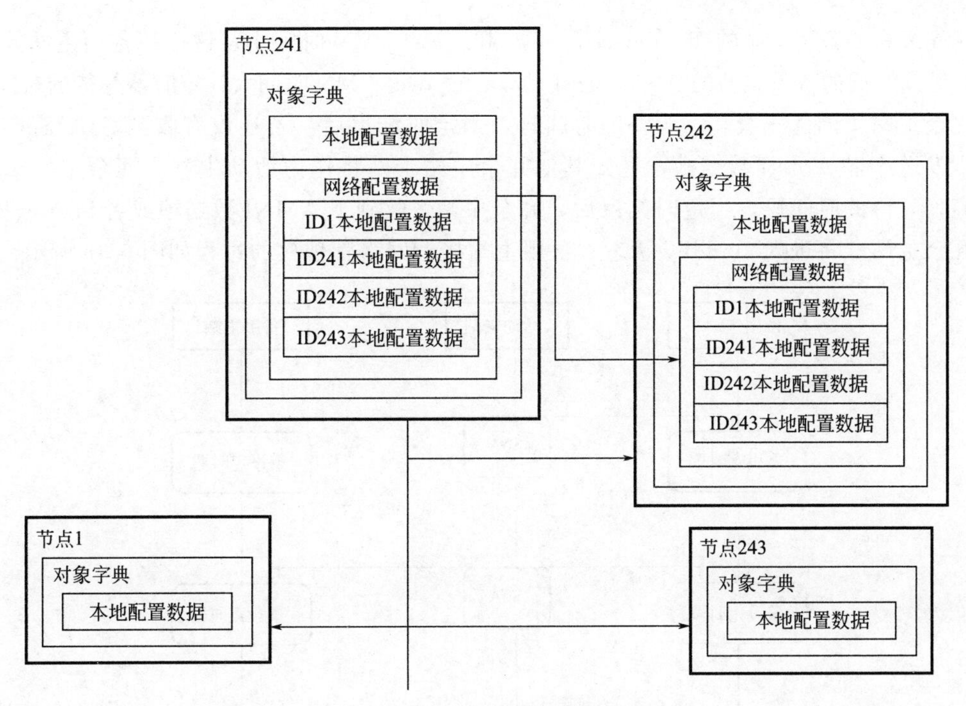

图 5-37 多主冗余网络配置信息

② 由节点号来确定优先级。由于每个备用节点有唯一的节点号，所以可以将节点号的数值看作是优先级的值。

系统启动时，多个冗余主站同时启动，此时哪个冗余主站应该率先接管网络成为活动主站？这由前面所说的优先级决定。所有冗余主站根据优先级的不同，分别等待不同的时间。如果在等待的时间内收到了 SoA 数据帧，说明已经有其他的主站开始工作，该冗余主站进入 standby 状态；如果在等待的时间内没有收到 SoA 数据帧，该冗余主站进入活动主站状态，进入 Reduced Cycle。POWERLINK 主站在启动的时候首先进入 Reduced Cycle，在这个状态下，主站只是产生 SoA 和 ASnd 来配置网络。如果活动主站这时正工作在该状态下，由于某种故障停机，备用主站需要有能力检测，并根据优先级的机制选出一个备用主站接替活动主站的工作。因此当活动主站工作在 Reduced Cycle 状态时，备用主站需要周期性地检测 SoA，如果很长时间没有收到 SoA，就认为活动主站出现故障。具体的方法是在备用主站中设置一个定时器，定时器的定时时间为 T _ reduced _ switch _ over _ MN，如果在该时间间隔内没有收到 SoA，就认为网络中没有活动主站产生 SoA。备用主站每次收到 SoA 数据帧时，就重新设置自己的定时器；如果定时器的定时时间到，但是还没收到 SoA 数据帧，就启动接管程序。启动接管程序时，首先发送一个广播消息 Active Managing Node Indication（AMNI），通知网络上其他的备用主站：本主站将要成为活动主站。其他的备用主站在收到该消息时，需要重新设置自己的定时器。启动过程如图 5-38 所示。

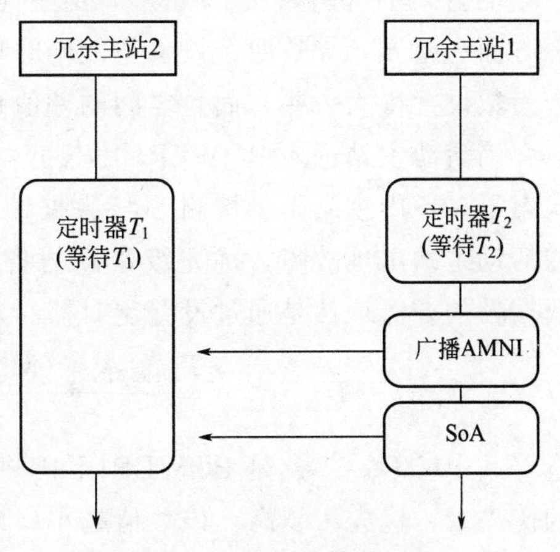

图 5-38 多主冗余的启动过程

优先级高的备用主站的 T _ reduced _ switch _ over _ MN 时间小，这样的备用主站等待时间短；优先级低的备用主站的 T _ reduced _ switch _ over _ MN 时间大，定时器等待的时间长。

冗余主站 1 的优先级高，等待的时间短，当定时结束后，若还没有收到 SoA/SoC 数据帧，则发送广播 AMNI 数据帧，通知其他冗余主站本站将作为活动主站。冗余主站 2 的优先级高，等待的时间短，当定时结束后，冗余主站 2 收到了 AMNI 数据帧或者 SoA 数据帧，这时冗余主站 2 将进入 standby 状态。备用主站接管网络管理权的过程如图 5-39 所示。

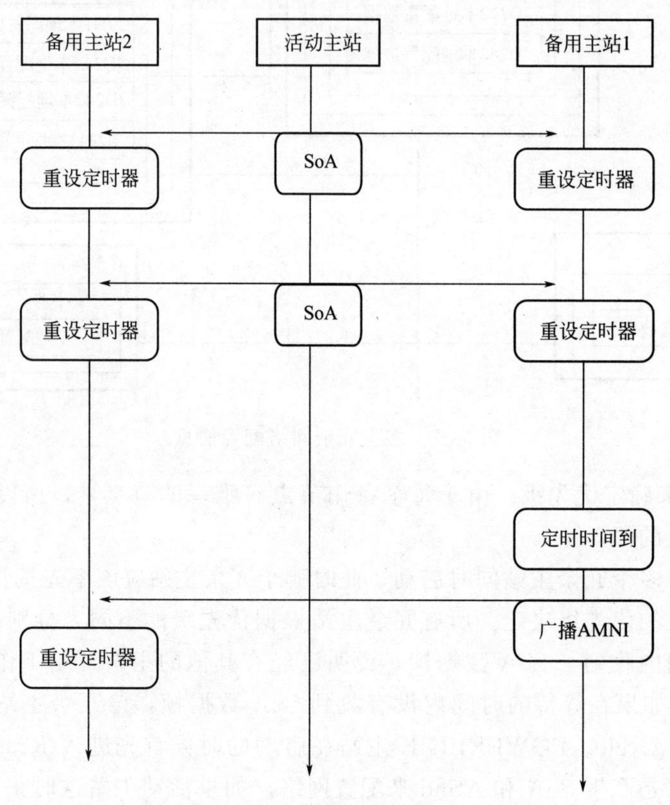

图 5-39　多主冗余的监控机制

注意，在启动时，这里的 T_1、T_2 要设置得足够长，以便有明显的优先级。如果 $|T_1-T_2|$ 的值太小（例如几个微秒），由于冗余主站 1 和冗余主站 2 在启动顺序、初始化的速度等方面为差异，导致两个设备不能同时启动定时器，从而使优先级失效。因此，最好把这两个参数设置得大一些，而且之间的差值也要足够大。

当活动主站进入 POWERLINK 正常的循环周期后，会周期性地产生 SoC 数据帧。在该状态下，备用主站需要检测 SoC 数据帧，如果很长时间没有收到 SoC 数据帧，就说明当前的活动主站出现故障，优先级最高的备用主站将接替活动主站的工作。备用主站检测 SoC 数据帧的方法依然是通过设置定时器。定时器的值如下：

$$T_{\text{switch\_over\_MN}}=T_{\text{cycle\_MN}}+\frac{T_{\text{cycle\_MN}}\times(\text{MNSwitchOverPriority\_U32}+\text{MNSwitchOverDelay\_U32})}{\text{MNSwitchOverCycleDivider\_U32}}$$

其中，$T_{\text{cycle\_MN}}$ 是 POWERLINK 循环周期长度；MNSwitchOverPriority _ U32 是节点的优先级，优先级越高，该数值越小；MNSwitchOverDelay _ U32 是一个可选的延时参数，该参数不是必需的；MNSwitchOverCycleDivider _ U32 是一个除数因子，它将循环周期等

分，以得到较小的时间片。

在主站进入 operational 工作模式时，之所以采用监控 SoC 数据帧而不是 SoA 数据帧，原因是 SoC 数据帧的抖动更小、更准确。

对于备用主站，每次收到 SoC 数据帧时，定时器清零重新启动。当某个备用主站的定时器定时时间到，说明该备用主站超过一个循环周期没有收到 SoC 数据帧，意味着活动主站可能已经出现故障（但是也不排除如下两种可能：SoC 抖动过大和 SoC 数据帧丢失）。由于每个备用主站的优先级不同，所以每个备用主站的定时器设置的时间也不同。当某个备用主站的定时时间到时，它就发送一个 AMNI 消息通知网络上的其他备用主站本备用主站将要接替活动主站的工作。其他备用主站收到 AMNI 消息后，需要将自身的定时器清零重新设置。下面举例说明。

假设在系统里有 3 个冗余主站 RMN（POWERLINK Node-ID 为 241、242、243），241 是活动主站。假设它现在出现了故障，仲裁机制启动。

RMN241 MNSwitchOverPriority _ U32＝1 MNSwitchOverCycleDivider _ U32＝3 RMN242 MNSwitchOverPriority _ U32＝2 MNSwitchOverCycleDivider _ U32＝3 RMN243 MNSwitchOverPriority _ U32＝3 MNSwitchOverCycleDivider _ U32＝3

下面是各个备用主站的定时器的定时时间：

$$T_{\text{switch\_over\_MN241}} = T_{\text{cycle\_MN}} + \frac{T_{\text{cycle\_MN}} \times (1+0)}{3} = T_{\text{cycle\_MN}} + \frac{T_{\text{cycle\_MN}} \times 1}{3}$$

$$T_{\text{switch\_over\_MN242}} = T_{\text{cycle\_MN}} + \frac{T_{\text{cycle\_MN}} \times (2+0)}{3} = T_{\text{cycle\_MN}} + \frac{T_{\text{cycle\_MN}} \times 2}{3}$$

$$T_{\text{switch\_over\_MN243}} = T_{\text{cycle\_MN}} + \frac{T_{\text{cycle\_MN}} \times (3+0)}{3} = T_{\text{cycle\_MN}} + \frac{T_{\text{cycle\_MN}} \times 3}{3}$$

图 5-40 为接管时序图。当 242 号备用主站在规定的时间内没有收到 SoC 数据帧时，就发送一个 AMNI 消息，然后接管活动主站的工作。243 号备用主站收到 AMNI 消息后，将定时器清零重新设置。

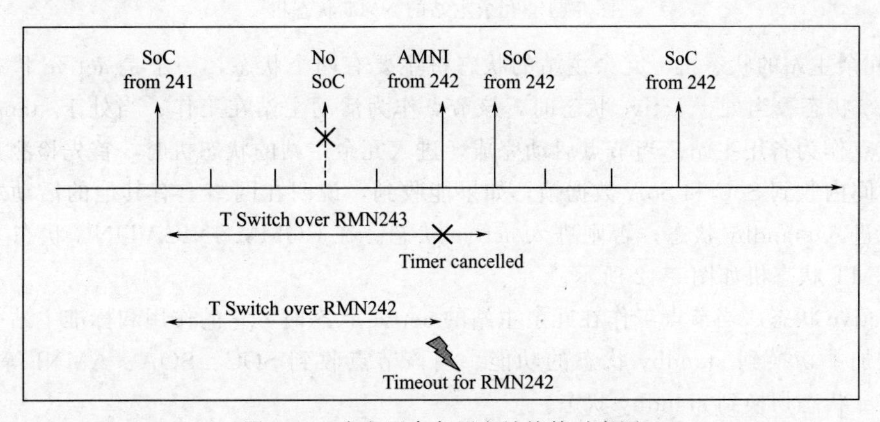

图 5-40　多主冗余备用主站接管时序图

除此之外，应用程序可以通过发送命令让本地或者远程的活动主站进入 standby 状态。

（4）状态切换

1）启动 POWERLINK 设备　在启动时，根据节点号和 NMT _ StartUp _ U32 object（index 1F80h）的设置来决定该节点接下来的行为。如果该节点的节点号为 1～239，说明该节点是从站，接下来应该进入从站的状态机。如果节点号是 240 且 NMT _ StartUp _ U32 object（index 1F80h）的第 14 位为 0，则说明该节点是标准的主站。如果 NMT _ StartUp _ U32 object（index 1F80h）的第 14 位为 1，则说明该节点是冗余主站，应进入冗余主站的状态机。支持冗余功能的主站的 NMT 状态机如图 5-41 所示。

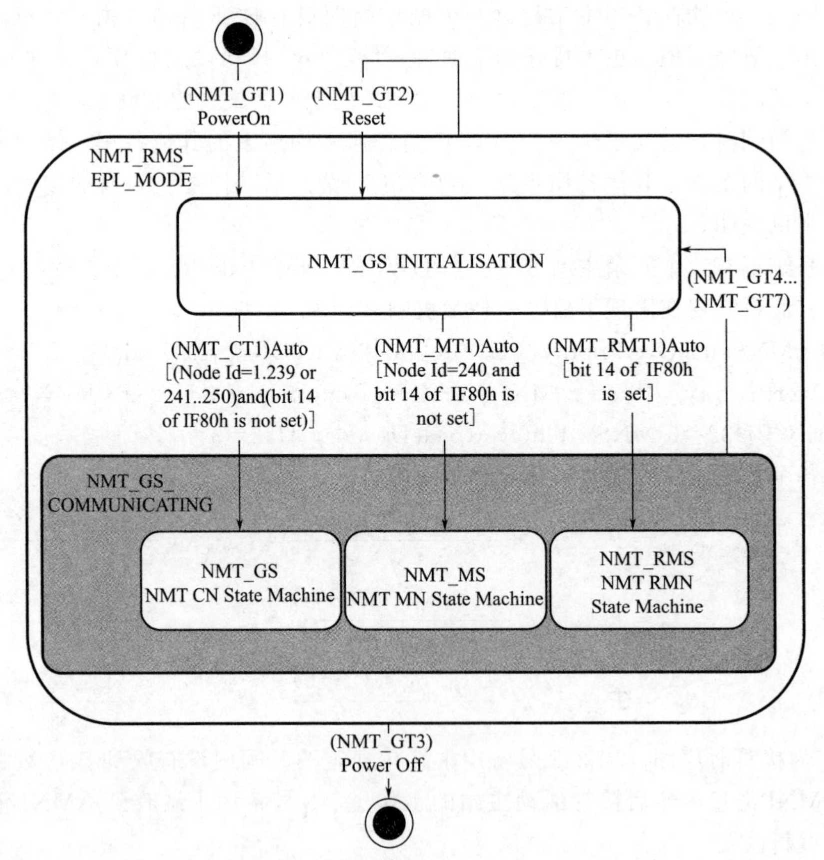

图 5-41 冗余主站的 NMT 状态机

2）冗余主站的状态机 冗余主站的状态机主要有两个状态，一个是 active 状态，一个是 standby 状态。当处于 active 状态时，该节点作为活动主站在工作；当处于 standby 状态时，该节点作为备用主站。当节点启动完成，进入冗余主站的状态机时，首先检测是否能在规定的时间内收到 SoC 和 SoA 数据帧，如果能收到，说明在网络上有其他的活动主站，该节点应该进入 standby 状态；否则进入 active 状态。在 COMMUNICATING 状态下的冗余主站的 NMT 状态机如图 5-42 所示。

① active 状态。当节点工作在冗余主站的 active 状态时，它的作用和标准主站一样，此外，还增加了切换到 standby 状态的功能。当该节点收到 SOC、SOA、AMNI 等消息时，就从 active 状态切换到 standby 状态。

② standby 状态。当节点工作在冗余主站的 standby 状态时，从活动主站的角度看，备用主站就像标准的从站那样工作，从活动主站接收 PollReq 数据帧，回复 PollRes 数据帧。

此外它还具有如下功能。

① 定时检测 SoA 和 SoC 数据帧。如果在规定的时间内没有收到 SoA 和 SoC，则需要切换状态，接管活动主站的工作。冗余主站切换时的状态机描述如图 5-43 所示。

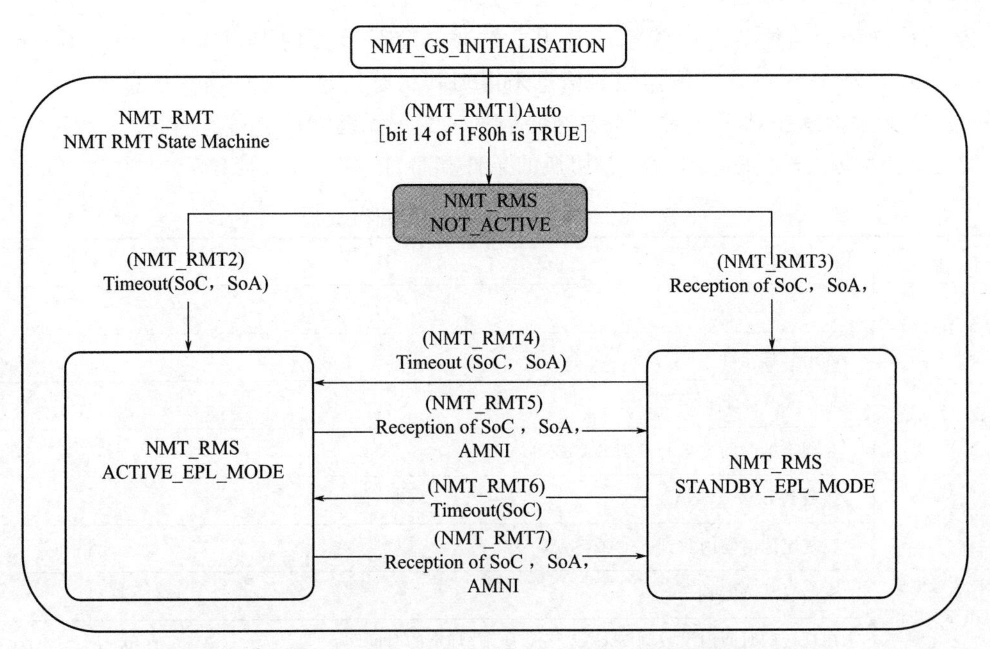

图 5-42 COMMUNICATING 状态下的冗余主站 NMT 状态机

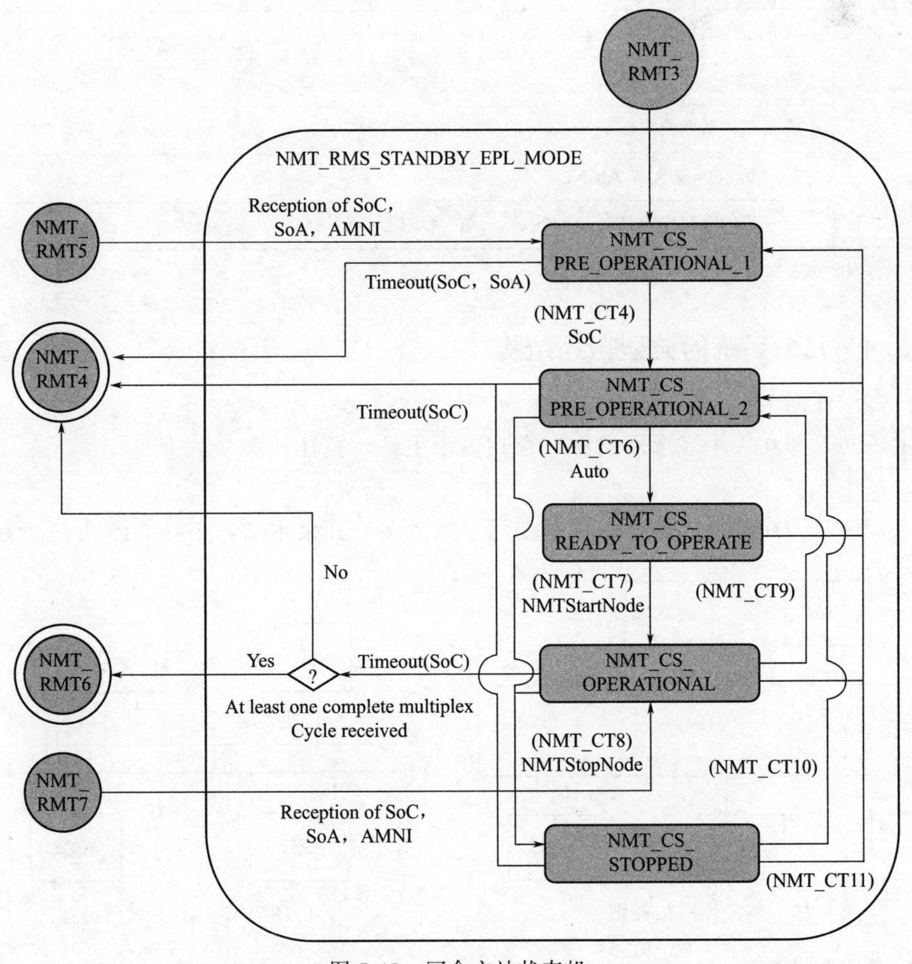

图 5-43 冗余主站状态机

② 监控网络上其他节点的状态。备用主站通过监听节点的 Poll Response、Status Response、Ident Response 这些数据帧的信息来得知其状态信息，并将这些信息更新到自己的列表中。在接管活动主站工作时，需要这些信息来实现无缝切换。

3）状态切换　表 5-8 所示为状态切换的条件和事件。

表 5-8　状态切换的条件和事件说明

事　件	条　　件
NMT_RMT1	Auto：自动跳转
	无需任何条件
NMT_RMT2	SoC 或 SoA 超时
	在规定的时间内没有收到 SoC 或 SoA
NMT_RMT3	接收到 SoC 或 SoA
	在规定的时间内收到 SoC 或 SoA
NMT_RMT4	SoC 或 SoA 超时
	在规定的时间内没收到 SoC 或 SoA，所谓“规定的时间”为 $T_{reduced\_switch\_over\_MN}$ resp. $T_{switch\_over\_MN}$
NMT_RMT5	接收到 SoC、SoA 或 AMNI
	在规定的时间内收到 SoC 或 SoA，所谓“规定的时间”为 $T_{reduced\_switch\_over\_MN}$ resp. $T_{switch\_over\_MN}$
NMT_RMT6	SoC 超时
	在规定的时间内没收到 SoC，所谓“规定的时间”为 $T_{switch\_over\_MN}$
NMT_RMT7	接收到 SoC、SoA 或 AMNI
	在规定的时间内收到 SoC 或 SoA，所谓“规定的时间”为 $T_{switch\_over\_MN}$

注：resp. 为响应、应答的缩写。

5.5.4　冗余系统的典型拓扑结构

（1）多主环网

多主环网，即在一个环形网络中，存在多个主站，拓扑如图 5-44 所示。

（2）多主双网

多主双网，即在双网的结构中，存在两个或者多个冗余主站，拓扑如图 5-45 所示。

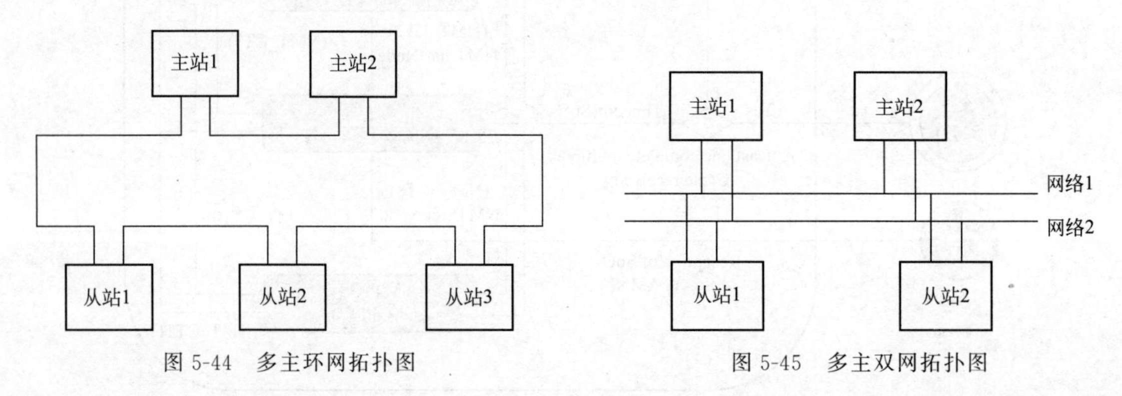

图 5-44　多主环网拓扑图

图 5-45　多主双网拓扑图

（3）多主双环网

多主双环网即将以上多主、环网、双网相结合，拓扑如图 5-46 所示。

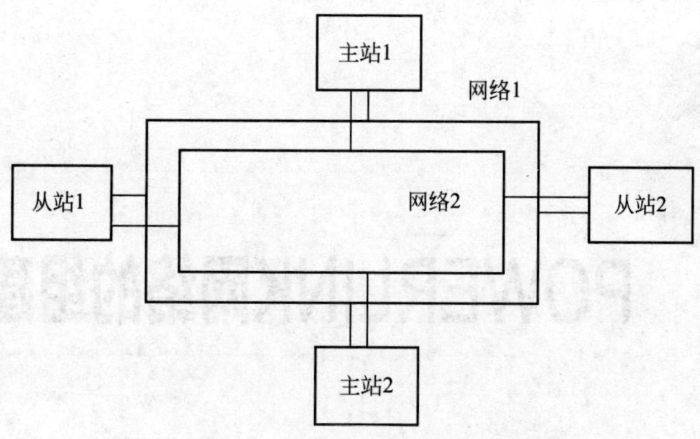

图 5-46 多主双环网拓扑图

第6章 POWERLINK网络的组建与配置

Chapter 06

6.1 POWERLINK 网络的组建

POWERLINK 是一种实时现场总线协议，使用 POWERLINK 组建一个网络时，会有很多不同种类的设备连接到一个网络中。图 6-1 所示就是一个 POWERLINK 网络的连接图。

图 6-1 POWERLINK 网络的连接图

这就涉及到一个问题：对于每一个设备它需要将自己的哪些参数发送到网络上？如何将这些参数组成一个数据包(这些要发送的参数在数据包中的位置)？某个设备应该接收来自哪个或哪几个节点的数据？因为 POWERLINK 支持交叉通信，所以每个节点可以直接从多个节点接收数据。每个节点该如何解析收到的数据包？这些需要通过配置网络参数和映射参数来解决。

在 CANopen 的协议中，每个节点都有两种参数：网络参数和映射参数。

网络参数：决定该节点需要接收来自哪个节点的数据，或者将数据发送给哪个节点。

映射参数：决定该节点如何解析收到的数据包，或者如何组成要发送的数据包。也就是确定对象字典中的对象（object）与数据包中数据段的对应关系。

每个 CANopen 节点的接收和发送，都有一组网络参数和映射参数来描述。

对于接收：

0x1400～0x14FE 为网络参数；0x1600～0x16FE 为映射参数。网络参数和映射参数成对出现，一一对应。0x1400 与 0x1600 为一对；0x1401 与 0x1601 为一对；0x14xx 与 0x16xx 为一对。

对于发送：

0x1800～0x18FE 为网络参数；0x1A00～0x1AFE 为映射参数。网络参数和映射参数成对出现，一一对应。0x1800 与 0x1A00 为一对；0x1801 与 0x1A01 为一对；0x18xx 与 0x1Axx 为一对。

网络参数和映射参数是如何协调工作的？先来讲述对于发送的配置。对于发送的配置，主站和从站有所不同。首先讲述从站的发送参数配置。

6.2 从站发送配置之网络参数配置（0x18xx）

参数 0x18xx 就是描述发送配置的网络参数，xx 的取值范围为 0x00～0xFE。该参数描述此节点需要把自己的数据帧发送给网络中的哪个节点（根据节点号区分）。

从前面讲的 POWERLINK 基本原理可知，每个从站在上报自己数据的时候，都是以广播的形式发送，也就是说从站发送自己数据的时候，发送的目标地址是 255。因此所有从节点的发送数据的网络参数都是 255。可以设置为 0，或者不设置，POWERLINK 协议栈会自动把这个参数设为 255。

一个 POWERLINK 数据帧最大为 1500 个字节，节点在发送数据时，可以把很多参数打包成一个大的数据帧。所以在 POWERLINK 网络中，一个从节点每个循环周期只需要发送一个数据帧就够了。因此对于从节点，只需要实现并使用 0x1800 就够了。

6.3 从站发送配置之映射参数配置（0x1A00）

由于网络参数和映射参数成对出现，一一对应。0x1800 与 0x1A00 为一对。因此对于从节点，当你使用 0x1800 作为网络参数时，就必须使用 0x1A00 作为映射参数。映射参数解决的是对象字典中的对象 object（即参数）与数据帧中数据段的对应关系。对于发送来说，也就是如何将要发送的 object 组成一个数据帧。

如图 6-2 所示，描述了一个数据帧和一个对象字典中需要发送的对象。现在需要将这些要发送的参数组成一个数据帧，也就是把每一个要发送的 object 与某一个数据段建立映射关系，把 object 的值放到数据帧中对应的字段。

Offset (bit)	0	16	32	40		56	*i*
帧头	字段1	字段2	字段3	字段4	……	字段*n*	帧尾
OD	参数1	参数2	参数3	参数4	……	参数*n*	

图 6-2 数据帧及字典中的发送对象

假如想建立的映射关系如图 6-3 所示。

即要发送的数据在数据帧中的位置：

对象 0x2000/02 放在数据帧偏移量为 0 的地方，长度为 16bit；

对象 0x6000/01 放在数据帧偏移量为 16 的地方，长度为 16bit；

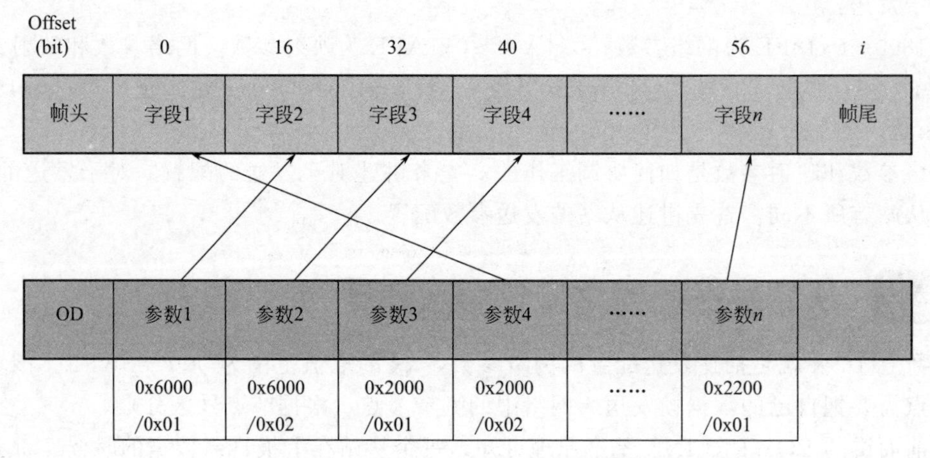

图 6-3　数据帧与对象字典中的对象映射关系

对象 0x6000/02 放在数据帧偏移量为 32 的地方，长度为 8bit；

对象 0x2000/01 放在数据帧偏移量为 40 的地方，长度为 16bit。

为此，需要将 0x1A00 的值配置如下：

0x1A00/0x01 值：0x0010000000022000

0x1A00/0x02 值：0x0010001000016000

0x1A00/0x03 值：0x0008002000026000

0x1A00/0x04 值：0x0010002800022000

0x1A00/0x01 是用来描述第一个 object 与数据帧中字段的映射关系的参数，把它的值设为 0x0010000000022000，意思是将索引为 0x2000 子索引为 0x02 的对象映射到数据帧偏移量为 0x0000（数据帧开头）的地方，长度为 16bit。

6.4 从站接收配置之网络参数配置（0x14xx）

参数 0x14xx 描述接收配置的网络参数，xx 的取值范围为 0x00～0xFE。该参数描述了此节点需要接收来自哪个节点的数据。从前面讲述的 POWERLINK 基本原理可知，POWERLINK 支持交叉通信，因此每一个节点都可以接收来自另外一个或多个节点的数据，所以一个节点可以有多个接收通道。例如 0x1400 是一个通道，接收来自主节点的数据，那么就把 0x1400/0x01 的值设为 0（默认值设为 0，表示接收来自主站的请求数据）；0x1401 是一个通道，接收来自 3 号节点的数据，那么就把 0x1400/0x01 的值设为 3，这样该节点在同一个循环周期中既接收来自主站的数据，也接收来自 3 号节点的数据。

6.5 从站接收配置之映射参数配置（0x1600）

由于网络参数和映射参数成对出现，一一对应。0x1400 与 0x1600 为一对，0x1401 与 0x1601 为一对……因此对于从节点，当使用 0x1400 作为网络参数时，那么就必须使用 0x1600 作为映射参数。映射参数解决的是对象字典中的对象 object（即参数）与数据帧中数据段的对应关系。对于接收来说，也就是如何将一个数据帧进行解析。因为某个节点发来的数据，往往是多个 object 打包在一起的，接收方需要知道自己应该接收数据帧的哪一段或者哪几段，以及数据长度多长。图 6-4 描述了一个数据帧和对象字典中的对象。现在需要将收到的数据帧中的数据段和对象字典中的 object 建立映射关系。

Offset (bit)	0	16	32	40		56	i
帧头	字段1	字段2	字段3	字段4	……	字段n	帧尾
OD	参数1	参数2	参数3	参数4	……	参数n	
	0x6000 /0x01	0x6000 /0x02	0x2000 /0x01	0x2000 /0x02	……	0x2200 /0x01	

图 6-4　数据帧和对象字典中的对象

假如想建立如下映射关系如图 6-5 所示。

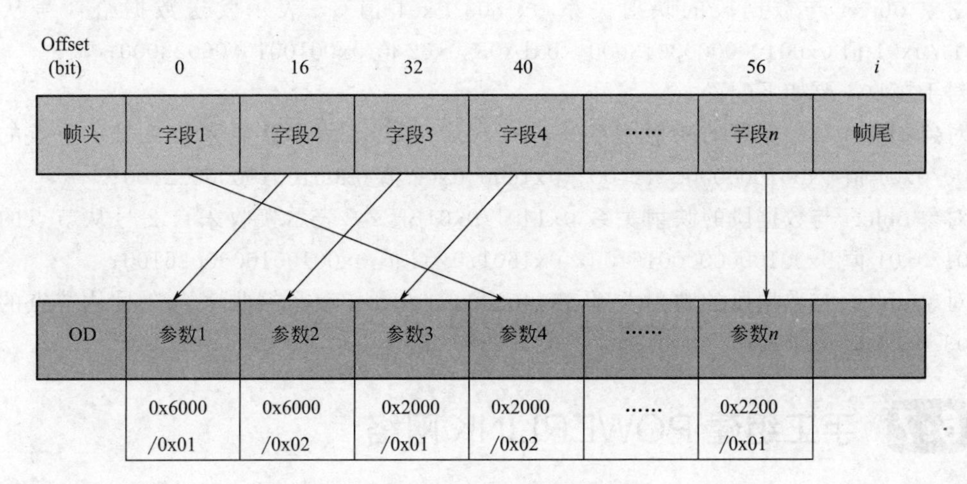

图 6-5　数据帧与对象字典中的对象映射关系

接收到的数据帧中数据段与 object 的映射关系如下：

数据帧偏移量为 0，长度为 16bit，这段数据被截取放到对象 0x2000/02；

数据帧偏移量为 16，长度为 16bit，这段数据被截取放到对象 0x6000/01；

数据帧偏移量为 32，长度为 8bit，这段数据被截取放到对象 0x6000/02；

数据帧偏移量为 40，长度为 16bit，这段数据被截取放到对象 0x2000/01。

为此，需要将 0x1600 的值配置如下：

0x1600/0x01 值：0x0010000000022000

0x1600/0x02 值：0x0010001000016000

0x1600/0x03 值：0x0008002000026000

0x1600/0x04 值：0x0010002800022000

0x1600/0x02 是用来描述第二个 object 与数据帧中字段的映射关系的参数，把它的值设为 0x0010001000016000，意思是数据帧中偏移量为 0x0010（第 16bit 开始），长度为 0x0010（16bit）的这段数据映射到索引为 0x6000 子索引为 0x01 的对象。

6.6 主站发送参数的配置过程

主站和从站的区别：每个循环周期，从站只需要发送一个 TPDO 的数据帧。而主站如果基于请求/应答模式，一个循环周期需要向网络中所有的节点都发送一次请求数据帧 Preq，而且相应的也会收到从站的回复 Pres，一个 Preq 数据帧就是一个 TPDO，而一个 Pres 数据帧，就是一个 RPDO。这也就意味着主站在发送时，需要有多个发送 TPDO 的通道；在接收时，需要有多个接收 RPDO 的通道。举例来说，假如一个系统里有 1 个主节点和 3 个从节点，此时主站需要 3 个发送通道和 3 个接收通道。

对于主站的发送需要如下配置：

对象 object 与数据段的映射关系 0x1800/0x01 值 1，表示发送数据给 1 号从节点 0x1A00/0x01 值 0x0010000000012000，0x1A00/0x02 值 0x0010010000022000；

对象 object 与数据段的映射关系 0x1801/0x01 值 2，表示发送数据给 2 号从节点 0xlA01/0x01 值 0x0010000000016000，0xlA01/0x02 值 0x0010010000026000；

对象 object 与数据段的映射关系 0x1803/0x01 值 3，表示发送数据给 3 号从节点 0xlA03/0x01 值 0x0010000000013000，0xlA03/0x02 值 0x0010010000023000；

对于接收需要如下配置：

对象 object 与数据段的映射关系 0x1400/0x01 值 1，表示接收来自 1 号从节点的数据 0x1600/0x01 值 0x0010000000012100，0x1600/0x02 值 0x0010010000022100；

对象 object 与数据段的映射关系 0x1401/0x01 值 2，表示接收来自 2 号从节点的数据 0x1601/0x01 值 0x0010000000016100，0x1601/0x02 值 0x0010010000026100；

对象 object 与数据段的映射关系 0x1403/0x01 值 3，表示接收来自 3 号从节点的数据 0x1603/0x01 值 0x0010000000013100，0x1603/0x02 值 0x0010010000023100。

6.7 手工组建 POWERLINK 网络

6.7.1 配置主站和每一个从站的网络参数和映射参数

前面讲述了如何配置节点的网络参数和映射参数，如果是手动配置网络，需要用户自己在 objdict. h 文件中来设置 0x14xx/0x16xx 和 0x1800/0x1A00 的参数值。

对网络参数的设置：

```
// object 1400h：PDO _ RxCommParam _ 00h _ REC
EPL _ OBD _ BEGIN _ INDEX _ RAM（0x1400，0x03，EplPdouCbobdAccess）
    EPL _ OBD _ SUBINDEX _ RAM _ VAR（0x1400，0x00，kEp10bdTypUInt8，kEp10bdAccConst，tEp10bdUnsigned8，NumberofEntries，0x02）
    EPL _ OBD _ SUBINDEX _ RAM _ VAR（0x1400，0x01，kEp10bdTypUInt8，kEp10bdAccRW，tEp10bdUnsigned8，NodeID _ U8，0x00）
    EPL _ OBD _ SUBINDEX _ RAM _ VAR（0x1400，0x02，kEp10bdTypUInt8，kEp10bdAccRW，tEp10bdUnsigned8，MappingVersion _ U8，0x00）
EPL _ OBD _ END _ INDEX（0x1400）
//object 1401h：PDO _ RxCommParam _ 01h _ REC
EPL _ OBD _ BEGIN _ INDEX _ RAM（0x1401，0x03，EplPdouCbobdAccess）
    EPL _ OBD _ SUBINDEX _ RAM _ VAR（0x1401，0x00，kEp10bdTypUInt8，kEp10bdAccConst，tEp10bdUnsigned8，
```

NumberofEntries，0x02）

EPL _ OBD _ SUBINDEX _ RAM _ VAR （0x1401，0x01，kEp10bdTypUInt8，kEp10bdAccRW，tEp10bdUnsigned8，NodeID _ U8，0x04）

EPL _ OBD _ SUBINDEX _ RAM _ VAR （0x1401，0x02，kEp10bdTypUInt8，kEp10bdAccRW，tEp10bdUnsigned8，MappingVersion _ U8，0x00）

EPL _ OBD _ END _ INDEX （0x1401）

EPL _ OBD _ SUBINDEX _ RAM _ VAR （0x1400，0x01，kEp10bdTypUInt8，kEp10bdAccRW，tEp10bdUnsigned8，NodeID _ U8，0x00）

对映射参数的设置：

//object 1601h：PDO _ RxMappParam _ 02h _ AU64

EPL _ OBD _ BEGIN _ INDEX _ RAM （0x1601，0x06，EplPdouCb0bdAccess）

EPL _ OBD _ SUBINDEX _ RAM _ VAR （0x1601，0x00，kEp10bdTypUInt8，kEp10bdAccRW，tEp10bdUnsigned8，NumberofEntries，0x05）

EPL _ OBD _ SUBINDEX _ RAM _ VAR （0x1601，0x01，kEp10bdTypUInt64，kEp10bdAccRW，tEp10bdUnsigned64，objectMapping，0x0008000000012200LL）

EPL _ OBD _ SUBINDEX _ RAM _ VAR （0x1601，0x02，kEp10bdTypUInt64，kEp10bdAccRW，tEp10bdUnsigned64，objectMapping，0x0008000800012200LL）

EPL _ OBD _ SUBINDEX _ RAM _ VAR （0x1601，0x03，kEp10bdTypUInt64，kEp10bdAccRW，tEp10bdUnsigned64，objectMapping，0x0008001000012200LL）

EPL _ OBD _ SUBINDEX _ RAM _ VAR （0x1601，0x04，kEp10bdTypUInt64，kEp10bdAccRW，tEp10bdUnsigned64，objectMapping，0x0008001800012200LL）

EPL _ OBD _ SUBINDEX _ RAM _ VAR （0x1601，0x05，kEp10bdTypUInt64，kEp10bdAccRW，tEp10bdUnsigned64，objectMapping，0x0008002000012200LL）

EPL _ OBD _ END _ INDEX （0x1601）

需要修改的地方有三处：

① 0x1600/01～0x1600/05 的默认值（设置中标记为红色的地方，这里映射了 5 个 objcet）；

② EPL _ OBD _ BEGIN _ INDEX _ RAM （0x1601，0x06，EplPdouCbObdAccess）这里的 0x06 表示 0x1600 一共有 6 个子 object，分别为 0x1600/00…0x1600/05，因此这里要设置为 6；

③ EPL _ OBD _ SUBINDEX _ RAM _ VAR （0x1601，0x00，kEp1ObdTypUInt8，kEp1ObdAccRW，tEp1ObdUnsigned8，NumberOfEntries，0x05）这里的 0x05 表示 Number of Entries，即有多少个子 object 有效，这里配置了 5 个映射参数 0x1600/01～0x1600/05，因此这个值为 5。

同理设置发送的配置参数。设置完以上参数，POWERLINK 协议层就可以将对象字典中的 object 数据打包发送出去，并把接收到的数据解析存入对象字典中的 object。

6.7.2 用户自己定义一些变量

到目前为止，POWERLINK 就可以通信了，但是用户如何存取对象字典中 object 的值？可以使用 Ep1ApiReadLocalObject（）和 Ep1ApiWriteLocalObject（），但是对于周期性要访问的对象，最好采用函数 Ep1ApiLinkObject（），将自己定义的变量和 object 连接起来，这样，当对象的值改变时，用户的变量的值也会改变，同样，当用户的变量的值改变时，对象的值也会改变。因此用户只需要对自己定义的变量操作就可以了。

6.7.3 调用 Ep1ApiLinkObject（）将用户自定义的变量和 object 连接

EplApiLinkObject（unsignedint uiObjIndex _ p，void * pVar _ p，unsignedint * puiVarEntries _ p，tEp10bdSize * pEntrySize _ p, unsignedintuiFirstSubindex _ p);

函数的说明如下。

uiObjIndex _ p：object 的索引。

uiFirstSubindex _ p：object 的第一个子索引（因为可以同时连接多个 object，简单起见，可以一次只连接一个，此时这个参数就是 object 的子索引）。

pVar _ p：用户定义的变量的地址。

puiVarEntries _ p：要连接的 object 的个数。

pEntrySize _ p：要连接的 object 的数据长度，单位为 byte。

例如，用户自己定义了一个变量 varl，现在想要把它和对象 0x6100/0x00 连接起来，程序如下：

```
uiVarEntries=1;
ObdSize=sizeof (varl);
Ep1Ret=Ep1ApiLinkObject (0x6100, &varl, &uiVarEntries, &ObdSize, 0x00);
```

将周期性传输的 object 与用户自定义的变量连接起来，接下来用户就可以在自己的程序中使用这些变量了。

6.7.4 在 AppCbSync（void）函数里编写自己的程序

该函数前面讲过，是每个循环周期都会被 POWERLINK 协议栈执行的函数，在这个函数中，用户可以编写一下控制程序或者数据交换。在这里可以直接使用用户定义的，且与 object 连接的变量。

假定现在有两个变量 varl、var2 varl 和一个用来接收数据的 object 绑定在一起，var2 和一个用来发送数据的 object 绑定在一起，那么在程序中改变 var2 的值，发送的 object 的值就会改变；当接收到的数据值变化了，用来接收的 object 的值就会变化，同时 varl 的值也会变化。写一个简单的程序如下：

```
tEplKernel PUBLIC AppCbSync (void)
{
tEplKernel          EplRet=kEplSuccessful;
            var2 ++;
            printf ("input :%d \n", varl);
              TGT _ DBG _ SIGNAL _ TRACE _ POINT (1);
    return EplRet;
}
```

上述程序完成的功能：把要发送的 object 的数值累加；打印出接收的 object 的值。

6.8 使用 openCONFIGURATOR 组建 POWERLINK 网络

如果使用手动配置网络，那么每次修改网络参数，都要重新编译程序，重新运行，显然在某些场合是不能接受的，而且手动配置的过程过于复杂。因此手动配置适合用于产品开发阶段，当产品开发完成，交付给客户时，就不适合使用手动配置。

为此提供了一个工具 openCONFIGURATOR，使用此工具可以方便快速地组建一个网络，轻松地配置各个节点的网络参数和映射参数。该工具会生成一个 .cdc 的文件，主站会根据这个文件来配置整个网络，配置各个站的网络参数和映射参数以及循环周期等参数，发送命令给从站，完成状态机的切换等。

6.8.1 openCONFIGURATOR 的安装

首先安装 ActiveTcl，然后从 f/下载最新版的 openCONFIGURATOR 进行安装。

6.8.2 openCONFIGURATOR 的使用

① 打开 openCONFIGURATOR，进入图 6-6 所示界面。

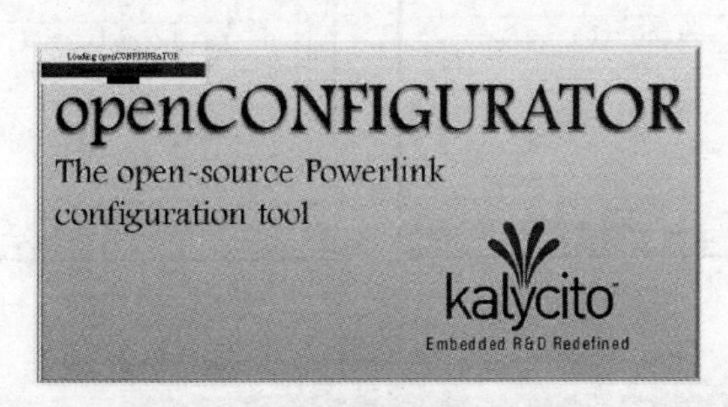

图 6-6 openCONFIGURATOR 界面

② 选择“Create New Project”，点击“OK”，进入图 6-7 所示界面。

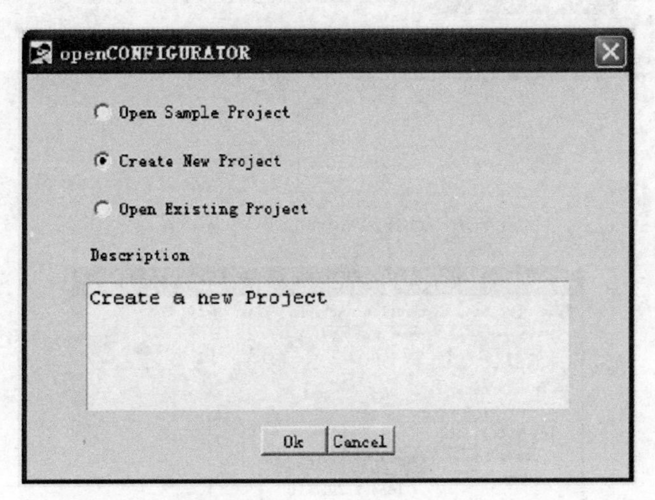

图 6-7 Create New Project 界面

③ 选择工程的保存路径，然后点击“Next”，进入图 6-8 所示界面。

④ 按图配置，然后点击“OK”，进入图 6-9 所示界面。

上述步骤创建了一个网络配置的工程，并在网络里添加了一个默认的主站，接下来添加从站。在 View 菜单中勾选“Advanced View”，这样就能看到每一个节点的对象字典里的 object。如图 6-10 所示。

⑤ 右键选择“openPOWERLINK MN”，选择“Add CN”，进入图 6-11 所示界面。

⑥ 选择“Import XDC/XDD”，然后点击“Browse”选择要导入的 XDD，进入图 6-12 所示界面。

前面讲了每一个 POWERLINK 设备都有一个对象字典，这个对象字典就是参数的集合。那么这个设备的使用者需要知道此设备有哪些参数。因此设备提供者就需要提供一个

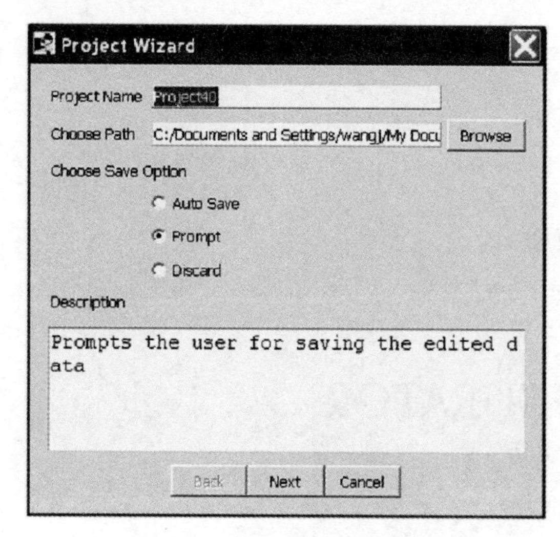

图 6-8 工程的保存路径界面

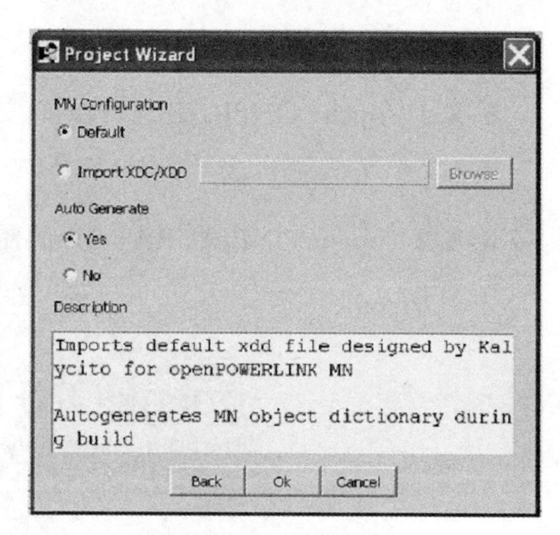

图 6-9 配置界面

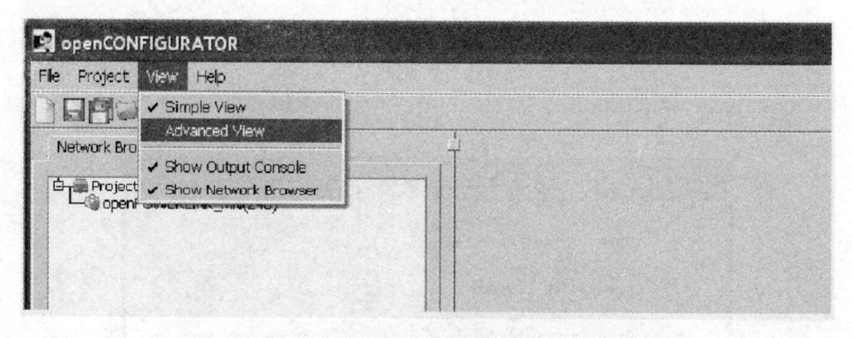

图 6-10 选择“Advanced View”界面

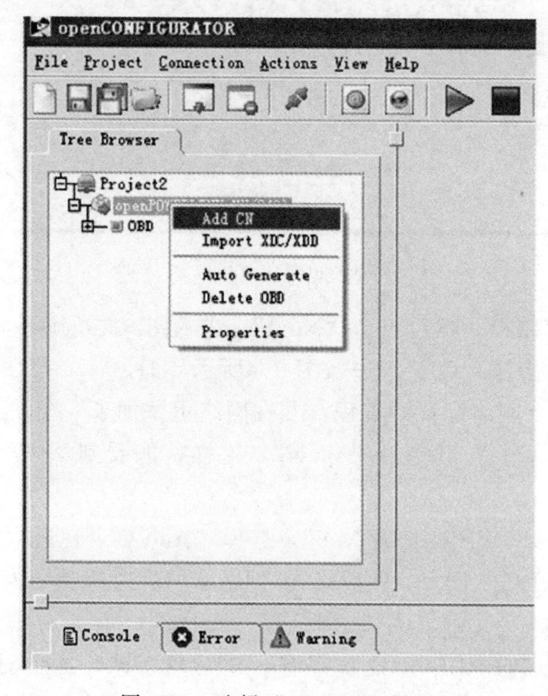

图 6-11 选择“Add CN”界面

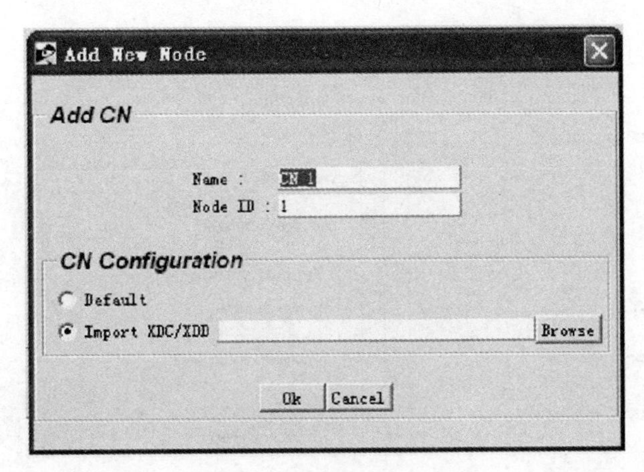

图 6-12　导入 XDD 文件界面

设备描述文件（XDD）。换言之，一个 XDD 文件，描述了一种设备的参数，它也就代表了一种设备。

⑦ 此时在左边就增加了一个从节点 CN。这个从节点有哪些参数可以直接看到，如图 6-13 所示。

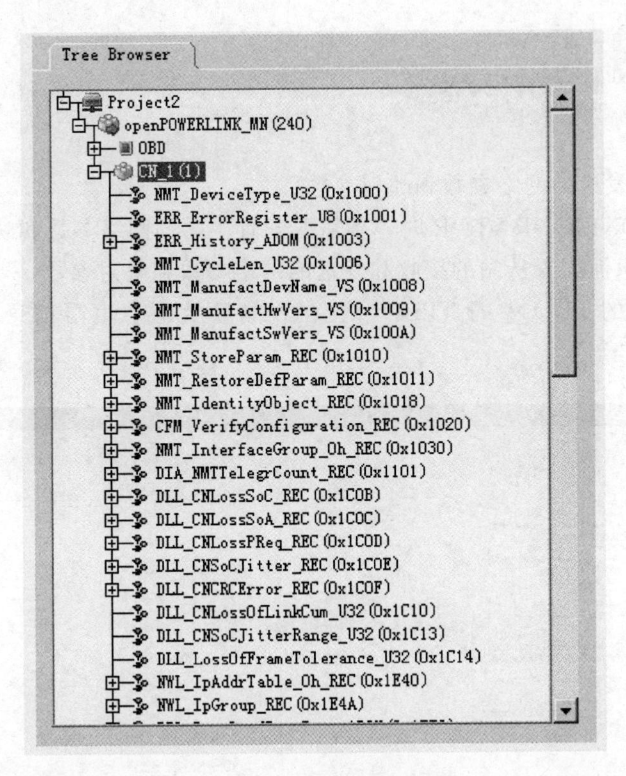

图 6-13　CN 节点及其参数

⑧ 单击某个从节点，此时在右边显示如图 6-14 所示界面。

这里有两个选项：Normal station、Chained station。如果希望使用 Preq/Pres 请求/应答的模式通信，选择 Normal station；如果希望使用 PRC 模式通信，选择 Chained station。

对于 PROM 模式，相应从站的 XDD 文件的 CNF eatures 属性里需要添加以下代码：

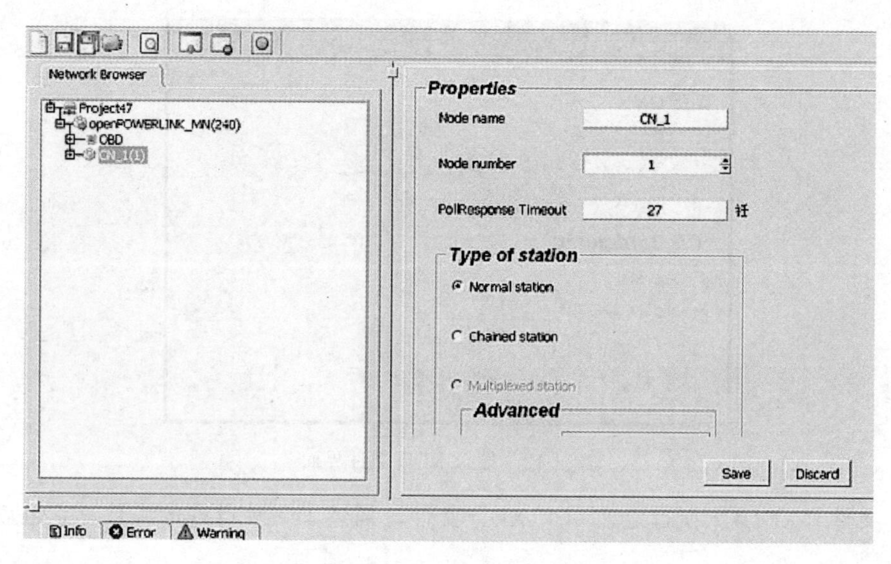

图 6-14 从节点界面

```
DLLCNPResChaining="true";
    〈CNFeatures
            DLLCNFeatureMultiplex="true"
            DLLCNPResChaining="true"
            NMTCNSoC2PReq="0"
                /〉
```

⑨ 配置接收和发送的网络参数和映射参数。

当使用 openCONFIGURATOR 时，不需要配置主站的网络参数和映射参数，该工具会自动映射，使用者只需配置从站的接收和发送的网络参数和映射参数。

左键单击 CN1 的 PDO 中的 TPDO，会在右侧显示一个填写信息的表格，如图 6-15 所示。

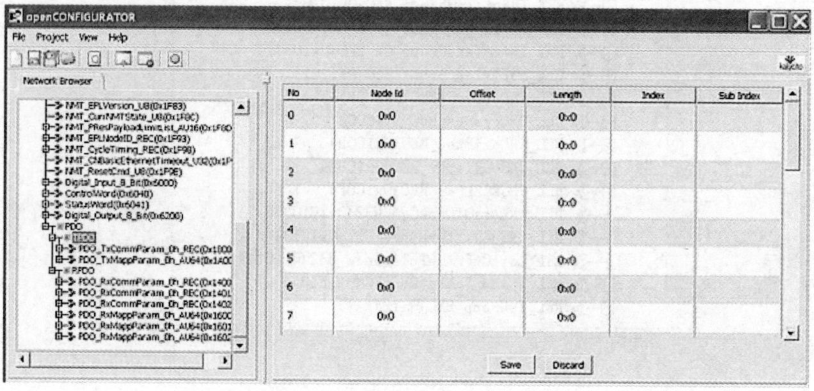

图 6-15 TPDO 对应的信息表格

对于从站的发送，由于是广播的，因此在 Node Id 一栏中保持默认的 0（Preq/Pres 模式和 PRC 模式，对于发送参数的配置是一样的）。然后填写 Offset（偏移量）、Length（数据长度）、Index（索引）、Sub Index（子索引）。例如填写如下信息，这段的意思是将

Object 0x6041/0x01 放到发送数据帧的偏移量为 0000，长度为 16 的这一段发送出去。如图 6-16 所示。

No	Node Id	Offset	Length	Index	Sub Index
0	0x0	0x0000	0x0010	0x6041	0x01
1	0x0		0x0		
2	0x0		0x0		

图 6-16　从站发送信息的实例

配置完以后，打开 CN1 的 Object 0x1A00/0x01，看到它的值被设置成了 0x0010000000016041，如图 6-17 所示。

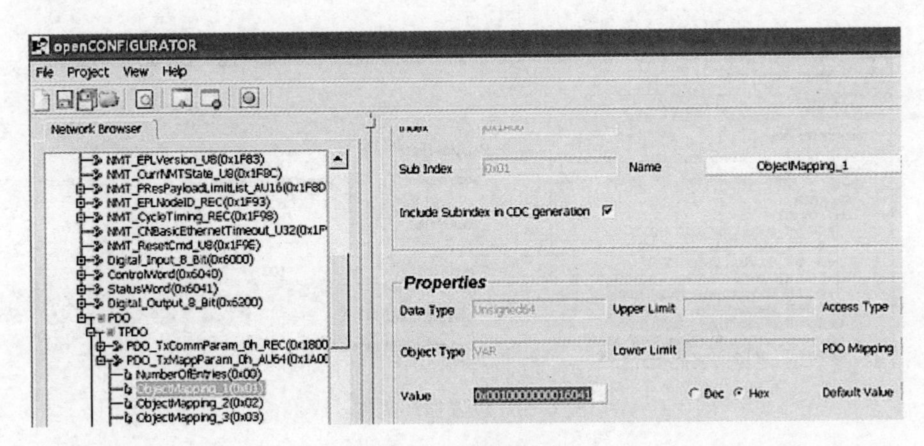

图 6-17　配置完成

Preq/Pres 模式和 PRC 模式，对接收 RPDO 的参数的配置不同。请求/应答的模式配置：左键单击 CN1 的 PDO 中的 RPDO，会在右侧显示一个填写信息的表格，如图 6-18 所示。NodeId 一栏保持默认值为 0，意味着接收来自主站的数据，而且这些数据包含在主站发来的 Preq 数据帧中。PRC 模式的配置：NodeId 一栏的值设为 0xF0，意味着接收来自主站的数据，而且这些数据包含在主站的 Pres MN 数据帧中。

No	Node Id	Offset	Length	Index	Sub Index
0	0x0	0x0000	0x0000	0x0000	0x00
1	0x0	0x0000	0x0000	0x0000	0x00
2	0x0		0x0		
3	0x0		0x0		
4	0x0		0x0		
5	0x0		0x0		

图 6-18　请求/应答的模式配置

把用来接收的 object 的索引和子索引、长度、在数据包中的偏移量写入相应的表格中。

接下来设置 0x1600/0x00 的值，如图 6-19 所示。在 0x1600 里映射了多少个 object，这里的值就设为几。同理设置 0x1A00/0x00 的值。配置完信息，别忘记保存。

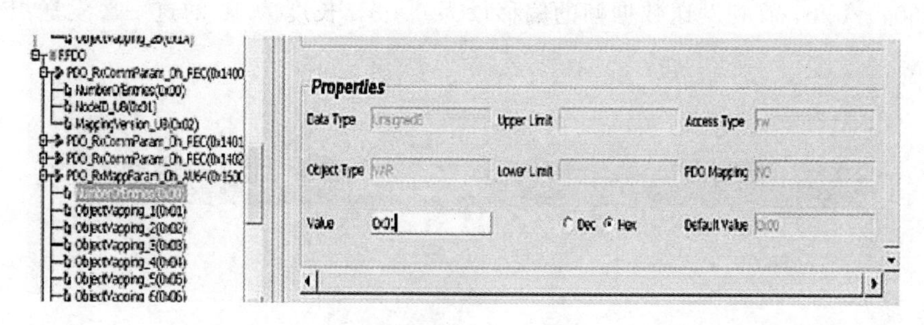

图 6-19　设置 0x1600/0x00 的值

最后设置循环周期，如图 6-20 所示。左键单击 openPOWERLINK MN（240），在右边的 CycleTime 里填写期望的循环周期，单位为 μs。

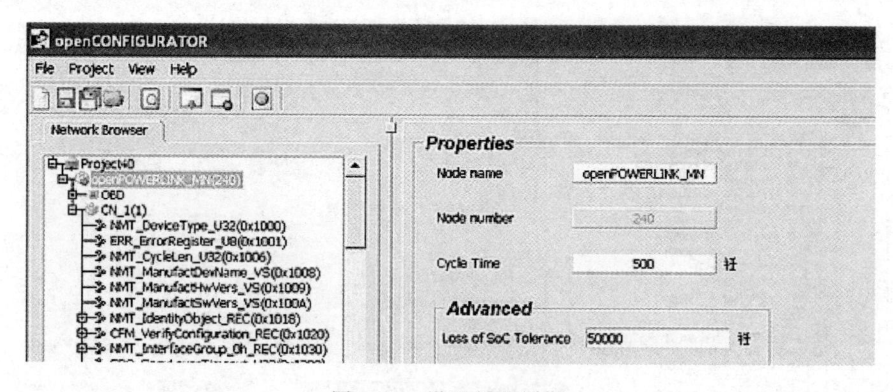

图 6-20　设置循环周期

⑩ 编译工程，点击“BuildProject”，如图 6-21 所示。

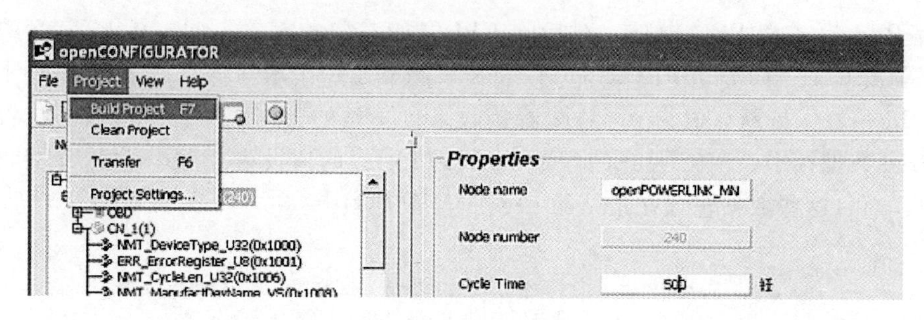

图 6-21　编译工程

⑪ 当在 openCONFIGURATOR 最下面一栏显示如下信息，说明编译成功，如果不成功，会显示相应的错误。如图 6-22 所示。

图 6-22　编译完成

编译成功后，会在工程所在的目录下的 cdc _ xap 文件夹生成一些文件，其中包括 monbd. cdc 和 xap. h 这两个文件，如图 6-23 所示。monbd. cdc 文件是主站用来配置整个网络的配置文件，用来配置各个从站的网络参数和映射参数等，以前这部分工作需要手动在从站的对象字典里修改。而 xap. h 定义了一个数据结构，主站定义了这种数据结构的变量，并把这个变量和对象字典中通信的 Object 连接起来。在主站的程序里可以直接使用这些变量。

图 6-23　编译成功

Chapter 07

POWERLINK的实现

POWERLINK 是基于普通以太网的实时通信协议，物理层采用标准的以太网，而数据链路层的控制和应用层的 CANopen 协议都是开源的。这套源码采用标准的 C 语言编写，可以运行于各种支持 C 语言的平台：ARM、单片机、DSP，X86 等。可以运行在多种操作系统上，如 WinCE、Windows、Linux、uc/os、VxWorks 或者没有操作系统。

Windows 是一个非实时操作系统，因此在工业控制中很少使用 Windows 作为实时控制，经常将其用于显示、人机界面、操作站等。

WinCE 是一个准实时操作系统，经常在一些实时性要求不高的场合中使用。一般来说使用 WinCE 的控制器，一般都需要高性能的 CPU，否则无法保证实时性。WinCE 的好处是开发应用程序比较容易，但是要收 LICENSE 费用。

Linux 操作系统开源且免费。由于 Linux 有免费、开源的实时补丁，大大增强了 Linux 的实时性。最小循环周期可达到十几微秒，而抖动在几十甚至在几个纳秒。因此中国一些有技术实力的公司都青睐 Linux，可以根据自己的需要来裁减内核，可以在开源的基础上创新。POWERLINK 和 Linux 一样，是一种开源技术。

uc/os 由于其内核精简、反应较快，经常被应用于一些嵌入式控制器，运行于 ARM 平台。

VxWorks 的实时性比其他操作系统更好，但是售价也不菲，在中国一些较大的公司使用该操作系统，如南瑞、株洲南车、金风科技等。

7.1 基于 Windows 的实现

Windows 操作系统很少应用于实时控制，但是熟悉 Windows 编程的人数众多，因此很多人往往会先在 Windows 上评估 POWERLINK，然后再移植到其他平台。所以这里详细讲述基于 Windows 平台的 POWERLINK 的实现，其他平台上 POWERLINK 的用法与在 Windows 上相同。

7.1.1 手动配置 Windows 主站和从站

所需软件和硬件：需要准备两台电脑，一台作为主站，一台作为从站；操作系统为 Windows XP；需要安装 VS2008 开发环境；需要安装 WinPcap 或 Wireshark。

将 POWERLINK 的源码分别拷贝到要作为主站和从站的电脑上，随便选哪台电脑作主站都可以，主站和从站上的程序有所不同。

打开主站\Examples\X86\Windows\VC9\demo_pcap 下的工程，使用 VS2008 打开，此外，为了能在 Windows 上运行 openPOWERLINK，需要安装 WinPcap 或 Wireshark 软件，因为 openPOWERLINK 将 pcaplib 作为网卡驱动程序。

修改主站上的网络参数和映射参数，假定 2 个参数要通信，一个参数是主站发送给从站，另一个是主站接收来自从站的数据。打开 objdict. h 文件，首先确定要把哪个 object 作为主站发送给从站的参数，注意到源码里有一个 object 0x2000/01，可以将该 object 作为主站发送给从站的参数。

(1) 发送的网络参数和映射参数

配置发送的网络参数和映射参数。

将 0x1801/0x01 的值设为 1，即发送数据给 1 号节点。将 0x1A01 的参数设置为如下的值：

```
//object 1A01h；PDO _ TxMappParam _ 01h _ AU64
EPL _ OBD _ BEGIN _ INDEX _ RAM （0x1A01，0x03，EplPdouCbObdAccess）
    EPL _ OBD _ SUBINDEX _ RAM _ VAR （0x1A01，0x00，kEp1ObdTypUInt8，kEp1ObdAccRW，tEp1ObdUnsigned8，NumberOfEntries，0x02）
    EPL _ OBD _ SUBINDEX _ RAM _ VAR （0x1A01，0x01，kEp1ObdTypUInt64，kEp1ObdAccRW，tEp1ObdUnsigned64，objectMapping，0x0008000000012000LL）
    EPL _ OBD _ SUBINDEX _ RAM _ VAR （0x1A01，0x02，kEp1ObdTypUInt64，kEp1ObdAccRW，tEp1ObdUnsigned64，objectMapping，0x00LL）
EPL _ OBD _ END _ INDEX （0x1A01）
```

接下来，修改主站上的源程序。打开 demo main. c 文件，将 NODEID 改为：

＃define NODEID　0xF0//→MN，主站的 NODEID 为 240，即 16 进制的 F0。

定义一个变量（BYTE　output8），与 0x2000/01 连接起来。

```
BYTE output8；

int main （void）
{
tEplKernel            EplRet；
static tEplApi InitParam Ep1ApiInitParam＝{0}；
char *                sHostname＝HOSTNAME；
unsigned int          ui VarEntries；
tEp1ObdSize           ObdSize；
char                  cKey＝0；
```

在 main. c 中，将与 0x2000/0x 连接的代码修改如下：

```
//link process variables used by MN to object dictionary
ObdSize＝sizeof （output8）；
uiVarEntries＝1；
EplRet＝EplApiLinkObject （0x2000，&output8，&uiVarEntries，&obdSize，0x01）；
if （EplRet ！＝kEplSuccessful）
{
   goto ExitShutdown；
}
```

至此，就映射了一个 object，并把它和自己定义的一个变量连接起来。接下来再映射一个 object，用来接收数据。

（2）接收网络参数和映射参数

注意到源码中有索引为 0x2200 的对象字典，可以将 0x2200/02 作为接收的 objcet。

```
//input varfables of master
EPL _ OED _ RAM _ INDEX _ RAM _ VARARRAV (0x2200, 3, NULL, kEp1ObdTypUInt8, kEp1ObdAccVPRW,
tEp1ObdunsignedB, Receivebx, 0x00)
```

将 0x1402 作为接收 1 号节点的网络参数。将 0x1402/0x01 的值设为 1，即接收来自 1 号节点的数据。

```
//object 1402h; PDO _ RxCommParam _ 02h _ REC
EPL _ OBD _ BEGIN _ INDEX _ RAM (0x1402, 0x03, EplPdouCbObdAccess)
    EPL _ OBD _ SUBINDEX _ RAM _ VAR (0x1402, 0x00, kEp1ObdTypUInt8, kEp1ObdAccConst, tEp1ObdUnsigned8,
NumberofEntries, 0x02)
    EPL _ OBD _ SUBINDEX _ RAM _ VAR (0x1402, 0x01, kEp1ObdTypUInt8, kEp1ObdAccRW, tEp1ObdUnsigned8,
NodeID _ U8, 0x01)
    EPL _ OBD _ SUBINDEX _ RAM _ VAR (0x1402, 0x02, kEp1ObdTypUInt8, kEp1ObdAccRW, tEp1ObdUnsigned8,
MappingVersion _ U8, 0x00)
EPL _ OBD _ END _ INDEX (0x1402)
```

相应的映射参数为 0x1602，将 0x1602 的参数设置为如下的值。

定义一个变量（BYTE input8），与 0x22/02 连接起来。

```
BYTE output8;
BYTE input8;
int main (void)
{
tEplKernel          EplRet;
static tEplApiInitParam EplApiInitParam={0};
char *              sHostname=HOSTNAME;
unsigned int        uiVarEntries;
tEp1ObdSize         ObdSize;
```

在 main. c 中，将与 0x2200/0x02 连接的代码修改如下：

```
ObdSize=sizeof (input8);
uiVarEntries=1,
EplRet=Ep1ApiLinkObject (0x2200, &input8, &uiVarEntries, &ObdSize, 0x02);
if (EplRet ! =kEplSuccessful)
{
    goto ExitShutdown;
}
```

至此，映射了一个 object，并把它和自己定义的一个变量连接起来。接下来将 AppCbSync 修改如下，这段代码的意思是把主站要发给从站的数据不断地累加，同时打印出来自从站的数据。

```
tEplKernel PUBLIC AppCbSync (void)
{
tEplKernel              EplRet=kEplSuccessful;
    output8 +=10;
    printf ("input:%d\n", input8);
     TGT _ DBG _ SIGNAL _ TRACE _ POINT (1);
```

```
    return EplRet;
}
```

7.1.2 设置从站的参数

从站需要两个参数，一个参数用来接收来自主站的数据，另一个参数发送给主站。打开objdict.h文件。首先确定要把哪个object作为发送给主站的参数，注意到源码里有一个object 0x6000/01，可以将该object作为从站发送给主站的参数。

```
EPL_OBD_BEGIN_INDEX_RAM (0x6000, 0x02, NULL)
    EPL_OBD_SUBINDEX_RAM_VAR (0x6000, 0x00, kEp1ObdTypUInt8, kEp1ObdAccConst, tEp1ObdUnsigned8, number_of_entries, 0x1)
    EPL_OBD_SUBINDEX_RAM_USERDEF (0x6000, 0x01, kEp1ObdTypUInt8, kEp1ObdAccVPR, tEp1ObdUnsigned8, Sendb1, 0x0)
EPL_OBD_END_INDEX (0x6000)
```

配置发送的网络参数和映射参数。

将0x1800/0x01的值设为0。

```
//Object 1800h: PDO_TxCommParam_00h_REC
EPL_OBD_RECIN_INDEX_RAM (0x1800, 0x03, EplPdouCbObdAccess)
    EPL_OBD_SUBINDEX_RAM_VAR (0x1800, 0x00, kEp1ObdTypUInt8, kEp1ObdAccConst, tEp1ObdUnsigned8, NumberOfEntrles, 0x02)
    EPL_OBD_SUBINDEX_RAM_VAR (0x1800, 0x01, kEp1ObdTypUInt8, kEp1ObdAccRW, tEp1ObdUnsigned8, NodeID_U8, 0x00)
    EPL_OBD_SUBINDEX_RAM_VAR (0x1800, 0x02, kEp1ObdTypUInt8, kEp1ObdAccRW, tEp1ObdUnsigned8, NappingVersion_U8, 0x00)
EPL_OBD_END_INDEX (0x1800)
```

将0x1A00的参数设置为如下的值：

```
    //Object 1800h: PDO_TxMappParam_00h_AU64
    EPL_OBD_RECIN_INDEX_RAM (0x1A00, 0x03, EplPdouCbObdAccess)
        EPL_OBD_SUBINDEX_RAM_VAR (0x1A00, 0x00, kEp1ObdTypUInt8, kEp1ObdAccRW,
        tEp10bdUnsigned8, NumberOfEntrles, 0x01)
#if ((EPL_API_PROCESS_IMAGE_SIZE_IN>0)|| (EPL_API_PROCESS_INACE_SIZE_OUT>0))
        EPL_OBD_SUBINDEX_RAM_VAR (0x1A00, 0x01, kEp1ObdTypUInt64, kEp1ObdAccRW,
        tEp1ObdUnsigned64, CbjectMapping, 0x008000000012030LL)
#else
        EPL_OBD_SUBINDEX_RAM_VAR (0x1A00, 0x01, kEp1ObdTypUInt64, kEp1ObdAccRW,
        tEp10bdUnsigned64, CbjectMapping, 0x008000000016000LL)
#endif
        EPL_OBD_SUBINDEX_RAM_VAR (0x1A00, 0x02, kEp1ObdTypUInt64, kEp1ObdAccRW,
        tEp1ObdUnsigned64, CbjectMapping, 0x00)
    EPL_OBD_END_INDEX (0x1A00)
```

修改从站上的源程序。

#define NODEID　　0x01//→从站的NODEID取值范围1~239。

定义一个变量BYTE　output8，与0x6000/01连接起来。

```
BYTE  output8;

int main (void)
```

```
{
tEplKernel          EplRet;
static tEplApiInitParam EplApiInitParam={0};
char *              sHostname=HOSTNAME;
unsigned int        uiVarEntries;
tEp1ObdSize         ObdSize;
char                cKey=0;
```

在 main.c 中，将与 0x6000/0x01 连接的代码修改如下：

```
ObdSize=sizeof (output8);
uiVarEntries=1;
EplRet=EplApiLinkObject (0x6000, &output8, &uiVarEntries, &ObdSize, 0x01);
if (EplRet !=kEplSuccessful)
{
    Goto ExitShutdown;
}
ObdSize=sizeof (output8);
uiVarEntries=1;
EplRet=EplApiLinkObject (0x6000, &output8, &uiVarEntries, &ObdSize, 0x01);
if (EplRet !=kEplSuccessful)
{
    Goto ExitShutdown;
}
```

至此，就映射了一个 object，并把它和自己定义的一个变量连接起来。接下来再映射一个 object，用来接收数据。

注意到源码中有索引为 0x6200 的对象字典，可以将 0x6200/01 作为接收的 objcet。

```
EPL_OBD_BEGIN_INDEX_RAM (0x6200, 0x02, NULL)
    EPL_OBD_SUBINDEX_RAM_VAR (0x6200, 0x00, kEp1ObdTypUInt8, kEp1ObdAccConst, tEp1ObdUnsigned8, number_of_entries, 0x1)
    EPL_OBD_SUBINDEX_RAM_USERDEF (0x6200, 0x01, kEp1ObdTypUInt8, kEp1ObdAccVPRW, tEp1ObdUnsigned8, Recvbl, 0x0)
EPL_OBD_END_INDEX (0x6200)
```

将 0x1400 作为接收来自主站的网络参数。将 0x1400/0x01 的值设为 0。

```
//Object 1400h: PDO_RxCommParam_00h_REC
EPL_OBD_BEGIN_INDEX_RAM (0x1400, 0x03, EplPdouCbObdAccess)
    EPL_OBD_SUBINDEX_RAM_VAR (0x1400, 0x00, kEp1ObdTypUInt8, kEp1ObdAccConst, tEp1ObdUnsigned8, NumberOfEntries, 0x02)
    EPL_OBD_SUBINDEX_RAM_VAR (0x1400, 0x01, kEp1ObdTypUInt8, kEp1ObdAccRW, tEp1ObdUnsigned8, NodeID_U8, 0x00)
    EPL_OBD_SUBINDEX_RAM_VAR (0x1400, 0x02, kEp1ObdTypUInt8, kEp1ObdAccRW, tEp1ObdUnsigned8, MappingVersion_U8, 0x00)
EPL_OBD_END_INDEX (0x1400)
```

相应的映射参数为 0x1600，将 0x1600/01 的参数设置为如下的值：

```
//Object 1600h: PDO_RxMappParam_00h_AU64
EPL_OBD_BEGIN_INDEX_RAM (0x1600, 0x03, EplPdouCbObdAccess)
    EPL_OBD_SUBINDEX_RAM_VAR (0x1600, 0x00, kEp1ObdTypUInt8, kEp1ObdAccRW, tEp1ObdUnsigned8, NumberOfEntries, 0x01)
```

```
#if ((EPL_API_PROCESS_IMAGE_SIZE_IN>0)||(EPL_API_PROCESS_IMAGE_SIZE_OUT>0))
        EPL_OBD_SUBINDEX_RAM_VAR (0x1600, 0x01, kEp1ObdTypUInt64, kEp1ObdAccRW,
        tEp1ObdUnsigned64, CbjectMapping, 0x0008000000012000LL)
#else
        EPL_OBD_SUBINDEX_RAM_VAR (0x1600, 0x01, kEp1ObdTypUInt64, kEp1ObdAccRW,
        tEp1ObdUnsigned64, CbjectMapping, 0x0008000000016200LL)
#endif
        EPL_OBD_SUBINDEX_RAM_VAR (0x1600, 0x02, kEp1ObdTypUInt64, kEp1ObdAccRW,
        tEp10bdUnsigned64, CbjectMapping, 0x00)
    EPL_OBD_END_INDEX (0x1600)
```

定义一个变量（BYTE　input8），与 0x6200/01 连接起来。

```
BYTE output8;
int main (void)
{
tEplKernel          EplRet;
static tEplApiInitParam EplApiInitParam={0};
char *              sHostname=HOSTNAME;
unsigned int        uiVarEntries;
tEp10bdSize         ObdSize;
```

在 main. c 中，将与 0x6200/0x01 连接的代码修改如下：

```
ObdSize=sizeof (input8);
uiVarEntries=1;
EplRet=EplApiLinkObject (0x6200, &input8, &uiVarEntries, &ObdSize, 0x01);
if (EplRet !=kEplSuccessful)
{
        goto ExitShutdown;
}
```

接下来将 AppCbSync 修改如下，这段代码的意思是把从站要发给主站的数据不断的累加 10，同时打印出来自主站的数据。

```
tEplKernel PUBLIC AppCbSync (void)
{
tEplKernel              EplRet=kEplSuccessful;
    output8 +=10;
    printf ("input:%d \n", input8);
     TGT_DBG_SIGNAL_TRACE_POINT (1);
     return EplRet;
}
```

完成上述步骤，就完成了主站和从站的配置。先将两台电脑用网线连接起来，接下来将从站先运行起来，最后再把主站运行起来。

当把主站或从站运行起来时，出现如图 7-1 所示界面来选择使用哪个网口作为 POWERLINK 口。在这里使用第三个网口（Marvell Yukon Ethernet Controller），因此输入 3，然后回车。

7.1.3 用 openCONFIGURATOR 配置 Windows 主站和从站

使用这种方法配置网络，从站需要一个 XDD 文件，该文件与从站的对象字典相匹配

```
C:\WINDOWS\system32\cmd.exe
---------------------------------------------------
List of Ethernet Cards Found in this System:
---------------------------------------------------
1. Adapter for generic dialup and VPN capture
     \Device\NPF_GenericDialupAdapter
2. Atheros AR9285 802.11b/g/n WiFi Adapter (Microsoft's Packet Scheduler)
     \Device\NPF_{0710A70A-445D-4C09-85CF-543304CA0224}
3. Marvell Yukon Ethernet Controller. (Microsoft's Packet Scheduler)
     \Device\NPF_{BB48796C-71E1-4C4B-97D1-B8C8E1FB1471}
---------------------------------------------------
Enter the interface number (1-3):3
```

图 7-1　POWERLINK 口选择界面

（即与从站的 objdict. h 定义的对象字典匹配），例子中从站使用的 objdict. h 文件在目录 \ObjDicts \ Api _ CN 下，而相应的 XDD 文件在 \ObjDicts 目录下，名称为 0000003E _ openPOWERLINK demo _ CN. xdd。

使用 openCONFIGURATOR 配置网络比较简单，参考第 6 章使用 openCONFIGURATOR 组建 POWERLINK 网络。将生成的 monbd. cdc 和 xap. h 这两个文件拷贝到主站源代码的 Examples \X86 \Windows \VC8 \demo _ cfmpcap 目录下。用 VS 打开主站 Examples \X86 \Windows \VC8 \demo _ cfmpcap 的工程，然后打开 demo _ main. c，在 AppCbSync（void）函数中，AppProcessImageIn _ g 变量的类型是 xap. h 中定义的数据结构 PI _ IN 的类型，AppProcessImageOut _ g 变量的类型是 xap. h 中定义的数据结构 PI _ OUT 的类型。这两个变量自动被映射到主站相应的 Object 上，使用者可以直接使用，而无需连接操作。注意，这里 AppProcessImageIn _ g 是指主站输出给从站的数据，而 AppProcessImageOut _ g 是指主站接收的来自从站的数据。

从站程序的修改：将从站 objdict. h 文件中的所有映射参数的值都设为 0，因为主站会来配置这些参数的值。只是从站的 object 与用户自己定义的变量的连接，还需要使用者自己来调用 Ep1ApiLinkObject（　）来连接。

7.2　基于 Linux 的 POWERLINK 的实现

7.2.1　Linux 的内核版本和实时补丁

openPOWERLINK 需要 Linux 的内核版本为 2. 6. 23 或者更高。为了具有更好的性能和最小的抖动，需要 Linux 的实时内核。这里需要给 Linux 打一个 RT-preempt 的补丁。该补丁为 Linux 提供了实时扩展，可以从网站（hops：//rt. wiki. kernel. org）上下载，这个版本直接将 RT-preempt 补丁打好了。

7.2.2　Linux 的 POWERLINK 主从站程序应用

对 POWERLINK 协议栈的使用与 Windows 完全相同。手动配置参数的过程和使用 openCONFIGURATOR，以及变量的连接都与在 Windows 下相同。

7.2.3 以太网的驱动程序

在 Windows 下，openPOWERLINK 采用 WinPcap 的 libpcp 库作为一个万能驱动，可以驱动任何类型的网卡。在 Linux 下，openPOW ERLINK 有两种工作模式：一种工作在内核空间，此时 POWERLINK 协议栈就需要有针对的网卡驱动程序，目前提供的源程序里有针对 8139 芯片的网卡驱动和 82573 系列的驱动程序，如果使用者使用了其他类型的芯片，可以参照所给的源程序进行修改。

另一种工作在用户空间，此时和 Windows 的工作方式相同，安装一个 Win Pcap 的 libpcp 库。

7.2.4 Linux 的 demo

以下提供了 4 个例子。

① Kerneldemo：在文件夹 Examples/X86/Linux/gnu/demo kernel 下，是一个简单的运行在内核模式下的例子。

② QTdemo：在文件夹 Examples/X86/Linux/gnu/demo _ qt 下，是一个带 QT 界面的例子。

③ QTdemowithprocessimage：在文件夹 Examples/X86/Linux/gnu/demo _ process _ image _ qt 下，是一个带 QT 界面，使用 processimage，既可以使用内核协议栈也可以使用用户空间协议栈的例子。processimage 的意思是将用户自己定义的一个数据结构与对象字典中的一大片 object 连接起来。

④ Consoledemowithprocessimage：在文件夹 Examples/X86/Linux/gnu/demo _ process _ image _ console 下，是一个带控制台的，使用 processimage，既可以运行于内核空间也可以运行于用户空间的例子。

7.2.5 Linux 的编译选项

基于 Linux 和 Windows 的最大区别就在于编译。在 Linux 下 POWERLINK 的工作模式比较复杂，有如下几种配置。

① CFG _ KERNEL _ STACK：使用内核协议栈还是用户空间协议栈，当该值为 enable 时，将使用内核协议栈。

② CFG _ POWERLINK _ CFM：使用 openCONFIGURATOR 来配置网络还是手动配置，当该值为 enable 时，使用 openCONFIGURATOR 来配置网络。

③ CFG _ POWERLINK _ EDRV：网卡芯片类型是 8139 还是 82573。

④ CFG _ POWERLINK _ PROCESS _ IMAGE：是一个一个地将变量与对象字典中的 object 连接起来，还是将 xap. h 中提供的数据结构与一整片 object 连接起来，当该值为 enable 时，表示连接一整片。

7.2.6 cmake 编译

① 下载 cmake2. 8. 4，解压。

② 这里使用 cmake-gui，在 cmake2. 8. 4 解压后的目录 bin 下，找到 cmake-gui，双击打开 cmake-gui，如图 7-2 所示。

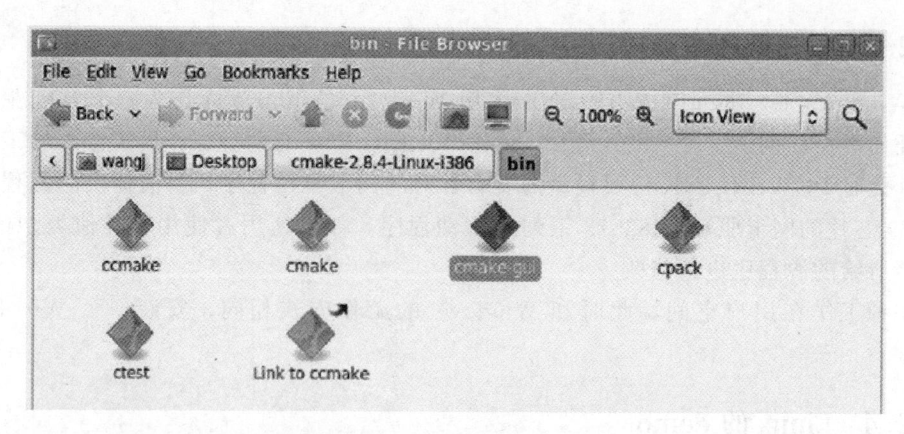

图 7-2 cmake2.8.4 解压后的目录 bin

③ 创建一个新的文件夹，用来保存编译后的文件，如图 7-3 所示。

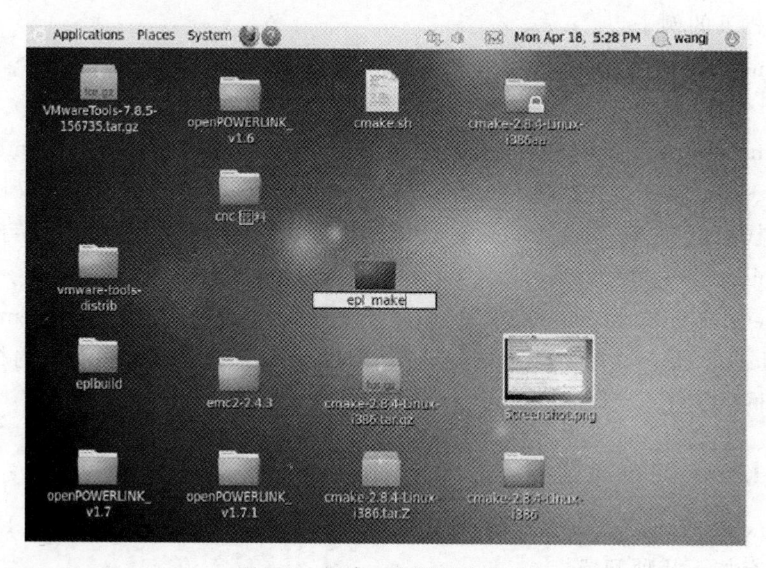

图 7-3 创建一个新的文件夹

④ 在 cmake-gui 中设置 source code 的目录，即 POWERLINK 的根目录 open POWERLINKl. 7. 1，设置编译后文件所在的目录，即刚刚创建的新文件夹，如图 7-4 所示。

⑤ 点击“File”→“Delete Cache”，如图 7-5 所示。

⑥ 点击“configure”，选择如图 7-6 所示设置，然后点击 Finish，如图 7-6 所示。

⑦ 去掉 Γ Grouped Γ Advanced 勾选，根据需要选择配置选项。

在这里使用的例子是：

支持 process _ image 的控制台程序，因此勾选 CFG X86 LINUX DEMO PROCESS IMAGE CONSOLE；

使用内核模式的协议栈，因此勾选 CFG _ KERNEL _ STACK；

使用 openCONFIGURATOR 来配置网络，因此勾选 CFG _ POWERLIN _ CFM；

使用 8139 网卡，因此在 CFG _ POWERLINK _ EDRV 里写入 8139；

使用 process _ image，因此勾选 CFG _ POWERLINK _ PROCESS _ IMAGE，需要把

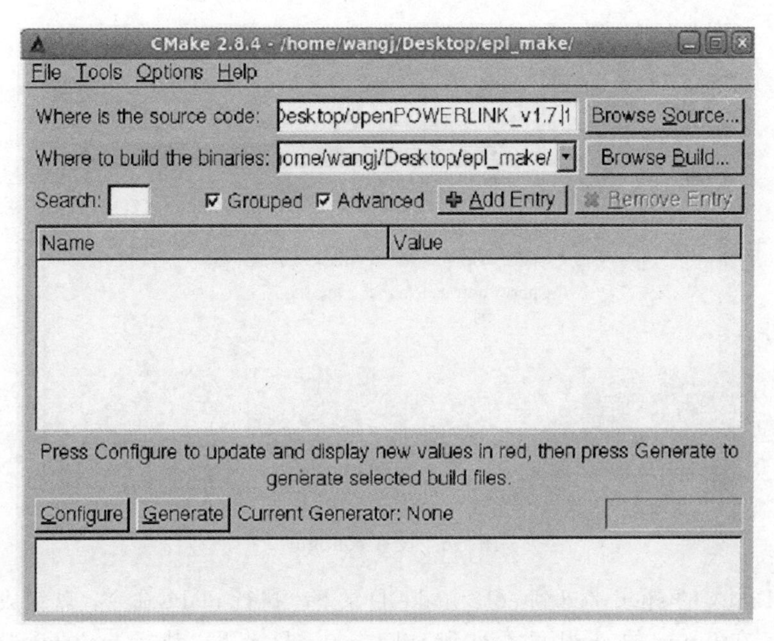

图 7-4 设置新的文件夹

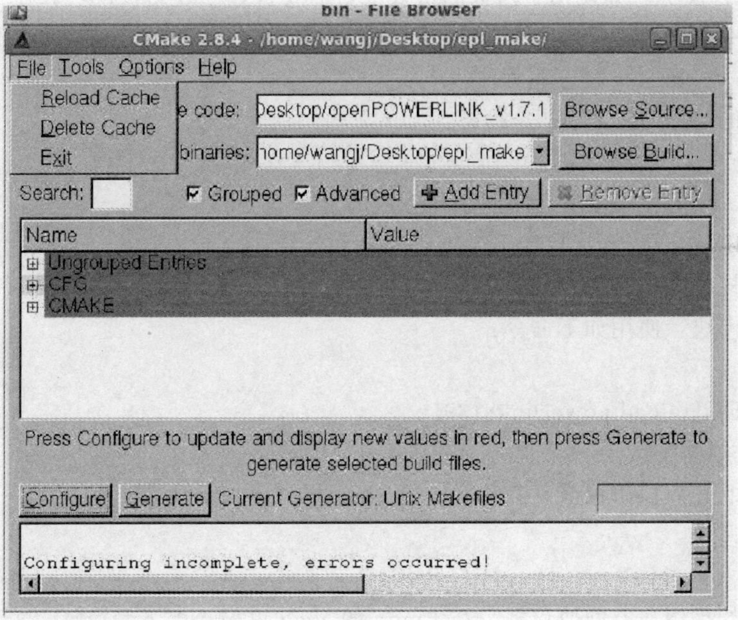

图 7-5 设置 Delete Cache

openCONFIGURATOR 工具生成的 mnobd. cdc 文件和 xap. h 文件复制到 Examples \X86 \Linux \gnu \demo _ process _ image _ console 这个目录下，这样在编译的时候，就会将 xap. h 编译进来，同时把 mnobd. cdc 复制到执行目录。

⑧ 配置完以后，点击“Configurate”，如果没有红色的报警，说明配置成功。

⑨ 点击“Generate”，如果没有红色的报警，说明配置成功。

⑩ 到 eplmake 目录下查看在这里生成了 makefile 文件。

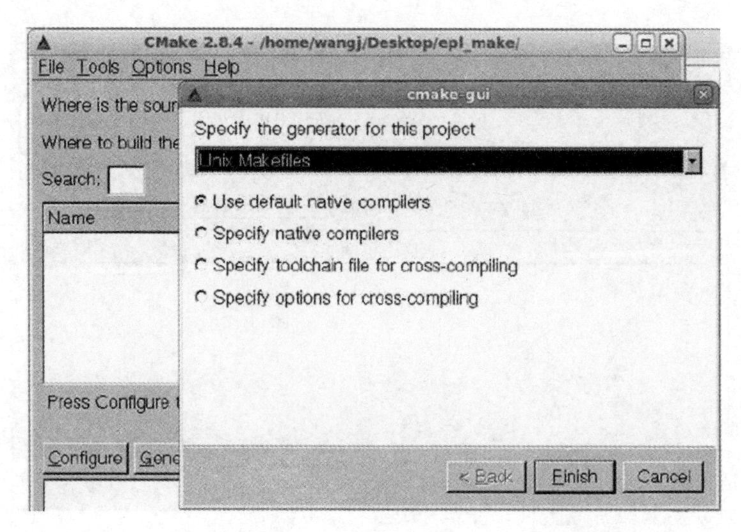

图 7-6　设置 configure

⑪ 打开 Linux 的 shell，cd 到 epl _ make 目录下，执行 make 命令，就完成了编译。

⑫ 安装，在 Linux 的 shell 里，cd 到 epl _ make 目录下，执行 makeinstall，就完成了安装。

⑬ 加载内核模块。如使用了内核的协议栈，需要首先加载内核模块，在 epl _ make/bin 目录下生成了一些文件，有 powerlink8139. ko 和 demo pi console。powerlink8139. ko 是内核模块，demo pi console 是应用程序。

在 Linux 的 shell 里敲入如下命令：

>cd bin

在 epl _ make/bin 目录下有刚刚编译生成的 powerlink8139. ko。

>sudo . /EplLoad-cmnobd. cdc powerlink8139. ko

加载该内核模块。

如需卸载模块，使用如下命令：

>cd bin

>sudo. /EplUnload powerlink8139. ko

⑭ 运行应用程序。

如果使用的是内核协议栈，在 Linux 的 shell 里敲入如下命令：

>cd bin

>. /demo pi console

如果使用的是用户空间协议栈，在 Linux 的 shell 里敲入如下命令：

>cd bin

>sudo . /demo pi console

7.3 基于 FPGA 的 POWERLINK 的实现

7.3.1　基于 FPGA 的 POWERLINK 的硬件架构

一个基于 FPGA 的 POWERLINK 最小系统需要如下硬件。

① FPGA：可以选用 ALTERA 或者 XILLINX，需要逻辑单元数在 5000Les 以上，对于 ALTERA 可以选择 CYCLONE4CE6 以上，对于 XILLINX 可以选择 spartan6。

② 外接 SRAM 或 SDRAM：需要 512Kbyte 的 SRAM 或者 SDRAM，与 FPGA 的接口为 16bit 或者 32bit。

EPOS 或者 FLASH 配置芯片：需要 2Mbyte 以上的 EPOS 或 FLASH 配置芯片来保存 FPGA 的程序。

拨码开关：因为 POWERLINK 是通过节点号来寻址的，每个节点自己都有一个 Node Id，可以通过拨码开关来设置节点的 Node Id。

以太网的 PHY 芯片：需要 1 个或 2 个以太网 PHY 芯片。在 FP GA 里用 VHDL 实现了一个以太网 HUB，因此如果有两个 PHY，那么在做网络拓扑的时候就很灵活，如果只有一个 PHY，那就只能做星形拓扑。POWERLINK 对以太网的 PHY 没有特别的要求，从市面上买的 PHY 芯片都可以使用，需要注意的是建议 PHY 工作在 RMII 模式。

一个基于 FPGA 的 POWERLINK 的硬件架构如图 7-7 所示。

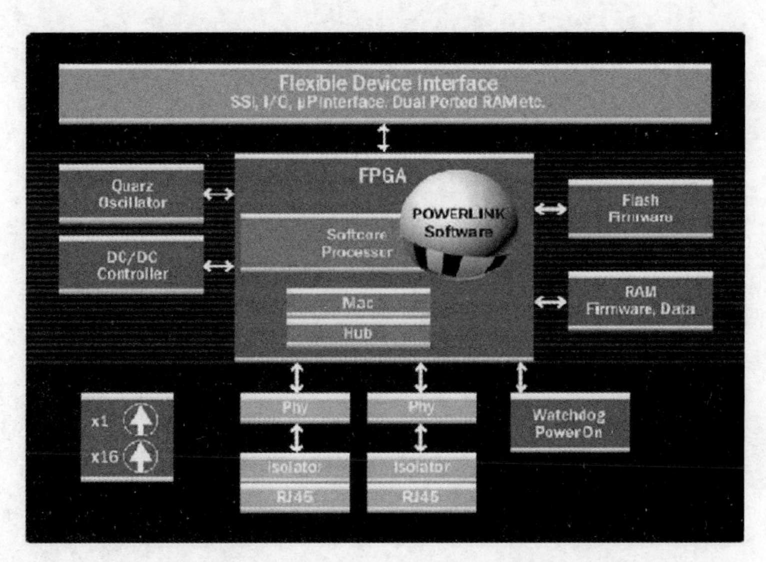

图 7-7　一个基于 FPGA 的 POWERLINK 的硬件架构

7.3.2　POWERLINK 和用户的应用在同一个 FPGA 上

在同一个 FPGA 上，除了实现 POWERLINK 以外，用户还可以把自己的应用加到该 FPGA 上，例如用 FPGA 做一个带有 POWERLINK 的 I/O 模块。该模块上除了带 POWERLINK 外还有 I/O 逻辑的处理。如图 7-8 所示。

7.3.3　基于 FPGA 的系统架构

因为 openPOWERLINK 的代码是 C 语言编写的，因此无法直接运行在 FPGA 上，因此需要在 FPGA 上实现一个软 CPU，POWERLINK 的 C 语言协议栈运行在软 CPU 上。对于 ALTERA 的 FPGA，ALTERA 公司提供的软 CPU 叫 NIOS；对于 XILLINX 的 FPGA，XILLINX 公司提供的软 CPU 叫 MicroBlaze。其系统架构如图 7-9 所示。

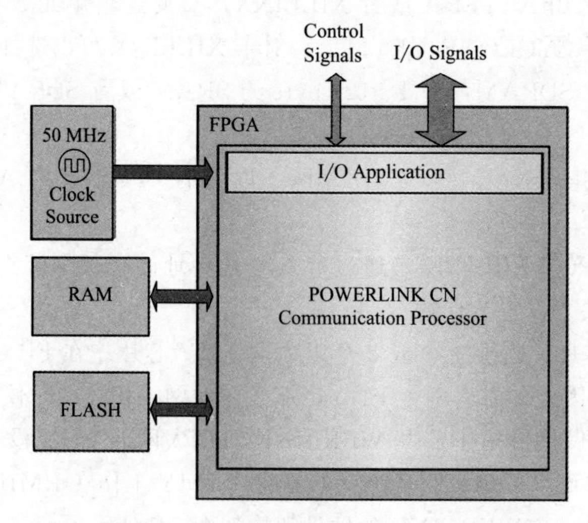

图 7-8　基于 FPGA 的 POWERLINK 的 I/O 模块

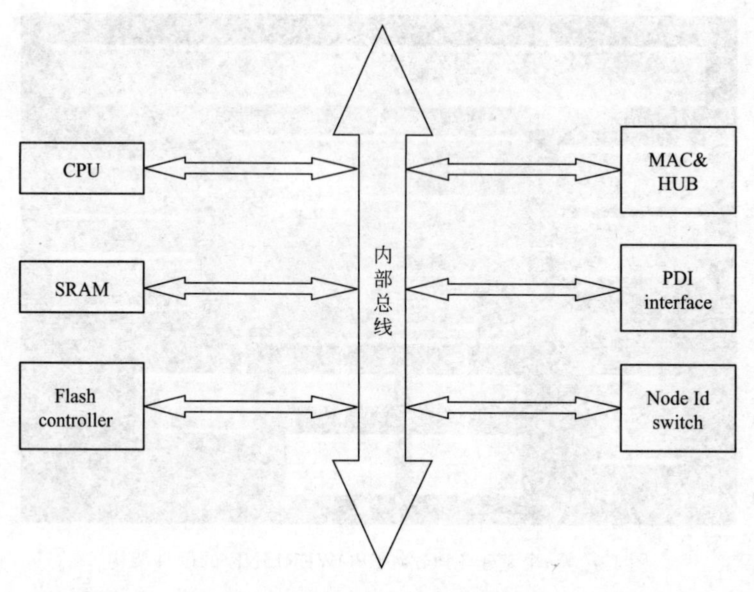

图 7-9　基于 FPGA 的系统架构

在这个系统中，SRAM、Flash、Node Id switch、PDI interface、MAC& HUB 都是 CPU 的外部设备，系统会给每个设备分配一个地址，在 CPU 中直接对各个地址操作，就可以访问各个外部设备了。如果用户想要添加自己的一些逻辑功能，实现自己的特定应用，可以编写一个外部设备，挂到总线上。

7.4 基于 ALTERA 的 FPGA 的实现

7.4.1 软件和硬件

软件需要安装 Quartus 10.0sp1 和 Nios Ⅱ 10.0sp1；硬件需要购买 POWERLINK 开发板。

7.4.2 FPGA 程序的编译和下载

打开基于 FPGA 的 POWERLINKdemo，这里包含了 FPGA 的 Quartus 工程和 Nios 工程。

文件夹“download”：下载 epcs 的脚本，用来将 FPGA 的程序写入 epcs。

文件夹“fpga”：FPGA 的 Quartus 工程。

文件夹“powerlink”：FPGA 的 Nios 工程。

文件夹“objdicts”：CANopen 的对象字典和 XDD 文件。

7.4.3 编译 Quartus 工程

使用 Quartus 10.0sp1 打开 fpga \altera \EBV DBC3C40 \nios2 openmac _ SPI multinios 文件夹下的 nios openMac. qpf 文件。

点击 按钮，打开 sopcbuilder，然后点击“Generate”按钮，等待 generate 完成。这里就是构建片上系统的地方，大家可以看到这里有 CPU 0，openMAC 0，cfi flash 0……这些外部设备通过内部总线连接起来。

然后回到 Quartus 工程界面，点击 ▶，编译 Quartus 工程，等待编译完成。

编译完以后，将 FPGA 程序下载到目标板。首先用下载线将电脑和目标板连接，然后点击“Tools”→“Programmer”。如图 7-10 所示。

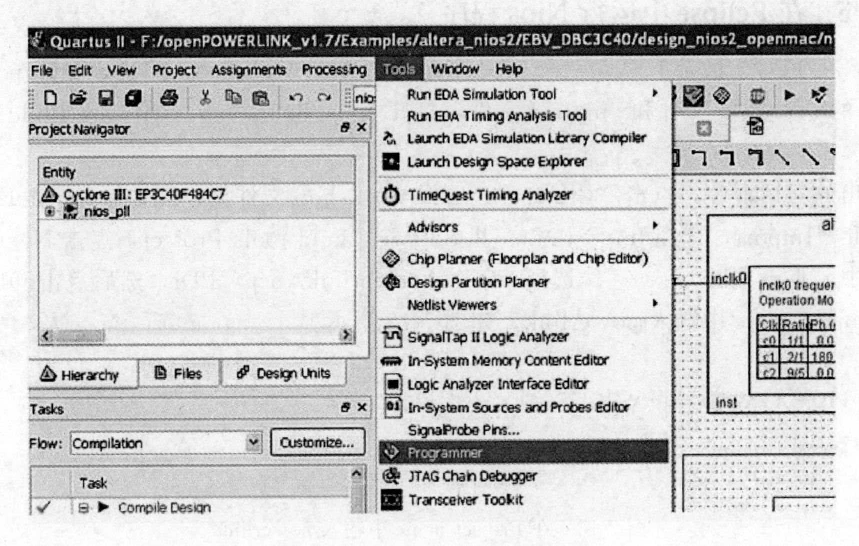

图 7-10 将电脑和目标板连接

点击 Start ，把程序下载到 FPGA，如图 7-11 所示。

7.4.4 编译 NiosⅡ工程

双击 \\FPGA \powerlink \pcp PDI 目录下的 ebuild. bat，在弹出的对话框中，输入 5，然后回车。在弹出的对话框中，输入 1 或者 2 然后回车（1：为 debug，这样编译出的程序会打印出很多调试信息，有助于调试；2：为 elease，这样编译出的程序基本上没有打印信

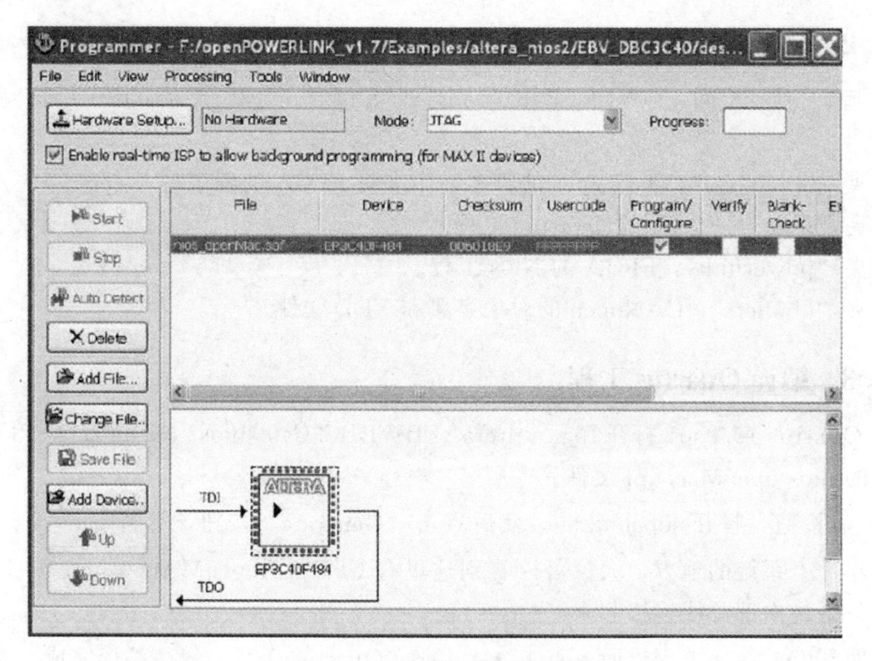

图 7-11　把程序下载到 FPGA

息)，Nios 程序就开始编译。若编译成功，则出现编译成功界面。

7.4.5　在 Eclipse 中运行 Nios 程序

首先，在 FPGA 目录下建立一个新文件夹，取名为 workshop。然后，删除 powerlink \ pcpPDI 下的 . cproject 文件和 . project 文件。打开 Nios Ⅱ 10. 0sp1 software Build Tools for Eclipse。

在弹出的对话框中，点击“Browse”。选择 workshop 文件夹，点击 OK。在 EclipseIDE 中选择 File→Import，选择 Import Nios Ⅱ Softwre Build tools Project，点击 Next。在弹出的对话框中，点击“Browse…”。选择 FPGA \powerlink \pcp _ PDI，然后点击 OK。

在 Project name 中输入 powerlink，如图 7-12 所示。

图 7-12　在 Project name 中输入 powerlink

取消 Managed project，选择 Cygwin Nios Ⅱ GCC，点击 Finish，如图 7-13 所示。

如果出现如下错误，点击 OK，如图 7-14 所示。

然后点击 Cancel。这样，就在 eclipse 中把 Nios 工程导入成功了，下面可以调试和运行。点击 的三角，选择“debug configurations. . . ”。

右键单击“Nios Ⅱ hardware”，选择 new。左键单击 new configuration，在 project name 栏点击下拉框，选择 powerlink（刚刚创建的 project 的名字）。

然后在 Target Connection 里面，勾选 Ignore mismatched system ID 和 Ignore mis-

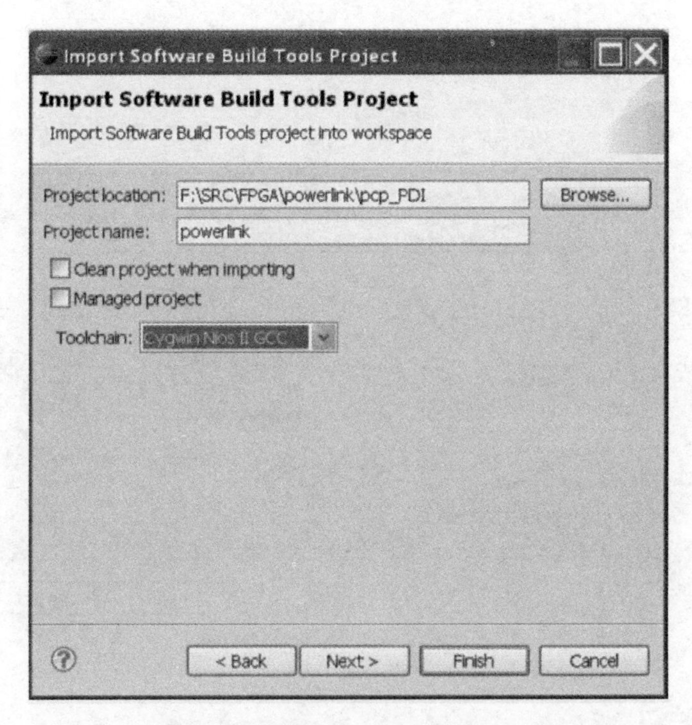

图 7-13 选择 Cygwin Nios Ⅱ GCC

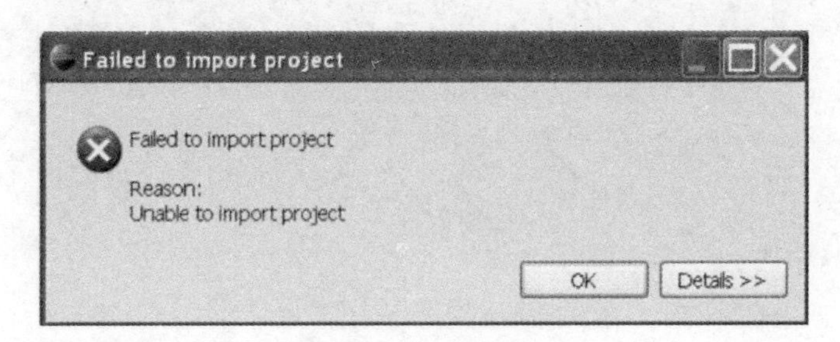

图 7-14 错误处理

matched system time stamp，如图 7-15 所示。

最后点击“Refresh Connections”，将目标板的 Nios Ⅱ刷出来，可以多点几次该按钮。如果能正确刷 Nios Ⅱ CPU，就可以点击“debug”进行调试了。接下来用网线将电脑和 FPGA 板连接（一端接 FPGA 的网口，另一端连接 PC 机网口）。

7.4.6 PC 主站程序的编译

将 POWERLINK 基于 PC 的主站运行起来（前面讲过了 Windows 作主站的配置过程）。

在这里打开基于 FPGA 的 DEMO 中 \Examples \X86 \Windows \VC8 \demo_cfmpcap 下的 visualstudio 工程（用 VS2008），然后打开“调试”→“开始执行”，主站程序就会编译并运行。

POWERLINK 程序检测出 PC 机所有的网卡，选择用于 POWERLINK 的网卡，在这里用 3 号网卡，输入 3，然后回车。如果不知道自己用的是哪个网卡，可以把所有的网卡都试一次。

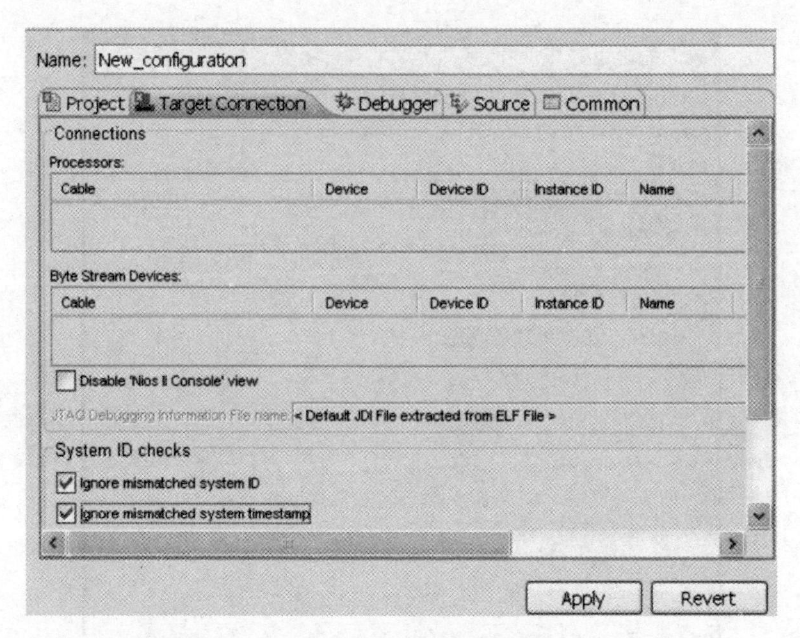

图 7-15 Target Connection 设置

Chapter 08

POWERLINK通信诊断

8.1 所需软件 Wireshark 简介

Wireshark 是一个通用的以太网诊断工具，可以诊断多种基于标准以太网的协议。因为 POWERLINK 是基于普通以太网的，因此也可以使用该工具进行诊断。该工具是一个开源的公共工具。该工具中关于 POWERLINK 的介绍在网站 http：//www.wireshark.org/docs/dfref/e/epl.html。

8.2 Wireshark 使用方法

8.2.1 下载及安装

下载并安装 Wireshark。

8.2.2 网络连接

将安装了 Wireshark 的电脑的以太网口与 POWERLINK 的网络相连，网络架构如图 8-1 所示。

8.2.3 运行 Wireshark

运行 Wireshark，如图 8-2 所示。

点击 “list the available capture interfaces”，会在弹出的窗口中列出所有的可用网口，选择和 POWERLINK 网络相连的那个网口。这里使用了“Marvell Yukon Ethernet Controller”，点击该网卡后面的 Start 按钮，开始抓取 POWERLINK 网络上的数据包。

8.2.4 Wireshark 数据分析

Wireshark 有三个窗口，最上边的窗口显示抓取的数据包的编号、时间、源 MAC 地址、目标 MAC 地址、协议类型、附加信息等。

对于 Preq 数据帧有目标 Node 号，即该数据包发往哪个节点（dst=1），Pres 数据帧有源 Node 号，即该数据包由哪个节点发出（src=1）。

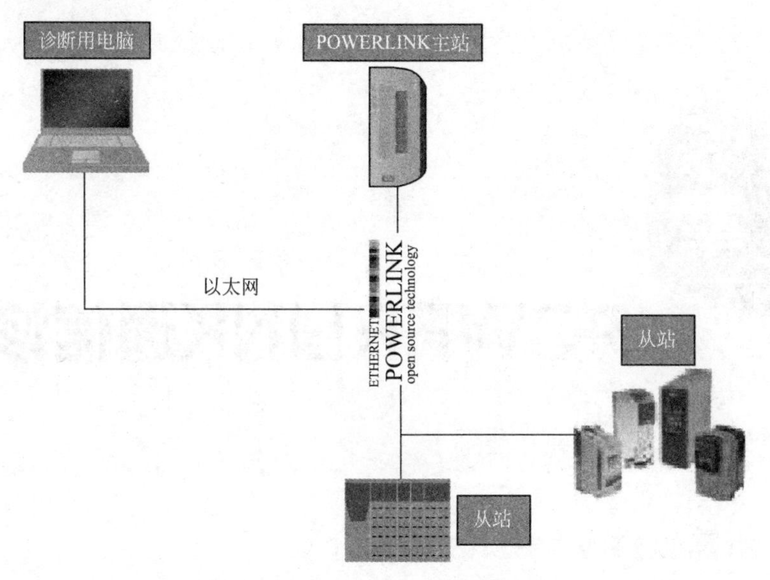

图 8-1　POWERLINK 的网络架构

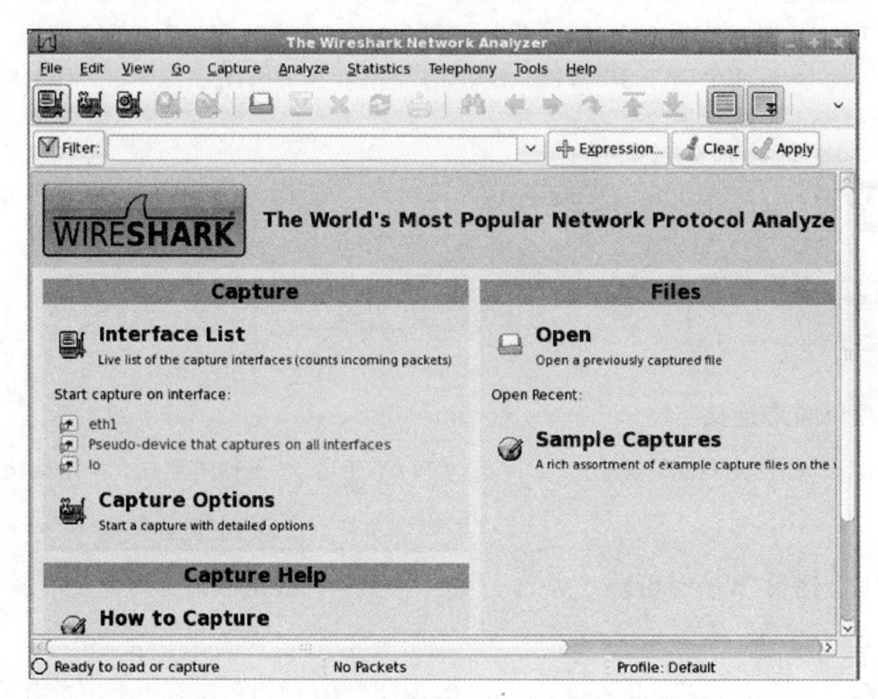

图 8-2　Wireshark 运行图

单击，选择该窗口中的某一行，也就是选中了一个数据包。中间的窗口和最下边的窗口内容就会改变，最下面窗口的内容是选中的数据包的内容（以 16 进制的格式显示），如图 8-3 所示。

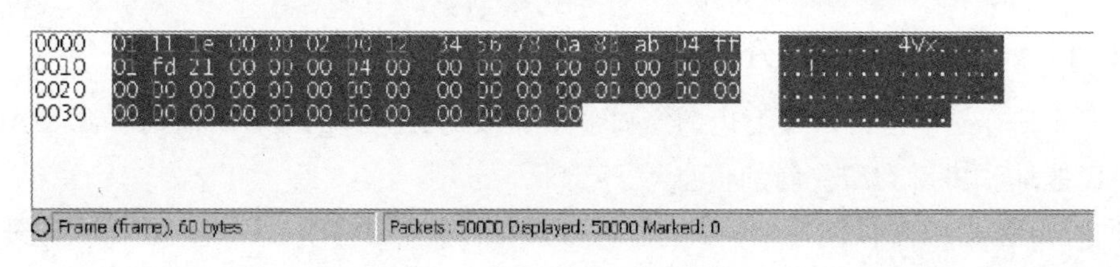

图 8-3　选中的数据包的内容

中间窗口的内容为数据包中各个数据段的内容，以及数据包中各个数据段的含义，如图8-4所示。

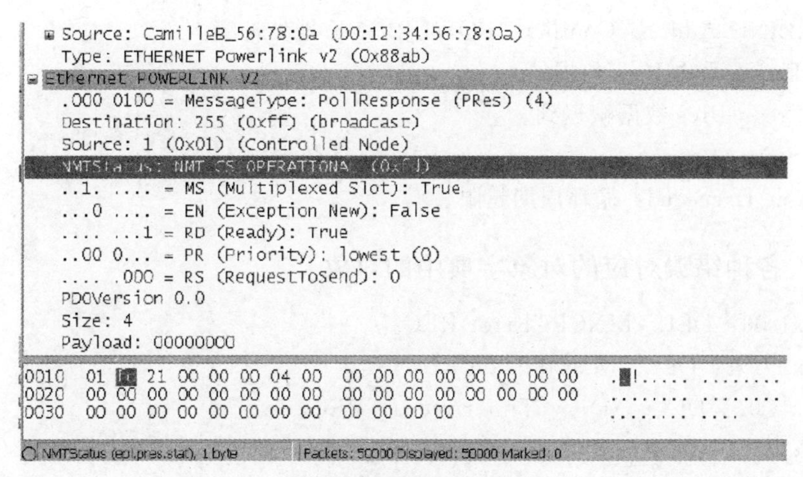

图8-4　各个数据段的内容及含义

8.3 POWERLINK通信错误处理

通信过程中不可避免地会出现各种各样的错误，例如数据传输错误、物理连接出现问题等。POWERLINK对于可能会出现的各种错误都作了定义。

8.3.1 错误处理机制

对于每一种可能会出现的错误，POWERLINK协议栈都有两个参数来描述：THRESHOLD COUNTER和THRESHOLD。

THRESHOLD COUNTER用来记录某种错误出现的次数，每次出现该种错误，THRESHOLD COUNTER的值就会增加8，每次正常工作，该值就会减1。这就意味着每出现1次这种错误，就需要8次正常的工作来消除。

THRESHOLD表示THRESHOLD COUNTER值的上限，即当THRESHOLD COUNTER的值超过了THRESHOLD POWERLINK协议栈就会触发一个ERROR，并通过事件回调函数通知用户的应用程序，采取相应的措施。同时会把该ERROR写入0x1003这个object。0x1003保存了各种错误的历史记录，用户可以通过读此object来查看出错记录。

8.3.2 POWERLINK可能出现的错误

Loss of Link：物理连接断线。

Incorrect physical operate Mode：不正确的物理操作模式。

TxBuffer Underrun，RxBuffer Overflow：发送缓冲区不足，接收缓冲区溢出。

CRC Error：CRC错误。

Collision：冲突。

Invalid Format：不正确的数据格式。

SoC Jitter out of range：SoC抖动超出范围。

Loss of Preq：丢失Preq数据帧。

Loss of SoA：丢失 SoA 数据帧。

Loss of SoC：丢失 SoC 数据帧。

POWERLINK Address Conflict：POWERLINK 地址冲突。

Loss of Pres：丢失 Pres 数据帧。

Late of Pres：Pres 数据帧迟到。

Loss of Status Response：丢失 Status Response 数据帧。

Cycle Time Exceeded：循环周期超限。

8.3.3 各种错误对应的对象字典中的对象

Object0x1c00：DLL _ MNCRCError REC。

Object0x1 C01：DLL _ MNCollision REC。

Object0x1C02：DLL _ MNCycTimeExceed _ REC。

Object0x1 C03：DLL _ MNLossofLinkCum _ U32。

Object0x1C04：DLL _ MNCNLatePresCumCnt _ U32。

Object0x1 C05：DLL _ MNCNLatePresThrCnt _ U32。

Object0x1C06：DLL _ MNCNLatePresThrCnt _ U32。

Object0x1C07：DLL _ MNCNLossPresCumCnt _ U32。

Object0x1C08：DLL _ MNCNLossPresThrCnt _ U32。

Object0x1C09：DLL _ MNCNLossPresThrCnt _ U32。

Object0x1C0A：DLL _ CNCollision _ REC。

Objec0x1C0B：DLL _ CNLossSoC _ REC。

Object0x1C0C：DLL _ CNLossSoA _ REC。

Object0x1C0D：DLL _ CNLossPrec _ REC。

Object0x1C0E：DLL _ CNSoCJitter _ REC。

Object0x1C0F：DLL _ CNCRCError _ REC。

Object0x1C10：DLL _ CNLossofLinkCum _ U32。

Object0x1C12：DLL _ MNCycleSuspendNumber _ U32。

Object0x1 C13：DLL _CNSoCJitterRange _ U32。

Object0x1 C15：DLL _ MNLossStatusPresCumCnt _ U32。

Object0x1C16：DLL _ MNLossStatusPresThrCnt _ U32。

Object0x1C17：DLL _ MNLossStatusPresThreshold _ U32。

Object0x0424：DLL _ ErrorCntRec _ TYPE。

用户可以通过 Ep1ApiReadObject（ ）和 Ep1ApiWriteObject（ ）来访问这些参数。

Chapter 09

POWERLINK技术应用实例

9.1 POWERLINK 贝加莱主站配置过程

9.1.1 硬件架构

POWERLINK 贝加莱主站硬件架构如图 9-1 所示。

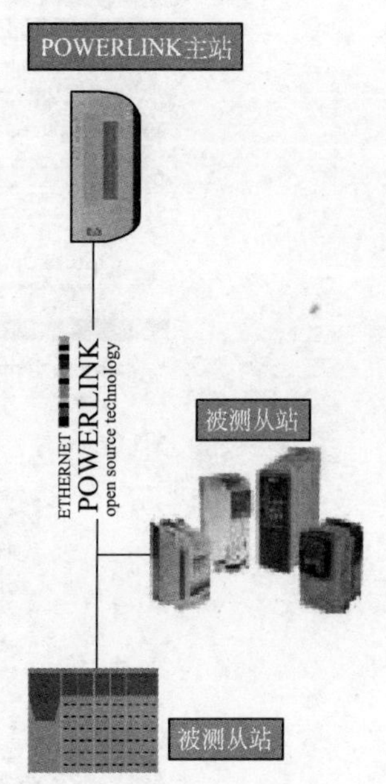

图 9-1 POWERLINK 贝加莱主站硬件架构

9.1.2 软件条件

(1) Automation Studio

此软件用于对 POWERLINK 主站（贝加莱 PLC）的编程和监控，如图 9-2 所示。

(2) Wireshark

此软件用于监控 POWERLINK 网络，分析 POWERLINK 数据包，如图 9-3 所示。

9.1.3 配置过程

新建工程，打开 Automation Studio，点击 File→New Project，如图 9-4 所示。

在弹出的对话框中填写工程的名称（例如 powerlink _ mn），然后点击“Next”，如图 9-5 所示。

保存默认配置，再点击 Next，如图 9-6 所示。

接下来选择硬件平台（PLC 的型号），这里以 X20CP1486 为例，选择好 PLC，点击“Next”，如图 9-7 所示。

最后点击“Finish”完成，如图 9-8 所示。

接下来加入 POWERLINK 的从设备，导入 XDD 文件：点击“Tools”→“Import Fieldbus Device...”，选择要导入的 XDD 文件，如图 9-9 所示。

选择要导入的 XDD 文件，然后点击“open”，XDD 文件就会被检查并导入，如图 9-10 所示。

在 Automation Studio 下方会给出提示 XDD 文件的信息，如 warning 或者 error。如果

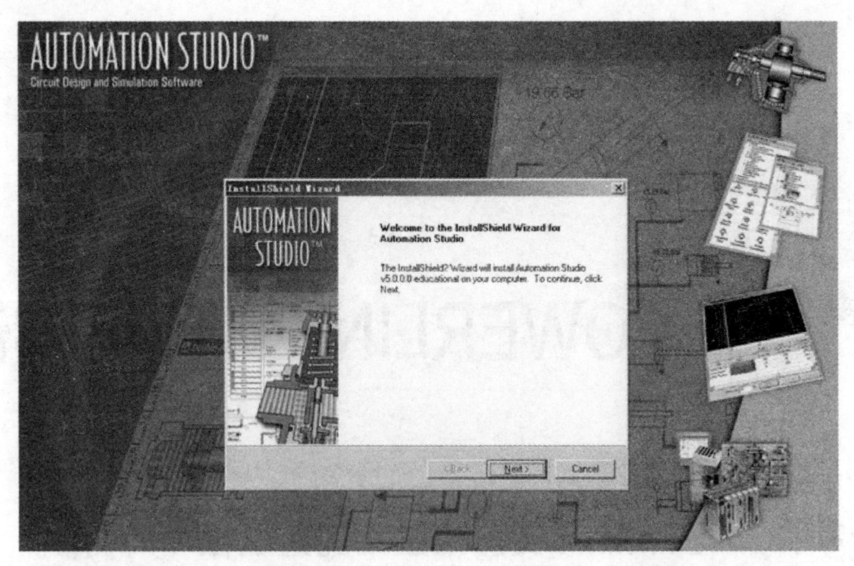

图 9-2　Automation Studio

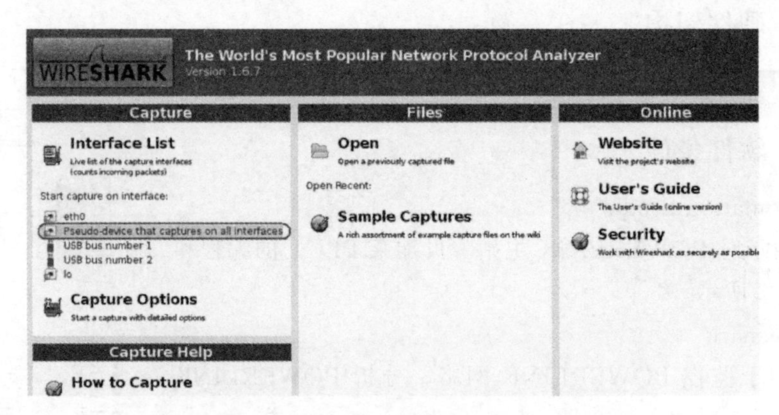

图 9-3　Wireshark

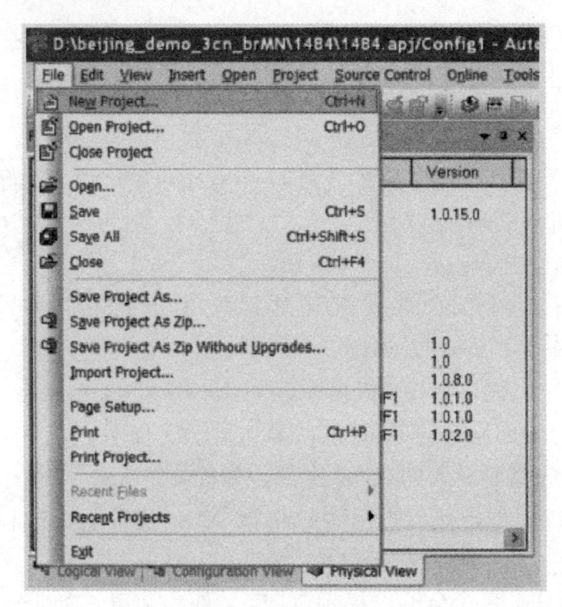

图 9-4　新建工程

New Project Wizard
Enter the base parameters for the new project (name, path, description,...).
Name of the project
powerlink_mn
Path of the project
D:\test\powerlink_mn
Browse...
Copy Automation Runtime support files into project
Use PC Based Simulation Runtime AR000
Description of the project
Next >
Cancel

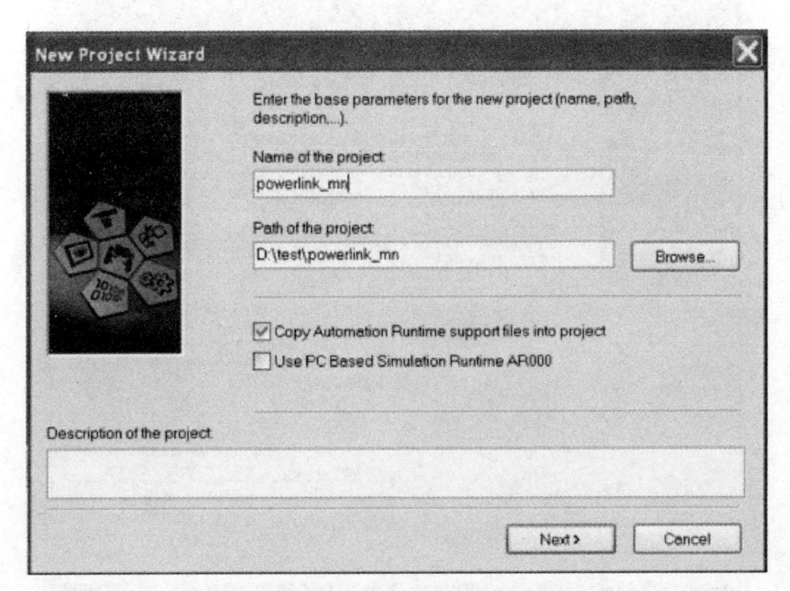

图 9-5　填写工程的名称

New Project Wizard
Enter the parameters of the new configuration.
Name of the configuration:
Config1
Name of the PLC:
PLC1
Define a new hardware configuration
Identify control system online
Reference an existing hardware configuration
Browse...
Description of the configuration:
< Back
Next >
Cancel

图 9-6　保存默认配置再点击“Next”

XDD 文件有错误，会给出错误信息。如图 9-11 所示。

如果 XDD 文件没有错误，就会导入成功。接下来，在逻辑中将该 POWERLINK 从站加入到网络中。点击 Automation Studio 左侧的“physical View”，右键单击“X20CP1486”。如图 9-12 所示。

选择“open POWERLINK”，如图 9-13 所示。

在弹出的窗口中，右键单击“IF3”，选择“Insert”，如图 9-14 所示。

在弹出的窗口中选择刚刚加入的设备，然后点击“Next”，如图 9-15 所示。

接下来设置 Node ID，默认值为 1，再点击“Next”。如图 9-16 所示。

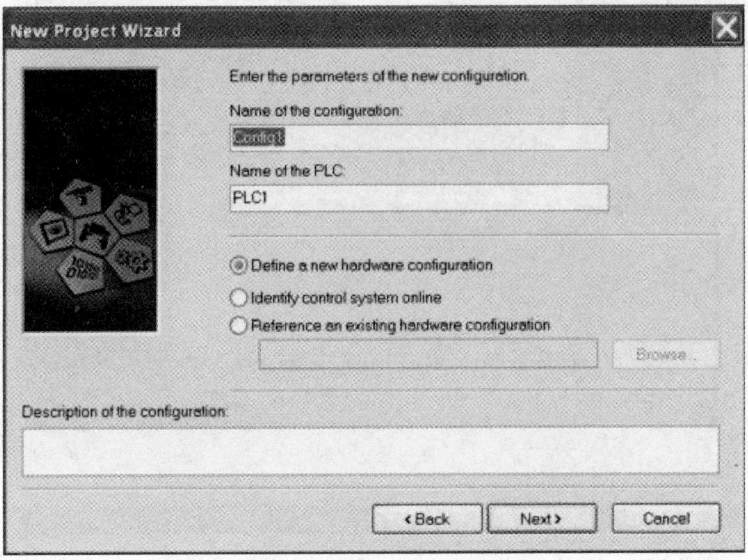

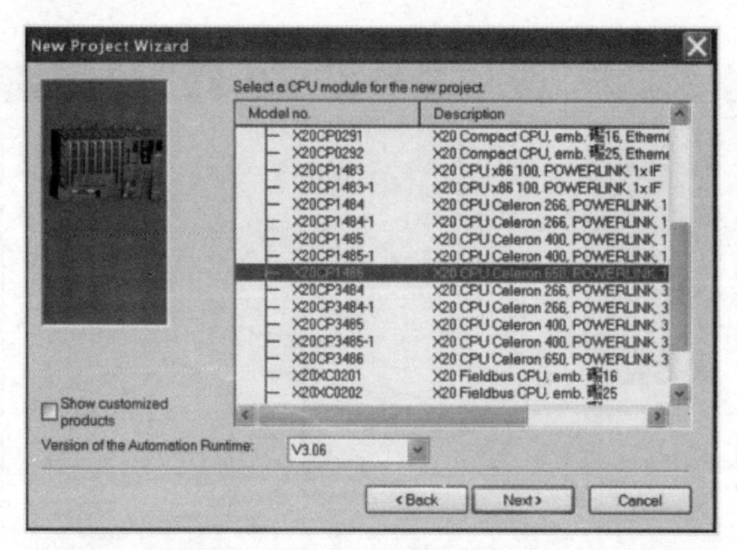

图 9-7 选择硬件平台（PLC 的型号）

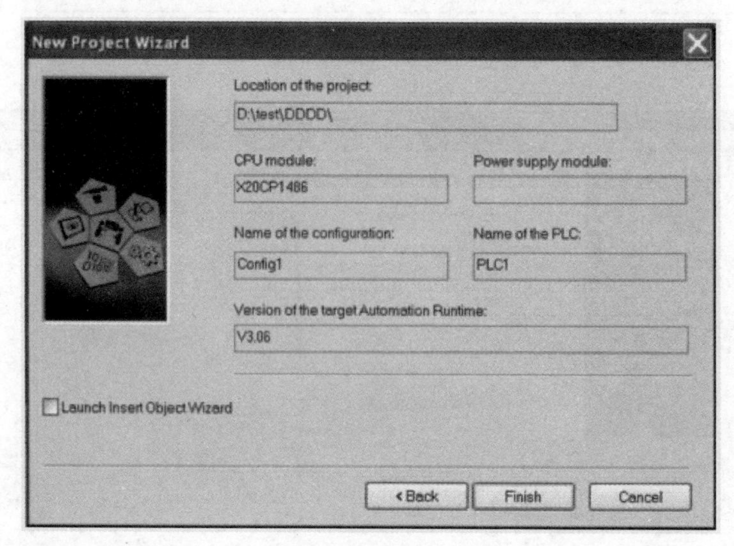

图 9-8 完成

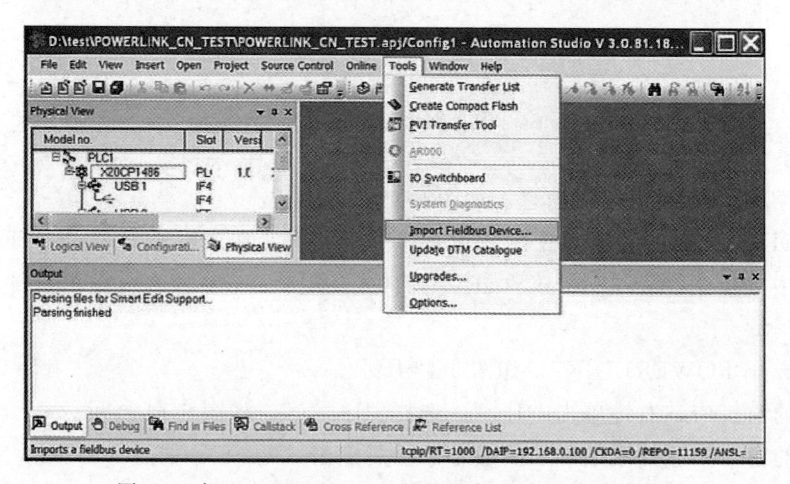

图 9-9 加入 POWERLINK 的从设备，导入 XDD 文件

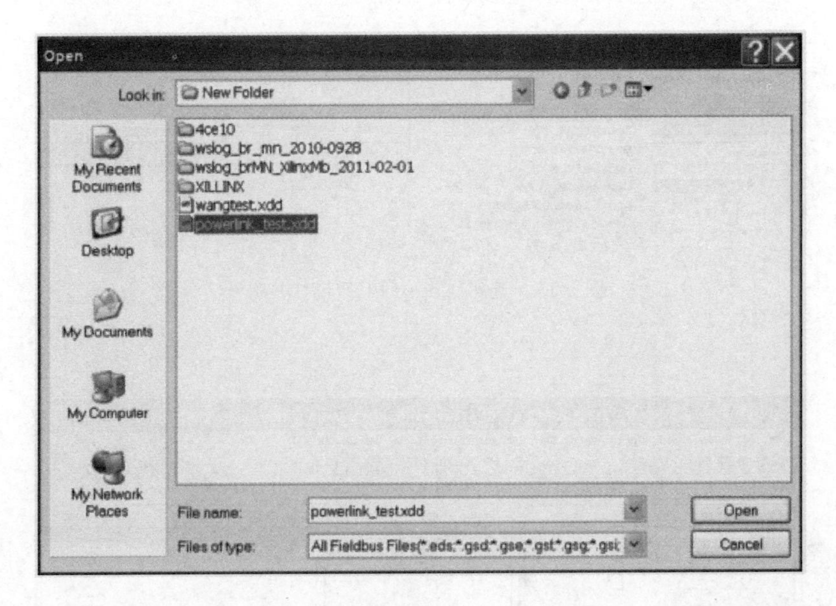

图 9-10　选择要导入的 XDD 文件

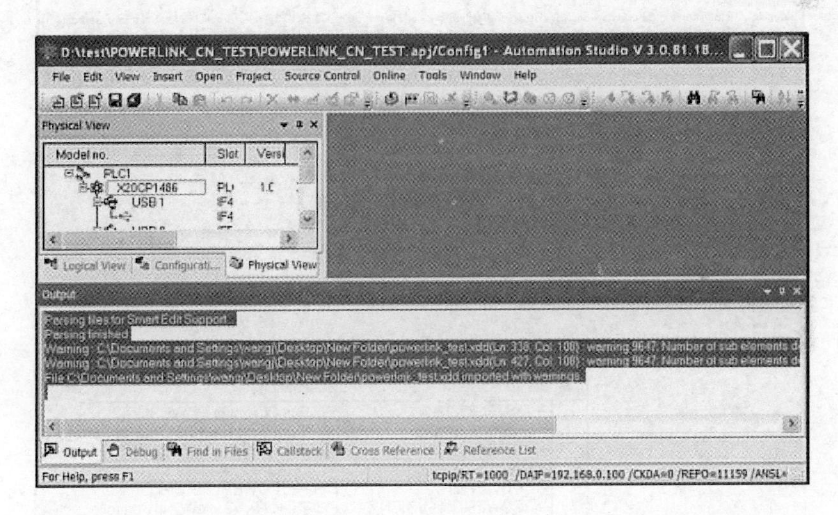

图 9-11　在 Automation Studio 下方会给出提示 XDD 文件的信息

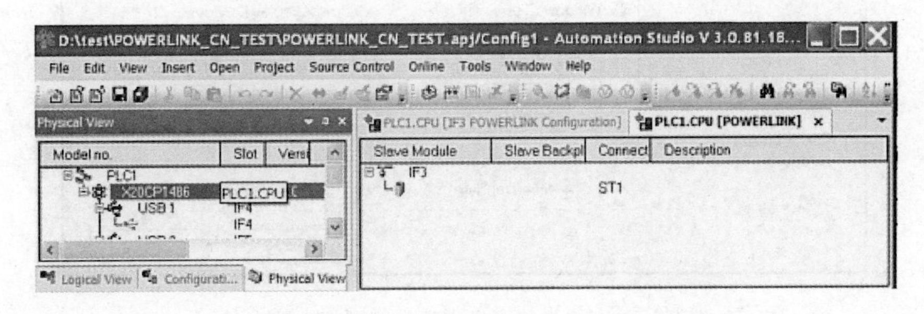

图 9-12　将该 POWERLINK 从站加入到网络中

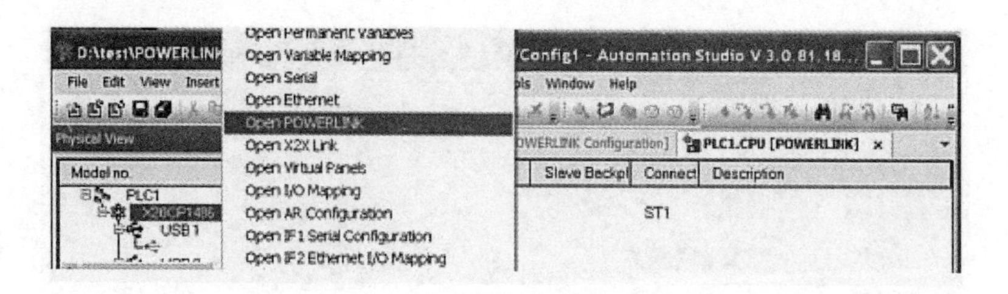

图 9-13 选择“open POWERLINK”

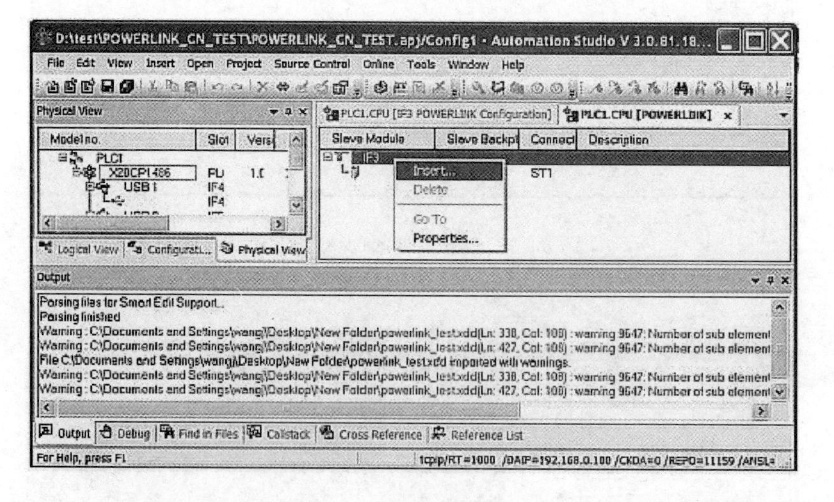

图 9-14 选择“Insert”

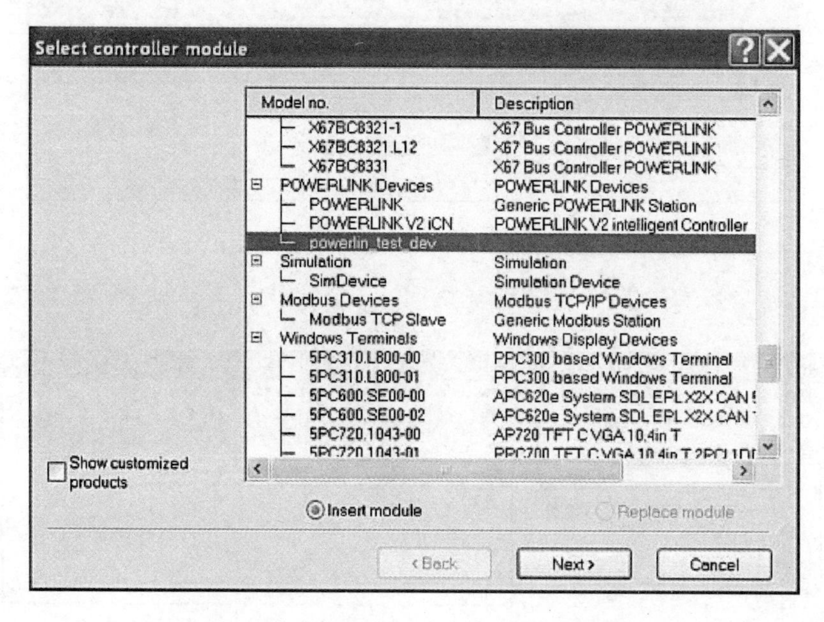

图 9-15 在弹出的窗口中选择刚刚加入的设备

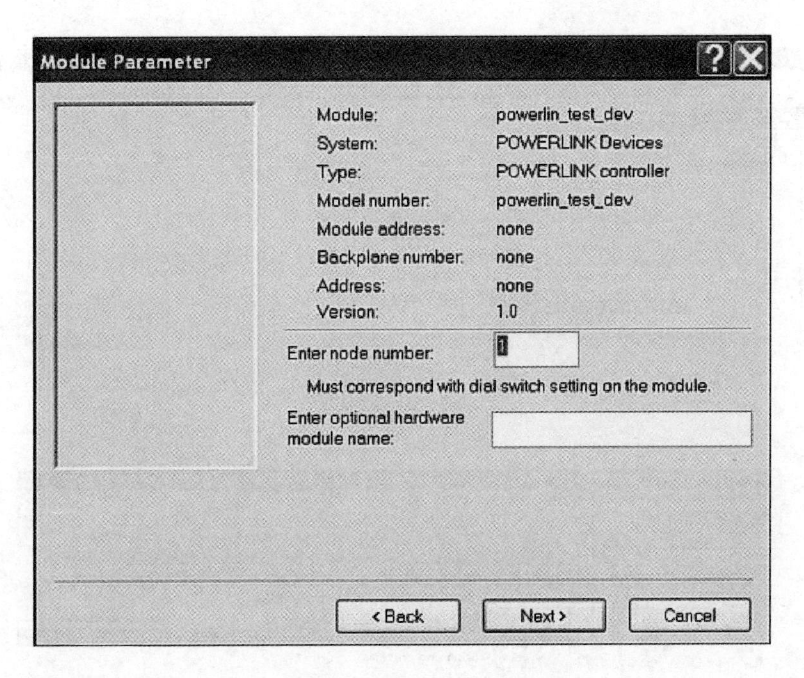

图 9-16　设置 Node ID

此时，就能在主站的 POWERLINK 口看到刚刚加入的设备，如图 9-17 所示。

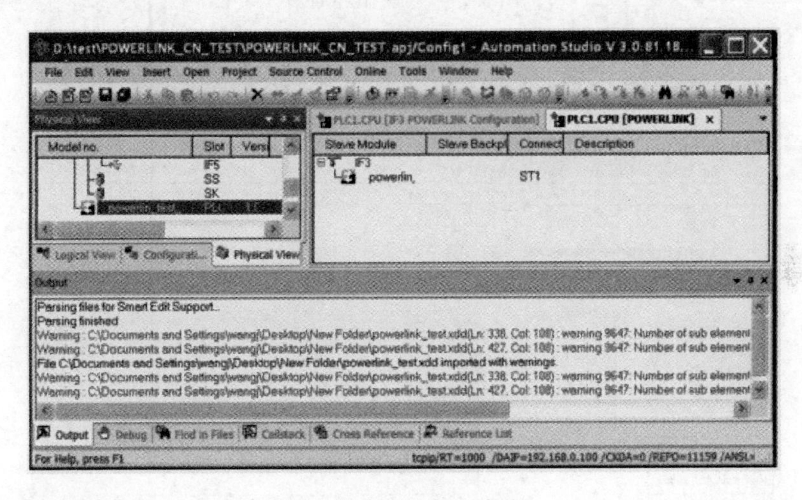

图 9-17　从站加入成功

下面来配置 PDO 和 POWERLINK 的参数。

首先配置主站的参数。

右键单击“X20CP1486”，选择“open IF3 POWERLINK Configuration”，如图 9-18 所示。

修改循环周期：在弹出的窗口中配置循环周期，将“Cycle time”设置为希望的数值，单位为 μs，如图 9-19 所示。

下面来配置从站的参数。

右键单击刚刚加入的设备，选择“Open I/O Configuration”，如图 9-20 所示。

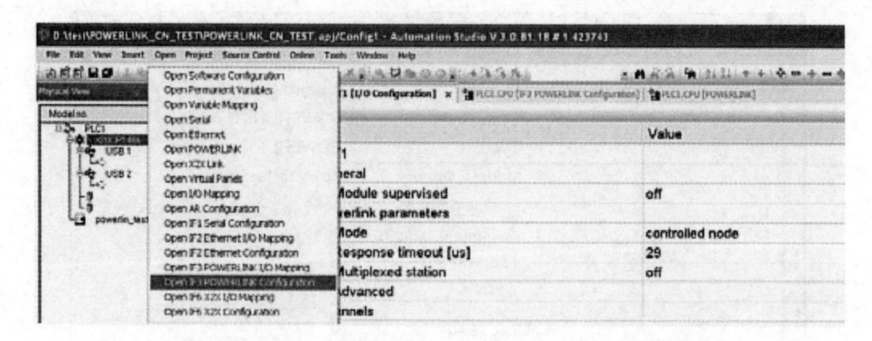

图 9-18　选择“open IF3 POWERLINK Configuration”

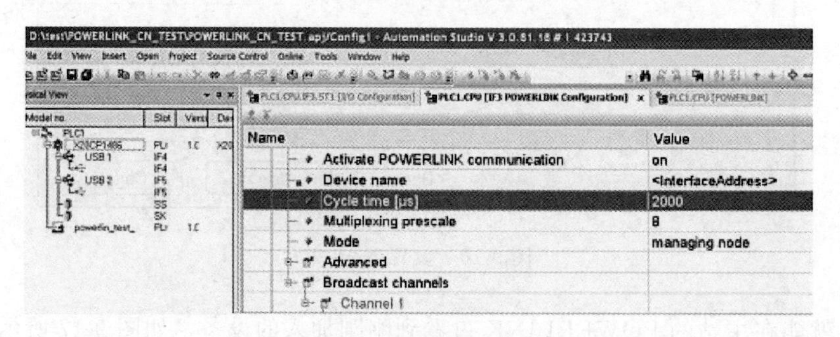

图 9-19　修改循环周期

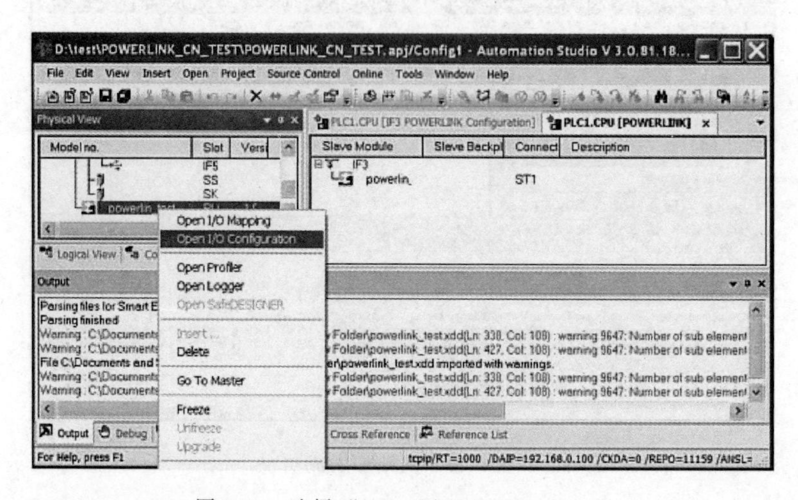

图 9-20　选择“Open I/O Configuration”

在弹出的窗口中，将“Module supervised”设置为“off”，如图 9-21 所示。

下面来配置 PDO。

点击“channels”，配置要传输的 PDO。如果想让某个 object 在 PDO 中通信，展开该 object，将“cyclic transmission”设置为“read”或“write”。然后点击保存。

将 PDO 中的 object 与主站应用程序的变量绑定：

选择刚刚加入的硬件，右键单击，选择“Open I/O Mapping”，如图 9-22 所示。

这里显示了需要在 PDO 中传输的 object 的信息，包括 Name、数据类型等，选择一个要测

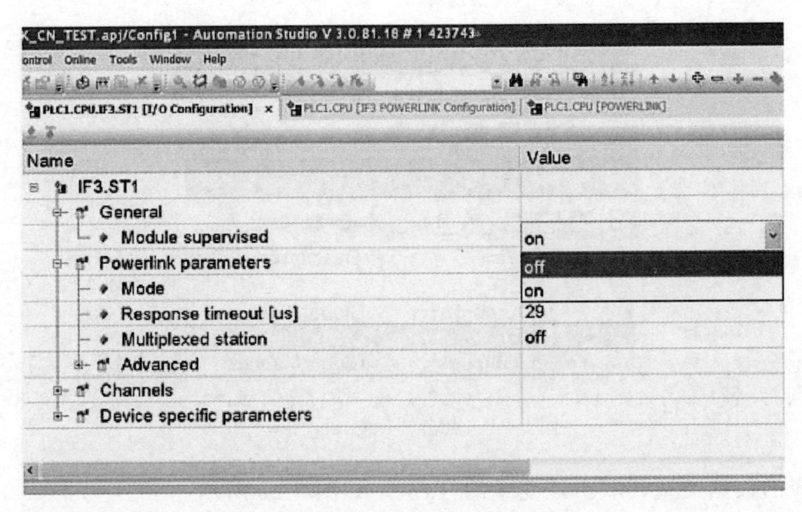

图 9-21　设置“Module supervised”

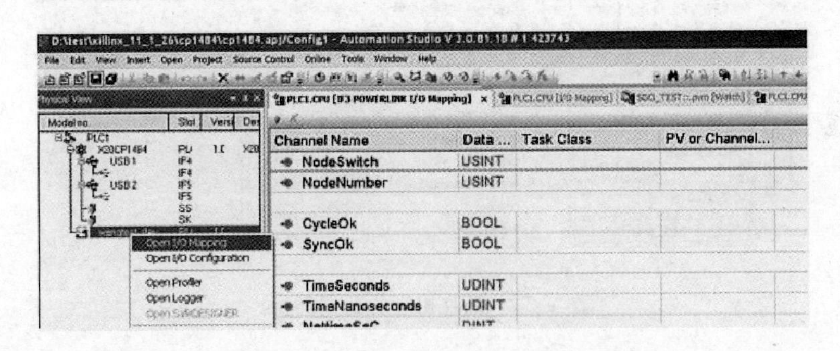

图 9-22　选择“Open I/O Mapping”

试的 object，根据其 Name 在 XDD 文件中找到其对应的索引（Index）和子索引（subIndex）。如图 9-23 所示。

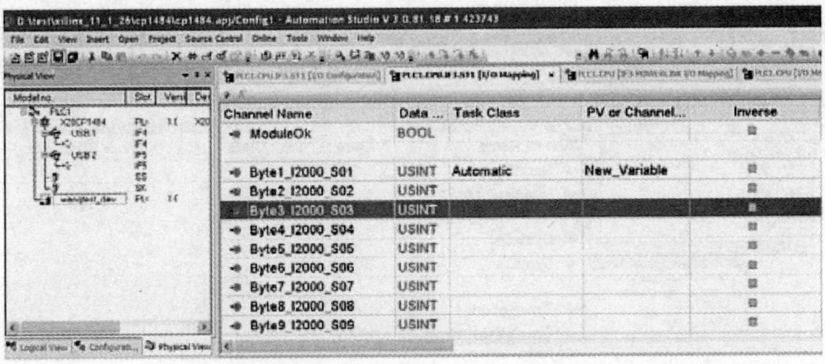

图 9-23　传输的 object 的信息

点击 Automation Studio 左侧的“Logical View”，如图 9-24 所示。

双击“Global.var　Global variables”，在右边弹出的窗口中，右键单击任何位置，选择“add variable”，就会自动添加一个新的变量到应用程序，修改该变量的名称和类型。

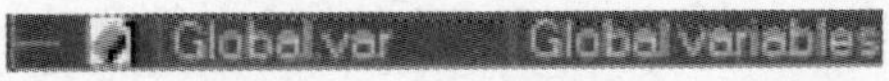

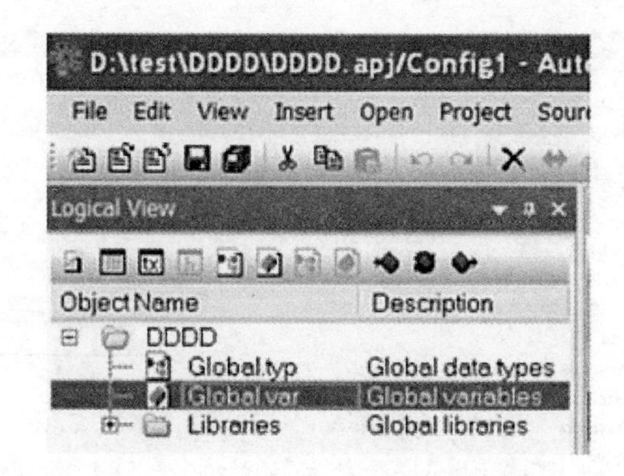

图 9-24　点击“Logical View”

修改相应的数据类型，双击该变量的 Type，如图 9-25 所示。

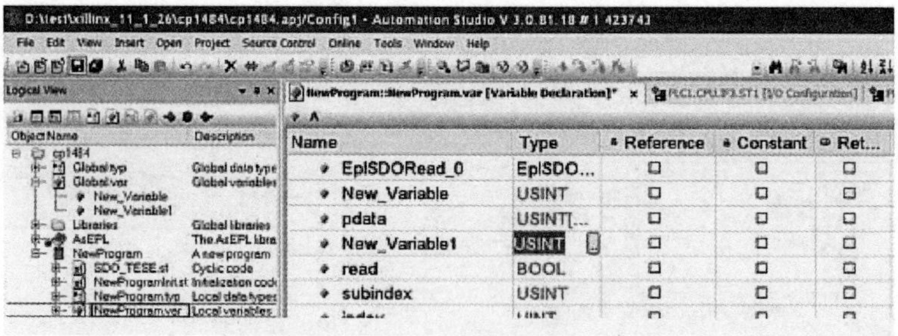

图 9-25　修改相应的数据类型

在弹出的窗口中选择相应的数据类型，该变量的数据类型应该与被测试的 object 的类型相同。

接下来，将变量与 object 绑定。

选择刚刚加入的硬件，右键单击，选择“Open I/O Mapping”，如图 9-26 所示。

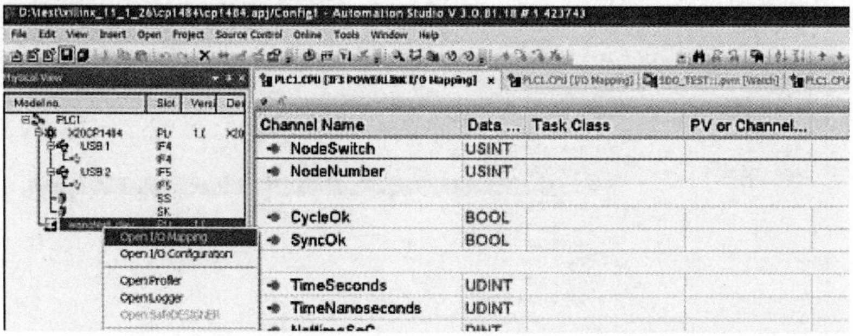

图 9-26　选择“Open I/O Mapping”

双击要测试的 object 的“PV or Channel Name”列，点击[...]，如图 9-27 所示。

在弹出的窗口中选择刚刚加入的变量，然后点击“OK”，如图 9-28 所示。这样就完成了程序中的变量与 PDO 中 object 的绑定，结果如图 9-29 所示。

最后，编写一个程序，来控制刚刚添加的变量，由于变量与 object 绑定了，因此改变变

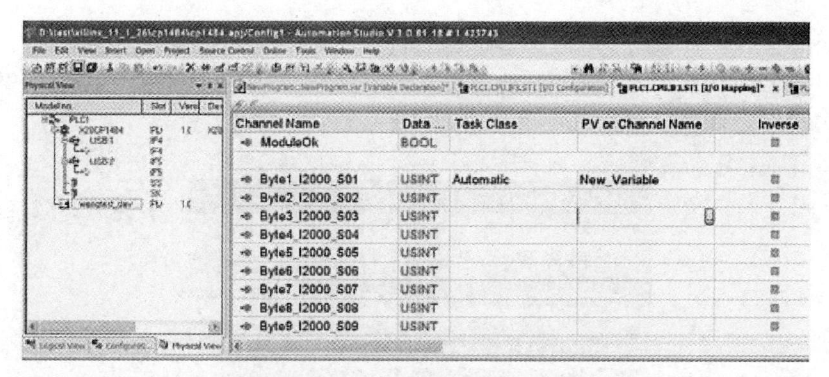

图 9-27　双击要测试的 object 的“PV or Channel Name”列

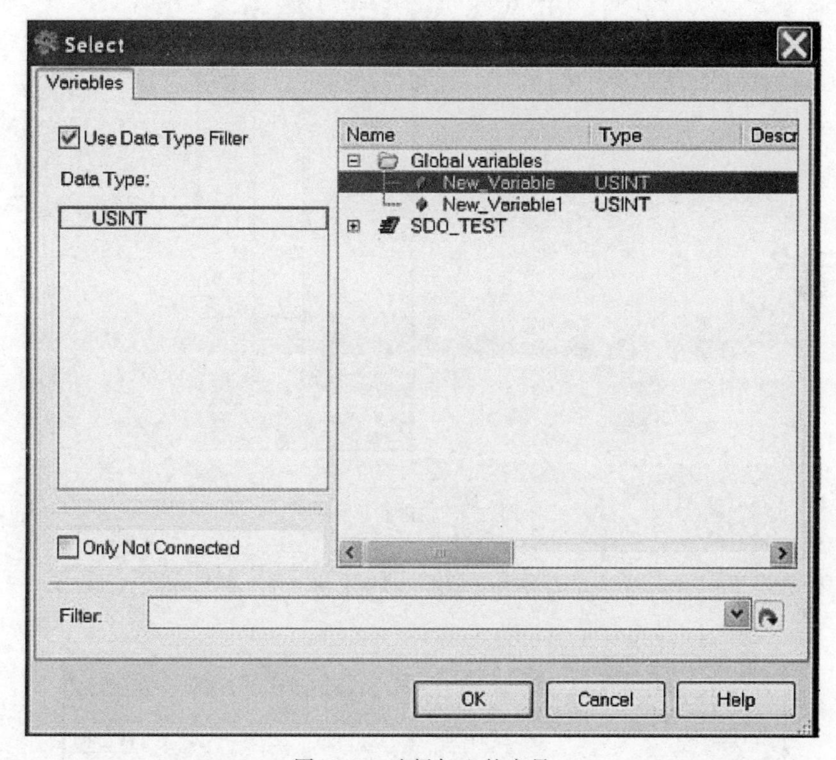

图 9-28　选择加入的变量

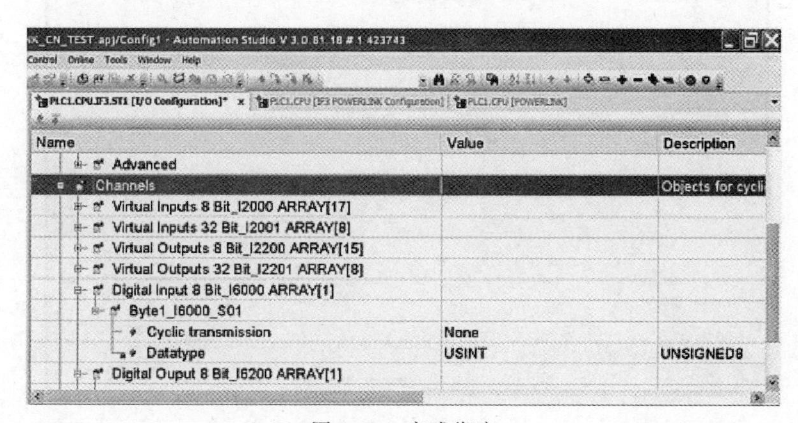

图 9-29　完成绑定

量的值，也就改变了从站 object 的值。

在“Logical View”里，右键单击“POWERLINK _ MN”工程，选择“Add Object”，如图 9-30 所示。

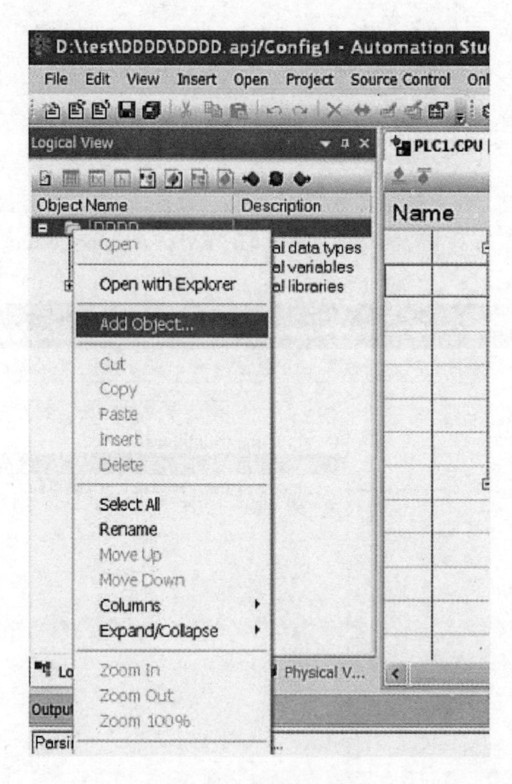

图 9-30 添加工程

选择 Program→New Program，然后点击“Next”。如图 9-31 所示。

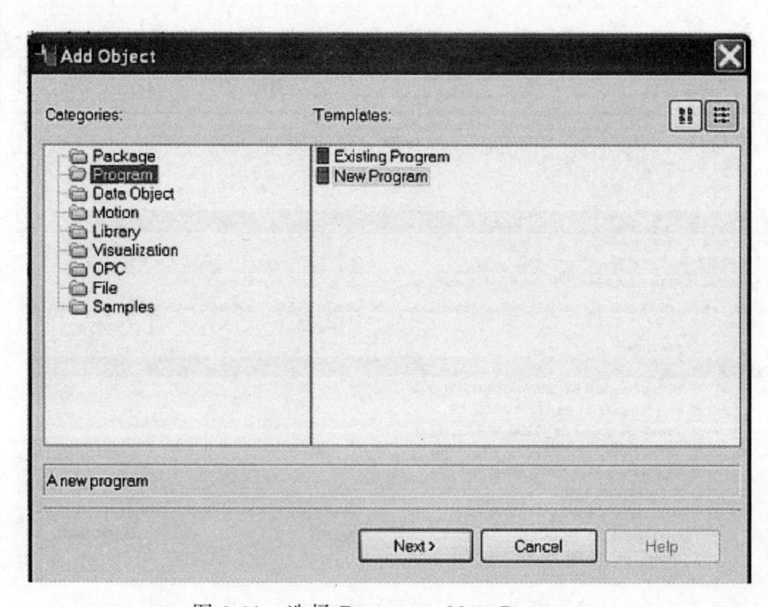

图 9-31 选择 Program→New Program

然后再选择“Next”，如图 9-32 所示。

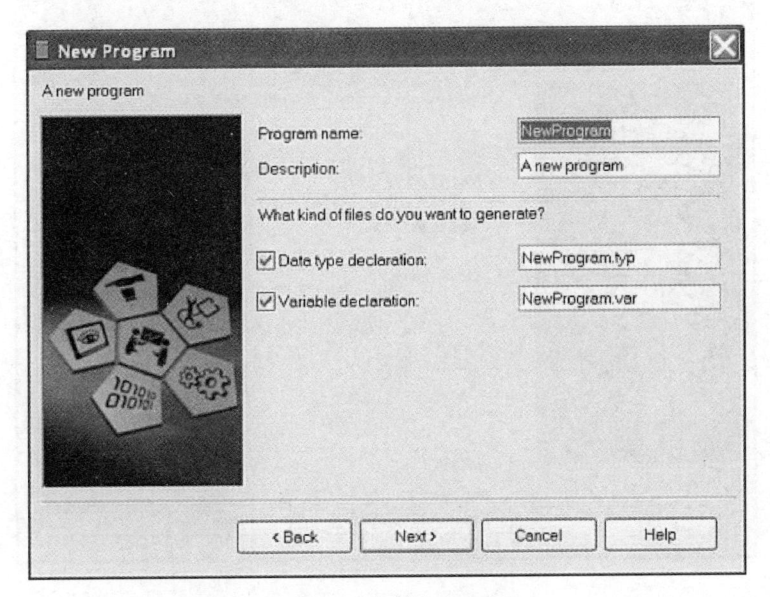

图 9-32 再选择“Next”

Language 选择“ANSIC”，如图 9-33 所示。

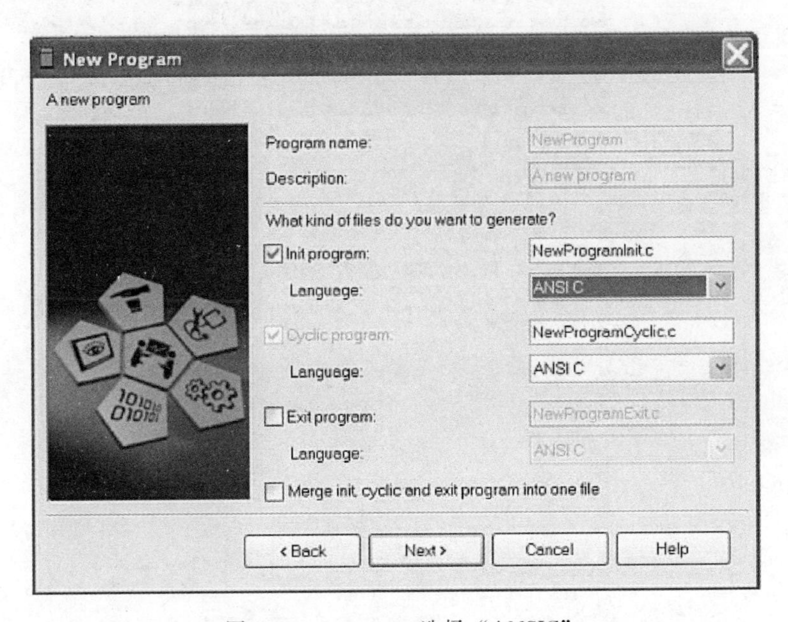

图 9-33 Language 选择“ANSIC”

点击“Finish”，如图 9-34 所示。

双击 Logical View 下的“NewProgramCyclic. c”，如图 9-35 所示。

在弹出的对话框中编写程序，如图 9-36 所示。

编译工程，点击“compile”按钮，等待编译完成，如图 9-37 所示。

编译完成后，得到相关信息。如果有错误，看 Automation Studio 下方的信息。如图 9-38 所示。

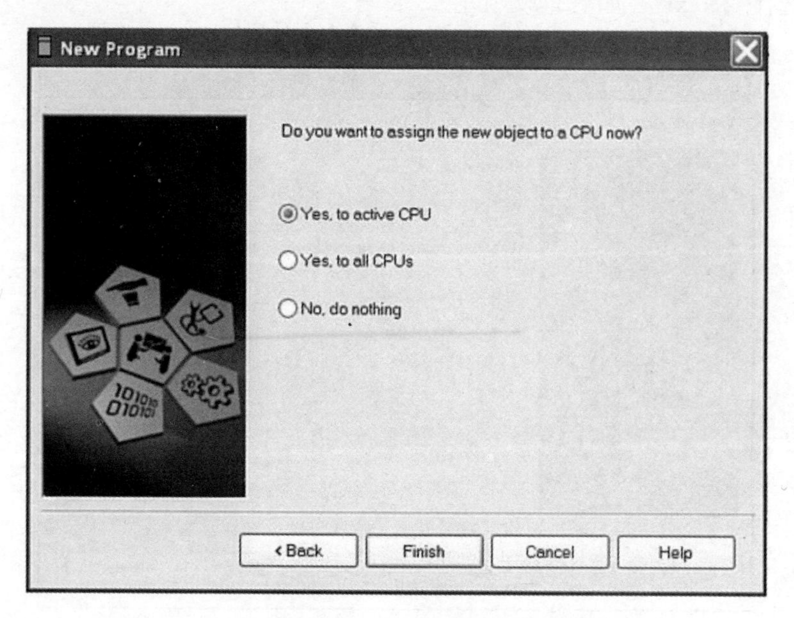

图 9-34　点击“Finish”

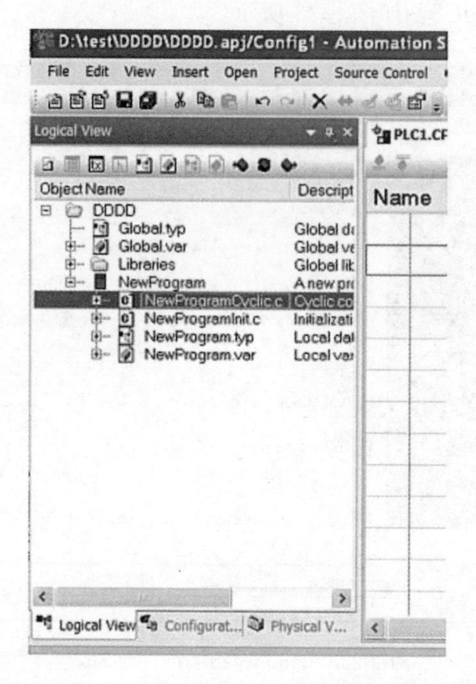

图 9-35　双击 Logical View 下的“NewProgramCyclic. c”

程序下载：如果此时电脑和贝加莱的 PLC 相连，可以直接点击“Transfer”进行下载，如图 9-39 所示。

如果是第一次上电，CF 卡里面没有程序，则按如下操作。

首先设置 PLC 以太网的参数（IP 地址等），右键单击 X20CP1486，选择 Open IF2 Ethernet Configuration，如图 9-40 所示。

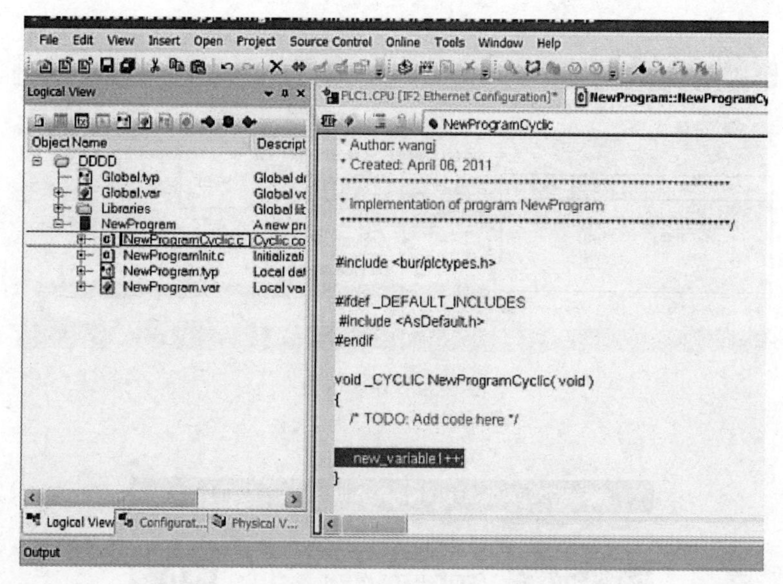

图 9-36　编写程序窗口

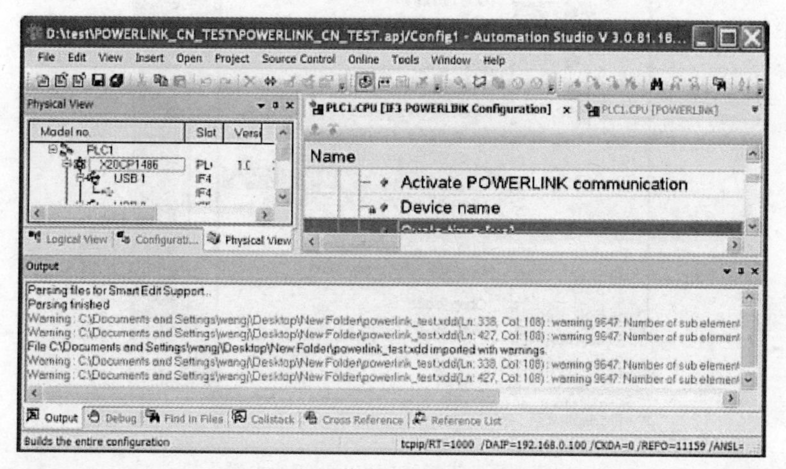

图 9-37　编译

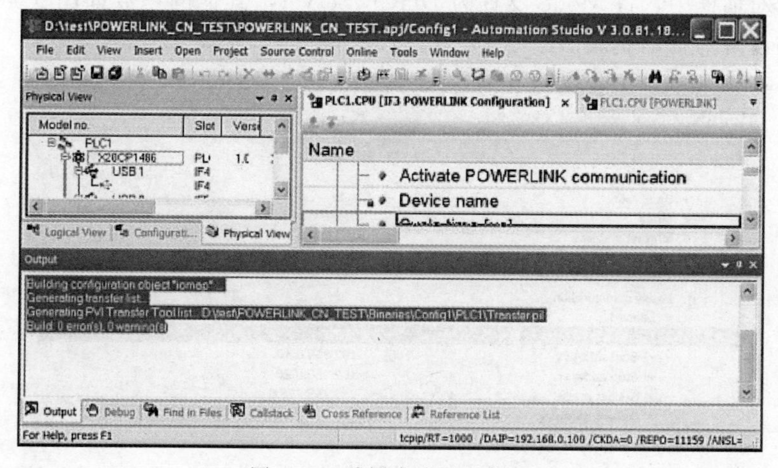

图 9-38　编译完成后的信息

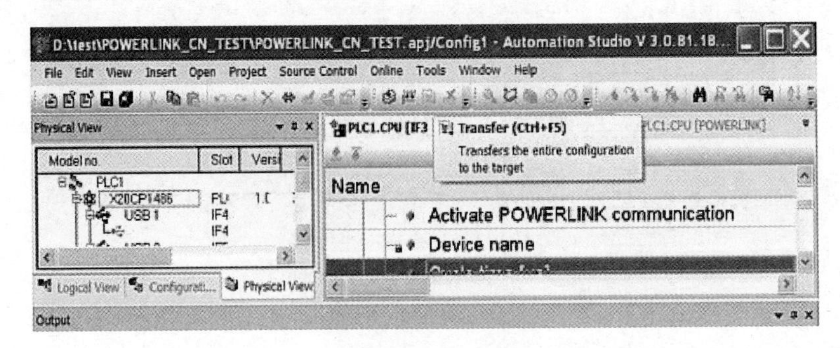

图 9-39　程序下载

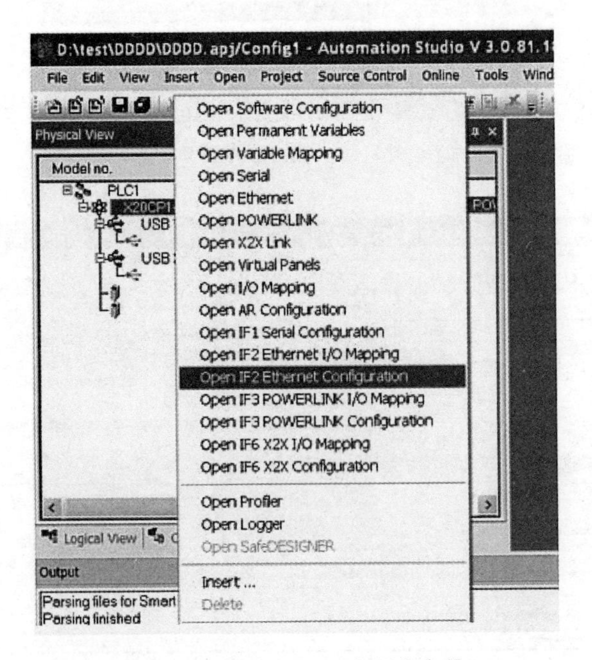

图 9-40　设置 PLC 以太网的参数

在弹出的对话框中，将 Mode 设置为 DHCP Server，其他的参数如图 9-41 所示，然后将自己的电脑设置为自动获取 IP。

PLC1.CPU [IF2 Ethernet Configuration]*

Name	Value	Description
Device parameters		For global Ethernet
Baud rate	auto	
Mode	DHCP Server	
Internet address	192.168.0.100	
Subnet mask	255.255.255.0	
Activate DHCP server	on	
Lease configuration		
Lease 1		
Name	TODO	
Start address	192.168.0.10	
Stop address	192.168.0.20	
Subnet mask	255.255.255.0	
Default gateway		

图 9-41　设置其他参数

将 CF 卡插入电脑，点击“Tools”→“Create Compact Flash”，如图 9-42 所示。

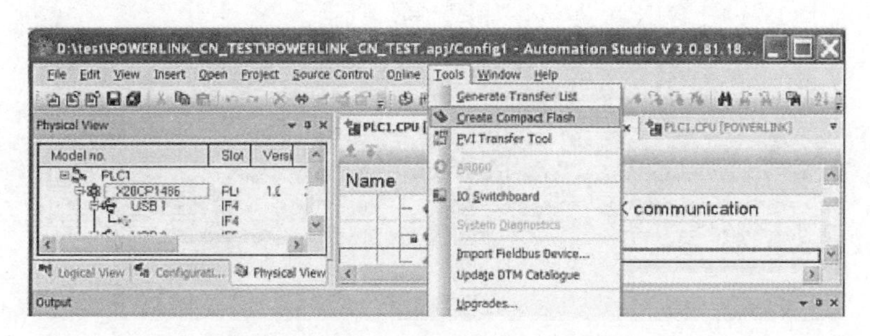

图 9-42 点击“Create Compact Flash”

在弹出的窗口中，点击“Select disk”，如图 9-43 所示。

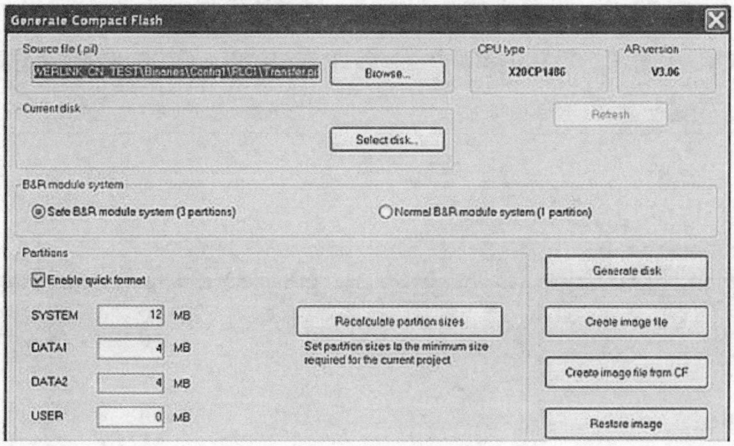

图 9-43 点击“Select disk”

选择 CF 卡，点击“OK”，然后点击“Generate disk”，等待完成。完成以后，将 CF 卡插入 PLC 中。

以上步骤完成了主站的编程和配置工作。将主站 POWERLINK 口和从站 POWERLINK 口用网线连接。

以下进行网络监控。

打开 Wireshark 软件，点击“list the available capture interfaces”，如图 9-44 所示。

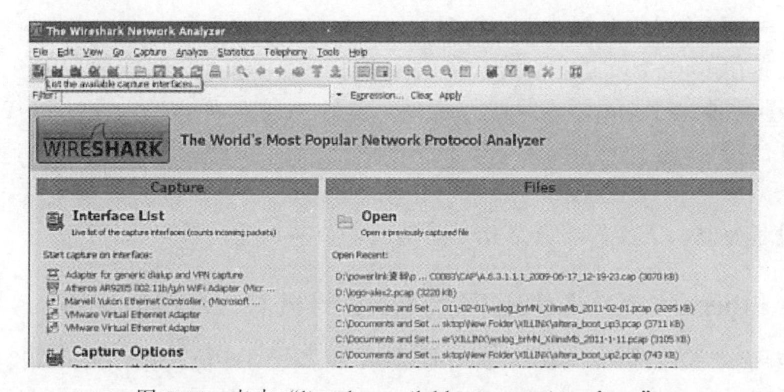

图 9-44 点击“list the available capture interfaces”

这里列出了该电脑所有的网卡，点击用于 POWERLINK 网络监控的网卡后的“Start”按钮。开始抓取 POWERLINK 数据包，如图 9-45 所示。

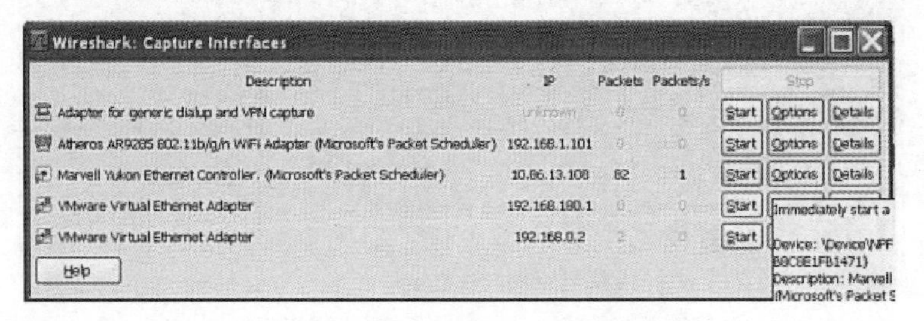

图 9-45　抓取 POWERLINK 数据包

用 Wireshark 查看整个配置过程。不断查看被测试 CN 的状态，是否达到“NMT _ CS _ PREOPERITIOAL”状态。如图 9-46 所示。

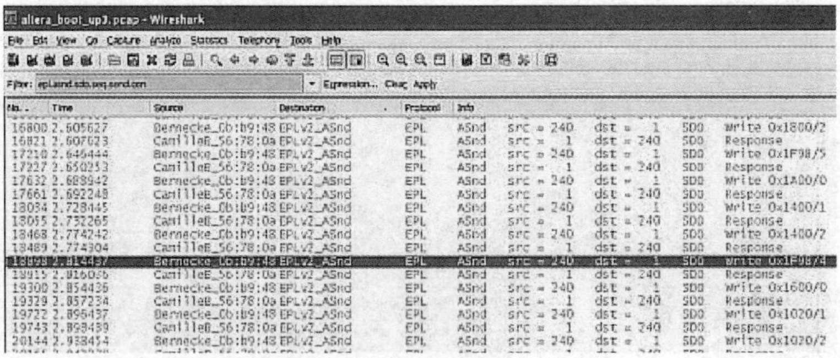

图 9-46　用 Wireshark 查看整个配置过程

9.2 Ethernet POWERLINK 在机器控制领域的应用

实时通信技术正在成为潮流，Ethernet POWERLINK 技术是其中最早被开发和投入使用的实时通信技术，从它的应用中可以知道，实时通信的重大意义和给人们带来的巨大好处。

9.2.1 Ethernet POWERLINK 的起源

从 Ethernet POWERLINK 的起源就可以看到，Ethernet POWERLINK 技术是为了实际的应用需求而产生的，它不是一个在实验室研究的技术。而是一个在 2001 年就被投入使用的技术。当时，某知名乳制品制造商计划开发一个大型的生产系统，在这个系统中有超过两千多个 I/O 点分布在 40 个 I/O 站上，而且有 50 个伺服轴，为了生产系统的高速运行，需要所有的数据刷新周期不能大于 5ms，当时，B&R 为了这个系统开发了 Ethernet POWERLINK 技术，当时达到的指标是 2.4ms。

今天，Ethernet POWERLINK 技术已经被广泛应用于各个机器控制领域，提供高速高精度的生产设备控制，下面简要介绍几个典型的行业应用。

9.2.2 Ethernet POWERLINK 在 CNC 与机器人领域的应用

在工业应用中，存在着很多对于实时性要求非常高的环境，例如 CNC 和机器人系统、高动态同步的运动控制应用、数据实时采集与测量、安全系统。流程工业中的监控系统如

SCADA、楼宇的 BAS 系统对于系统刷新的要求通常在 100ms 以上的级别，而输送系统、回路调节如压力、温度、液位、流量通常在毫秒到数十毫秒这个级别，而 CNC 与机器人则在微秒到几十毫秒这个级别，对于高速同步的应用则可能在微秒级。

图 9-47 给出了工业应用中实时性要求级别。

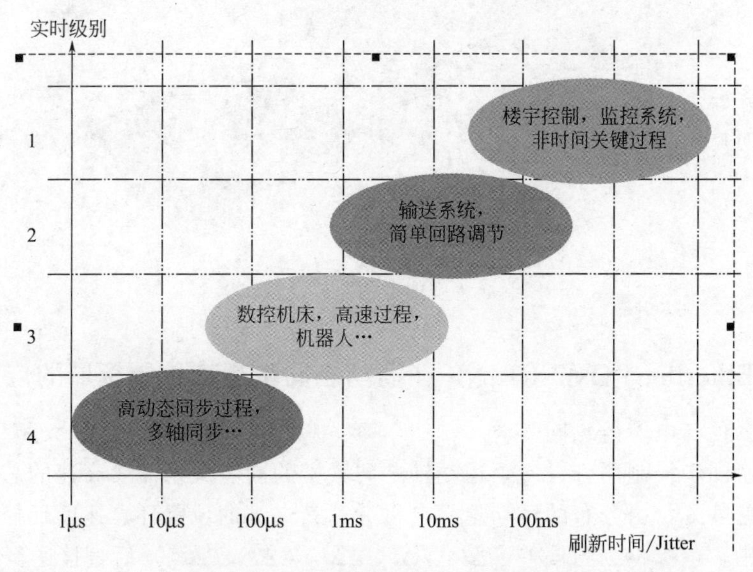

图 9-47 工业应用中实时性要求级别

对于 CNC 系统而言，插补运算的结果需要通过总线送给各个执行机构，大家知道：

$$ds = v * dt$$

式中 ds——加工精度；

v——加工速度；

dt——刷新周期。

从这个简单的方程中可以看到，例如对于加工速度为 0.1mm 的应用而言，其进给速度为 0.1m/s 的话，那么它的刷新速度需要达到 1ms，插补周期越小则其加工的精度越高，而如果想在精度和进给速度方面都提高的话，则刷新周期就必须降低，通常高端的 CNC 机床的刷新周期都在 μs 级。

而对于机器人系统更是如此，当系统给定设定曲线后，机器人系统要将这些值转化为机器人的动作路径，根据不同的机器人类型，如 SCARA、并行 SCARA、全关节型机器人而言，这是不同形式的齐次方程求解的过程，结果将会送给每个伺服轴作为其旋转角度的参量。同样道理，如果希望机器人的加工精度和速度得到提高，其变换计算的速度与数据刷新的周期都必须得到大幅度提高。

在没有 Ethernet POWERLINK 这样的技术之前，机器人系统的制造商使用的是专用的 CNC 和机器人系统，其内部的总线均为专用的总线系统，刷新周期甚至高达 100μs 以下，但是，这个是考虑到位置环运算也是由主站执行的情况，而对于今天的智能型伺服驱动器，例如 B&R 的 ACOPOS 而言，位置环的计算都在本地执行，Ethernet POWERLINK 完全可以满足其插补计算的高速响应要求。如图 9-48 所示。

在 Staubli、ABB、Comau 等知名的机器人制造商的系统中，Ethernet POWERLINK 构成了数据交换的首选。

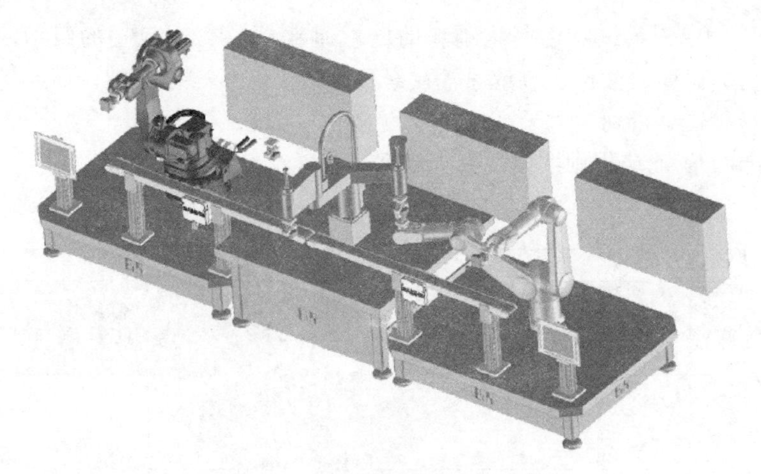

图 9-48　智能型伺服驱动器实例

9.2.3　Ethernet POWERLINK 在高动态同步运动控制领域的应用

(1) 印刷套色与电子齿轮同步

对于高动态同步控制而言，多个运动轴之间紧密的同步关系需要高速的总线提供各个轴的实时位置、速度等，由分布的运动单元自行计算其自身的位置环、速度环控制。例如在印刷机械的套色中，色标检测到偏差（Δl_1、Δl_2、Δl_3、Δl_4、Δl_5）后直接送至当地的处理单元进行滤波、线性化、编码处理，通过 Ethernet POWERLINK 的实时通信发送至 CPU 的套色算法处理单元，该单元通过耦合和解耦运算再将每个伺服需要调整的相位角 $\Delta\theta_1$、$\Delta\theta_2$、$\Delta\theta_3$、$\Delta\theta_4$、$\Delta\theta_5$ 发送给每个伺服轴，伺服轴自身计算并作速度和位置环计算来控制电机的执行。在这个过程中，Ethernet POWERLINK 提供了数据采集和指令下达的高速数据传输，使得各个伺服印刷单元之间的套色同步性得到保障。

图 9-49 给出了在印刷机械的套色中的实例。

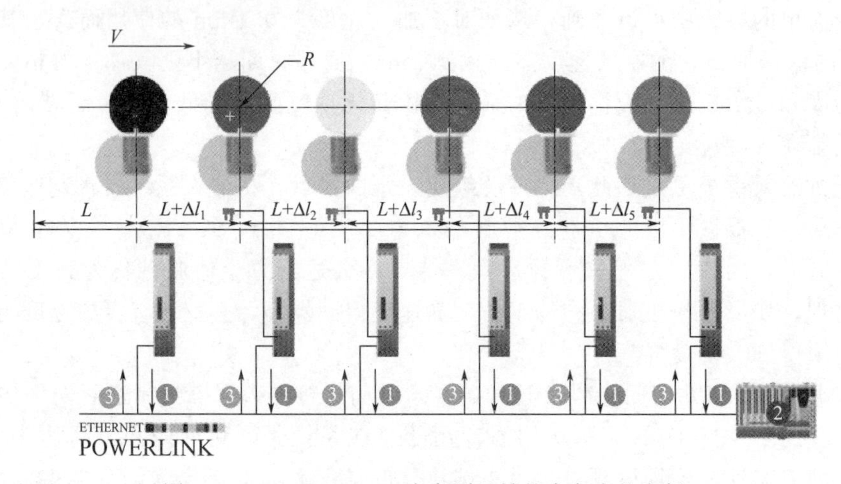

图 9-49　POWERLINK 在印刷机械的套色中的实例

通常，对于速度在 300m/min 的印刷系统而言，保持高于+/−0.1mm 的印刷精度，其套色任务处理的周期在 ms 级，而为了保证该工艺计算的执行，则通信周期必须达到 μs 级——即高一个数量级的方式传递才能确保控制任务的实时性处理。

除了包含套色工艺的计算，对于印刷机还要保持各个伺服轴之间的精确电子齿轮同步关系，出现偏差就是在为伺服单元提供一个微小的相位调整，而实际上它是通过一个设定的目标值通过速度的调整来实现的。当没有偏差时，各个伺服轴之间也要严格遵循所设定的位置关系，例如电子齿轮同步，均需要通过 Ethernet POWERLINK 来传递数据。

Ethernet POWERLINK 技术在印刷领域里包括凹版无轴传动、瓦楞纸开槽印刷、圆压圆模切、宽幅柔版、窄幅柔版、卫星式柔版、报纸印刷等大型印刷系统里得到了广泛的应用。相对而言，在各个领域的同步控制里，印刷机对于通信的实时性要求较为苛刻。

（2）Ethernet POWERLINK 在塑料机械领域的应用

图 9-50 给出了在塑料机械领域应用的实例。在这个系统里，通过高速的实时以太网 Ethernet POWERLINK 系统的开合模、射胶、熔胶、坐进退实现了整个注塑过程的高速精度定位与同步。除了运动控制的定位控制本身需要高速的通信，另外，射胶、保压等需要高精度的闭环控制，对于高速的全电动注塑机而言，其闭环控制任务周期通常在 1～2ms，那么为了保证射胶和保压的闭环精度，则通信的周期也必须达到 μs 级才可以。同样道理，在全电动吹瓶机中，除了各个伺服轴的控制，壁厚控制的闭环算法也需要高速的通信来提供保证，以确保产品的高品质。

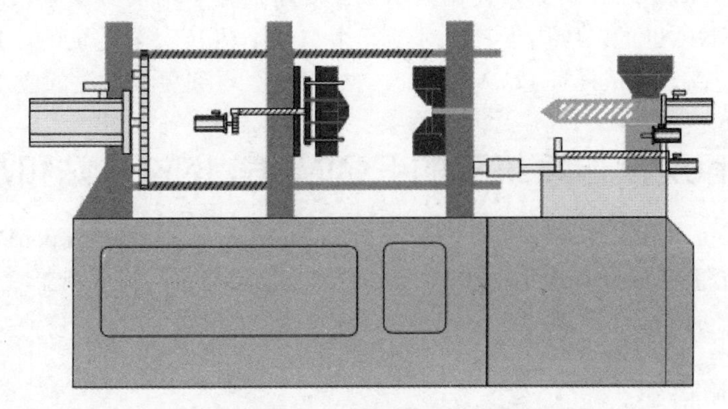

图 9-50　POWERLINK 在塑料机械领域应用的实例

在流延膜生产线、高速分切机以及化纤纺丝等对实时性要求较高的机器上，POWERLINK 均有上佳发挥。

（3）Ethernet POWERLINK 在纺织机械的应用

细纱超长车，对于传统的细纱机而言，其锭子数通常在 500 个，而考虑生产效率与质量等因素，1500 锭的细纱超长车系统也被开发出来。图 9-51 给出了 POWERLINK 在纺织机械的应用实例。在这个系统中前、中、后罗拉的长度较长，为了解决罗拉在旋转过程中的机械扭曲，系统采用了在罗拉两端的伺服驱动，即系统由三组，每组三个轴的系统构成，这样两端的伺服系统必须保持高速的同步，否则就会造成纱线成型质量的偏差，它们与主轴构成跟随的电子齿轮同步，而罗拉与钢领板之间构成电子凸轮曲线关系也需要 Ethernet POWERLINK 提供更高的凸轮关系的同步数据。这些复杂的运动关系必须依赖于 Ethernet POWERLINK 的数据通信才能实现罗拉两端同步、罗拉与钢领板的电子凸轮纱线成型算法以及与主轴的同步跟随关系，另外，在系统突然掉电的情况下，Ethernet POWERLINK 还要保证各个轴之间的同步停车。

其他如在高速特里科经编机的 EBC（电子送经）和 ELS（电子横移）控制中，尤其是

图 9-51 POWERLINK 在纺织机械领域应用的实例

在 ELS 中，针床的梳栉之间的距离只有 mm 级，而要在微小的空间里移动，并且编织出花形变化非常大的织物，各个直线电机的极高动态响应是其他总线无法实现的。其他如浆纱机的多单元同步、碳纤维高速卷绕头、多轴向经编机等都有 POWERLINK 的应用。

Ethernet POWERLINK 的大量使用显示了实时通信技术的广阔前景，除了高动态响应要求，POWERLINK 也可以应用于其他对于冗余、热插拔、安全系统的应用中，随着机器控制的要求越来越高，Ethernet POWERLINK 技术也会得到更加广泛的应用。

9.3 Linux 操作系统下的 POWERLINK 主站和从站通信

使用开源的 openConfigurator 对主站和从站进行配置，对开源的 openPOWERLINK 代码在 Linux 系统下进行编译实现主站和从站的通信功能，利用网络诊断工具 Wireshark 检查和验证通信功能。

9.3.1 环境搭建

① 硬件环境　一台 PC 机，安装两台虚拟机，一台作为主站，另一台作为从站。

② 软件环境

a. 安装虚拟机 vmware player；

b. 安装 Linux 操作系统 ubuntu；

c. 安装程序文件产生器 doxygen；

d. 安装编译安装工具 cMake；

e. 安装网络数据包捕获函数库 libpcap 作为网卡驱动。

9.3.2 通信过程

① 主站把需要通信的 object 的数据，组成发送数据帧，发送给从站。从站接收到该数据帧，将数据帧中的数据解析，放到从站自身的 object 中。

② 同样道理，从站把需要通信的 object 的数据，组成发送数据帧，以广播的方式发送的网络上。主站或其他从站接收到该数据帧，将数据帧中的数据解析，放到从站自身的 object 中。

因此，POWERLINK 的通信，实际上就是主站上的 object 与从站上的 object 之间相互通信。需要注意的是，相互通信的两个 object，在数据长度上最好相同，否则，容易产生错误。例如主站上某一个 object 的数据长度为 16bit，而某个从站上的 object 为 8bit 这两个 object 要通信，可能会出现主站发来的 16bit 的数据要被保存到从站 8bit 的 object 上，这就造成了数据的丢失。

9.3.3 主站发送参数的配置过程

主站和从站的区别：每个循环周期，从站只需要发送一个 TPDO 的数据帧。而主站如果基于请求/应答模式，一个循环周期需要向网络中所有的节点都发送一次请求数据帧 Preq，而且相应地也会收到从站的回复 Pres，一个 Preq 数据帧就是一个 TPDO，而一个 Pres 数据帧，就是一个 RPDO。这也就意味着主站在发送时，需要有多个发送 TPDO 的通道；在接收时，需要有多个接收 RPDO 的通道。举例来说，假如一个系统里有 1 个主节点和 3 个从节点。此时主站需要 3 个发送通道和 3 个接收通道。

9.3.4 从站接收配置之通信参数配置

参数 0x14xx 描述接收配置的通信参数，xx 的取值范围为 0x00～0xFF。该参数描述了此节点需要接收来自哪个节点的数据，从前面讲述的 POWERLINK 基本原理可知，POWERLINK 支持交叉通信，因此每一个节点都可以接收来自另外一个或多个节点的数据，所以一个节点可以有多个接收通道。例如 0x1400 是一个通道，接收来自主节点的数据，那么就把 0x1400/0x01 的值设为 0（默认值设为 0，表示接收来自主站的请求数据）；0x1401 是一个通道，接收来自 3 号节点的数据，那么就把 0x1401/0x01 的值设为 3，这样该节点在同一个循环周期既接收来自主站的数据，也接收来自 3 号节点的数据。

9.3.5 操作过程

（1）主从站之间的通信

① 在 vm 虚拟机下安装 ubuntu 操作系统，如图 9-52～图 9-54 所示，按下面的步骤进行配置。

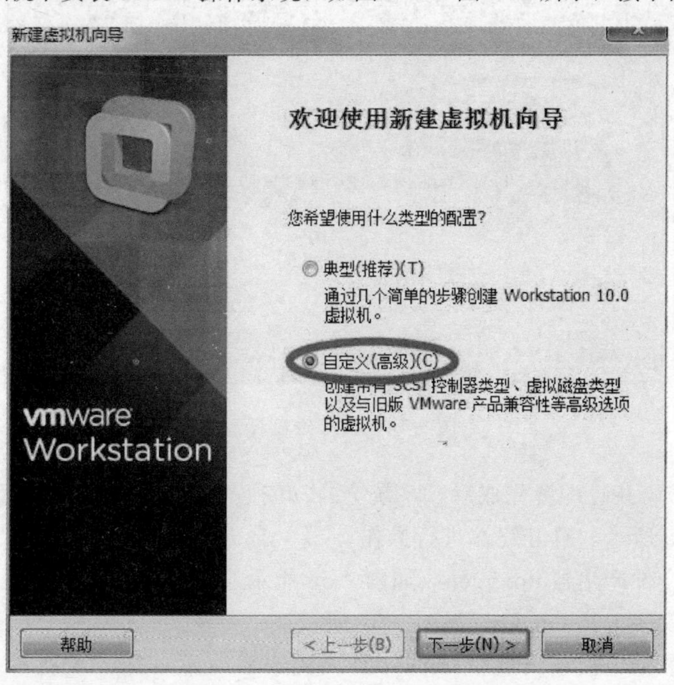

图 9-52 在 vm 虚拟机下安装 ubuntu 操作系统

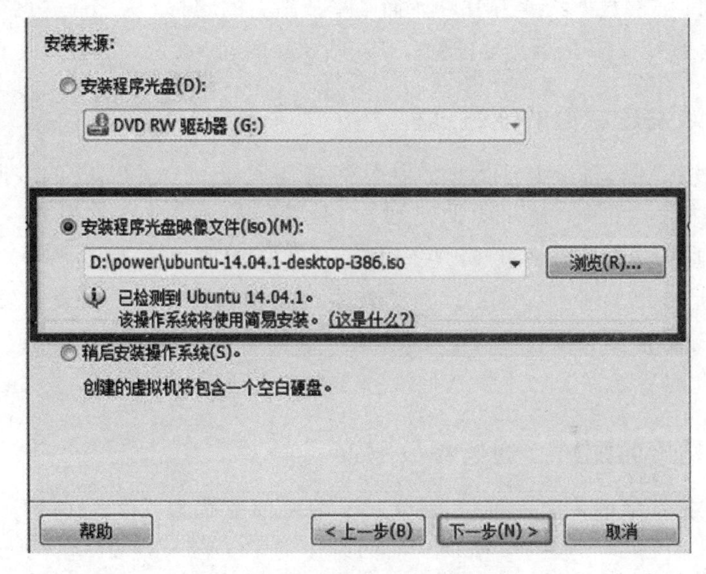

图 9-53　安装程序光盘映像文件

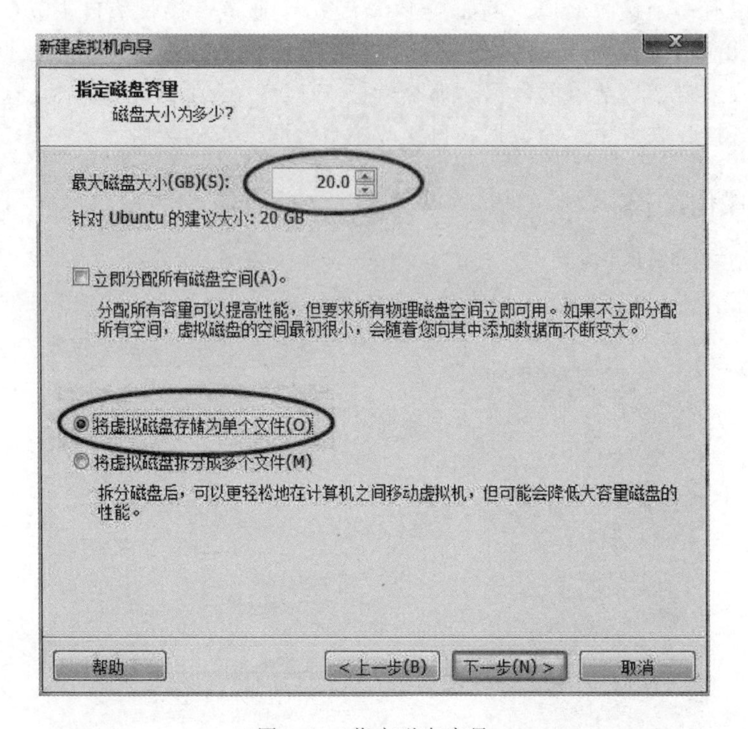

图 9-54　指定磁盘容量

填写用户名密码并且配置完成后，系统会自动安装并打开，填写密码登录后进入操作系统桌面，如图 9-55 所示，打开终端进行操作。

② 下载程序文件产生器 doxygen，如图 9-56 所示。

③ 下载编译安装工具 cmake，如图 9-57 所示。

④ 下载网络数据包捕获函数库 libpcap 作为网卡驱动，如图 9-58 所示。

⑤ 下载 Wireshark 工具，如图 9-59 所示。

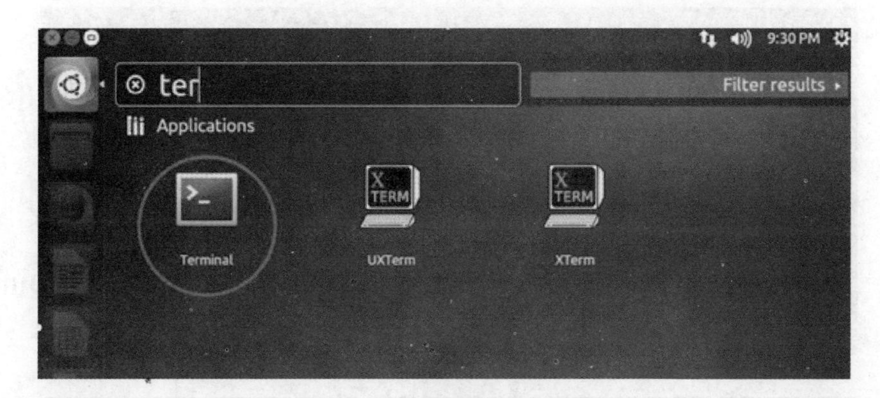

图 9-55　进入操作系统桌面

```
mahongwei@ubuntu:~$ sudo apt-get install doxygen
[sudo] password for mahongwei:
Reading package lists... Done
Building dependency tree
Reading state information... Done
Suggested packages:
  doxygen-latex doxygen-doc doxygen-gui graphviz
The following NEW packages will be installed:
  doxygen
0 upgraded, 1 newly installed, 0 to remove and 0 not upgraded.
Need to get 2,345 kB of archives.
After this operation, 10.3 MB of additional disk space will be used.
Get:1 http://us.archive.ubuntu.com/ubuntu/ trusty/main doxygen i386 1.8.6-2 [2,3
45 kB]
Get:2 http://us.archive.ubuntu.com/ubuntu/ trusty/main doxygen i386 1.8.6-2 [2,3
45 kB]
Fetched 2,279 kB in 2min 47s (13.6 kB/s)
Selecting previously unselected package doxygen.
(Reading database ... 163959 files and directories currently installed.)
Preparing to unpack .../doxygen_1.8.6-2_i386.deb ...
Unpacking doxygen (1.8.6-2) ...
Processing triggers for man-db (2.6.7.1-1) ...
Setting up doxygen (1.8.6-2) ...
```

图 9-56　下载程序文件产生器

```
mahongwei@ubuntu:~$ sudo apt-get install cmake
Reading package lists... Done
Building dependency tree
Reading state information... Done
The following extra packages will be installed:
  cmake-data
Suggested packages:
  codeblocks eclipse
The following NEW packages will be installed:
  cmake cmake-data
0 upgraded, 2 newly installed, 0 to remove and 0 not upgraded.
Need to get 2,641 kB/3,317 kB of archives.
After this operation, 16.5 MB of additional disk space will be used.
Do you want to continue? [Y/n] y
Get:1 http://us.archive.ubuntu.com/ubuntu/ trusty/main cmake i386 2.8.12.2-0ubunt
u3 [2,641 kB]
Get:2 http://us.archive.ubuntu.com/ubuntu/ trusty/main cmake i386 2.8.12.2-0ubunt
```

图 9-57　下载编译安装工具

⑥ 将下载好的 openCONFIGURATOR 文件以及 openPOWERLINK 源代码复制到虚拟机的磁盘中，如图 9-60 所示。

⑦ 进入 prj/openPOWERLINK-v2.0.2-2/doc/software-manual 文件夹下运行 doxygen 文件产生指导书，过程及结果如图 9-61 所示。

```
mahongwei@ubuntu:~$ sudo apt-get install libpcap-dev
Reading package lists... Done
Building dependency tree
Reading state information... Done
The following extra packages will be installed:
  libpcap0.8-dev
The following NEW packages will be installed:
  libpcap-dev libpcap0.8-dev
0 upgraded, 2 newly installed, 0 to remove and 0 not upgraded.
Need to get 203 kB of archives.
After this operation, 600 kB of additional disk space will be used.
Do you want to continue? [Y/n] y
Get:1 http://us.archive.ubuntu.com/ubuntu/ trusty/main libpcap0.8-dev i386 1.5.3
2 [200 kB]
```

图 9-58　下载网路数据包捕获函数库

```
mahongwei@ubuntu:~$ sudo apt-get install wireshark
Reading package lists... Done
Building dependency tree
Reading state information... Done
```

图 9-59　下载 Wireshark 工具

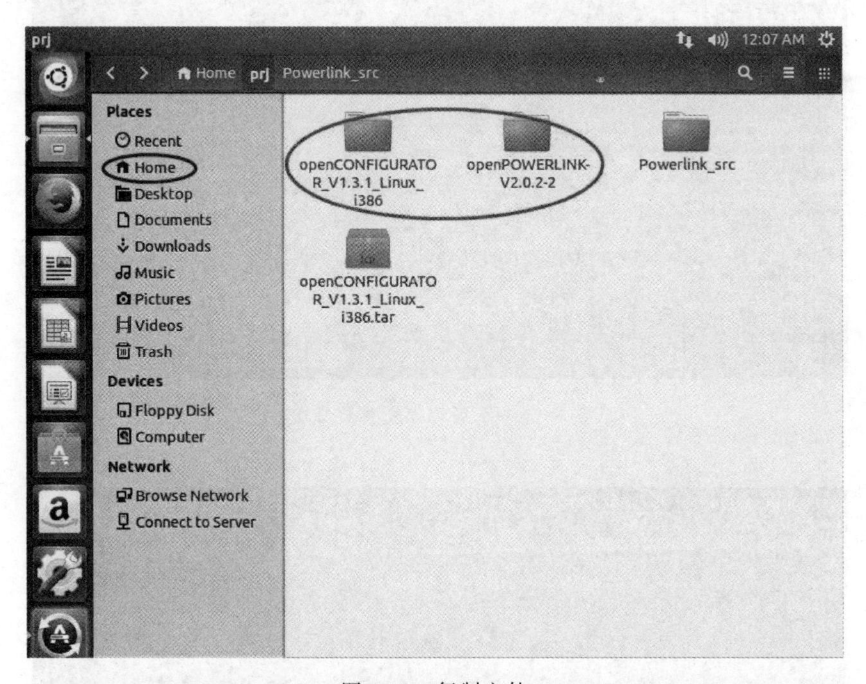

图 9-60　复制文件

```
mahw@ubuntu:~$ ls
Desktop  Documents  Downloads  examples.desktop  Music  Pictures  prj  Public  Templates  Videos
mahw@ubuntu:~$ cd prj/
mahw@ubuntu:~/prj$ ls
openCONFIGURATOR_V1.3.1_Linux_i386  openCONFIGURATOR_V1.3.1_Linux_i386.tar  openPOWERLINK-V2.0.2-2  Powerlink_src
mahw@ubuntu:~/prj$ cd openPOWERLINK-V2.0.2-2/
mahw@ubuntu:~/prj/openPOWERLINK-V2.0.2-2$ ls
apps  cmake    doc      hardware    objdicts   revision.md  staging  unittests
bin   contrib  drivers  license.md  readme.md  stack        tools
mahw@ubuntu:~/prj/openPOWERLINK-V2.0.2-2$ cd doc/
mahw@ubuntu:~/prj/openPOWERLINK-V2.0.2-2/doc$ ls
build-demos.md     build-stack.md    demos.md        openconfigurator.md  powerlink.md
build-drivers.md   cmake.md          directories.md  openpowerlink.md     software-architecture.md
build-hardware.md  coding-guide.md   glossary.md     platforms.md         software-manual
build.md           components.md     images          porting-guide.md     supported-platforms
mahw@ubuntu:~/prj/openPOWERLINK-V2.0.2-2/doc$ cd software-manual/
mahw@ubuntu:~/prj/openPOWERLINK-V2.0.2-2/doc/software-manual$ ls
calmodules.txt     doxyfile  kernelmodules.txt  libmodules.txt     usermodules.txt
commonmodules.txt  html      layout.xml         openpowerlink.css
mahw@ubuntu:~/prj/openPOWERLINK-V2.0.2-2/doc/software-manual$ doxygen
```

图 9-61　进行 doxygen 文件过程及结果

⑧ 生成底层配置文件并进行编译，过程及结果如图 9-62 所示，底层文件配置成功。

```
mahw@ubuntu:~/prj/openPOWERLINK-V2.0.2-2/stack/build/linux$ cmake -DCMAKE_BUILD_TYPE=Release ../..
CMake Error: The current CMakeCache.txt directory /home/mahw/prj/openPOWERLINK-V2.0.2-2/stack/build/linux/CMakeCache.txt
is different than the directory /home/mahw/prj/Powerlink_src/openPOWERLINK-V2.0.2-2/stack/build/linux where CMakeCache.tx
t was created. This may result in binaries being created in the wrong place. If you are not sure, reedit the CMakeCache.t
xt
CMake Error: The source "/home/mahw/prj/openPOWERLINK-V2.0.2-2/stack/CMakeLists.txt" does not match the source "/home/mah
w/prj/Powerlink_src/openPOWERLINK-V2.0.2-2/stack/CMakeLists.txt" used to generate cache.  Re-run cmake with a different s
ource directory.
mahw@ubuntu:~/prj/openPOWERLINK-V2.0.2-2/stack/build/linux$ make
[ 19%] Built target oplkmn
[ 31%] Built target oplkmnapp-userintf
[ 42%] Built target oplkmnapp-kernelintf
[ 52%] Built target oplkmndrv-pcap
[ 69%] Built target oplkcn
[ 80%] Built target oplkcnapp-userintf
[ 91%] Built target oplkcnapp-kernelintf
[100%] Built target oplkcndrv-pcap
mahw@ubuntu:~/prj/openPOWERLINK-V2.0.2-2/stack/build/linux$ make install
[ 19%] Built target oplkmn
[ 31%] Built target oplkmnapp-userintf
[ 42%] Built target oplkmnapp-kernelintf
[ 52%] Built target oplkmndrv-pcap
[ 69%] Built target oplkcn
[ 80%] Built target oplkcnapp-userintf
[ 91%] Built target oplkcnapp-kernelintf
[100%] Built target oplkcndrv-pcap
Install the project...
-- Install configuration: "Release"
-- Up-to-date: /home/mahw/prj/Powerlink_src/openPOWERLINK-V2.0.2-2/stack/lib/linux/i686/./liboplkmn.a
```

图 9-62　生成底层配置文件过程及结果

⑨ 按照指导书上的过程生成可执行文件，如图 9-63 和图 9-64 所示。

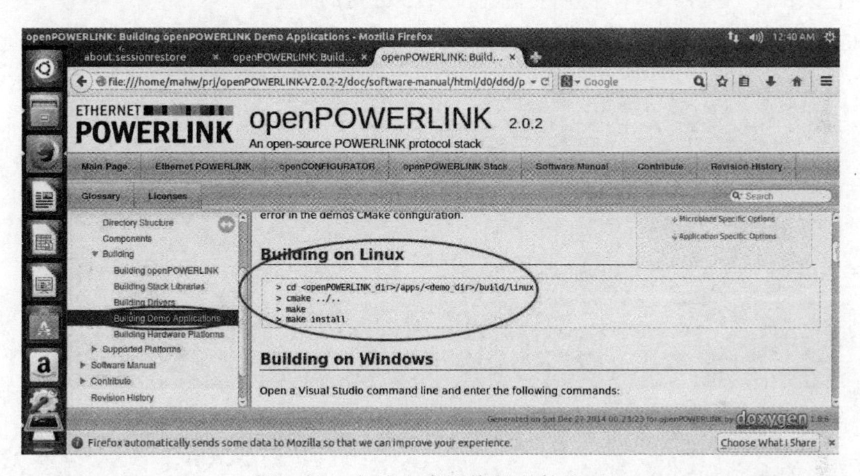

图 9-63　主站生成可执行文件界面

图 9-64　生成主站可执行文件

⑩ 由上可知主站的可执行文件已经生成，此时进入安装文件夹下，复制该虚拟机作为

从站，然后进行配置生成可执行文件，如图 9-65 所示，可知从站可执行文件已生成。

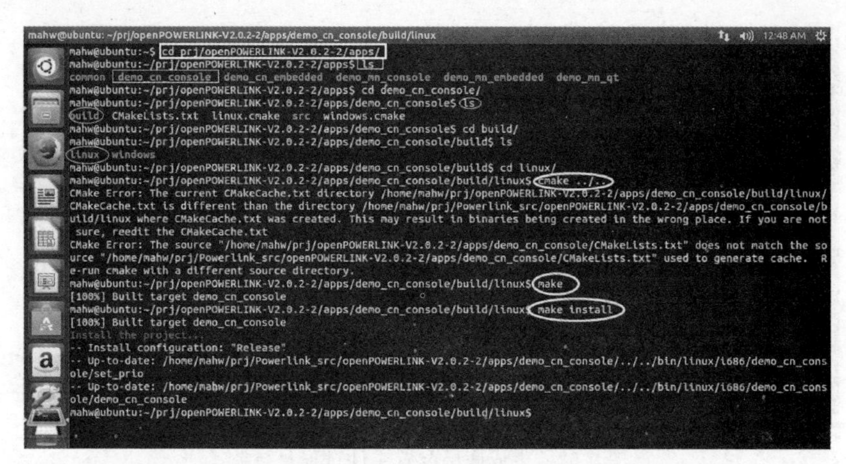

图 9-65　生成从站可执行文件

⑪ 运行主站的可执行文件，进行主站和从站之间的通信。

配置主站通信，如图 9-66 所示。

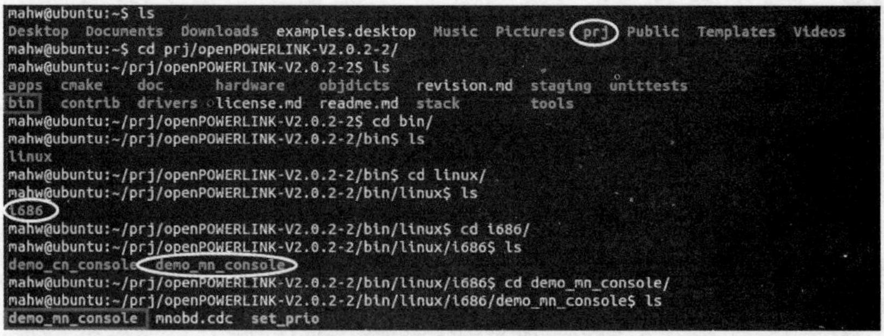

```
mahw@ubuntu:~$ ls
Desktop  Documents  Downloads  examples.desktop  Music  Pictures  prj  Public  Templates  Videos
mahw@ubuntu:~$ cd prj/openPOWERLINK-V2.0.2-2/
mahw@ubuntu:~/prj/openPOWERLINK-V2.0.2-2$ ls
apps  cmake    doc      hardware    objdicts   revision.md  staging  unittests
bin   contrib  drivers  license.md  readme.md  stack        tools
mahw@ubuntu:~/prj/openPOWERLINK-V2.0.2-2$ cd bin/
mahw@ubuntu:~/prj/openPOWERLINK-V2.0.2-2/bin$ ls
linux
mahw@ubuntu:~/prj/openPOWERLINK-V2.0.2-2/bin$ cd linux/
mahw@ubuntu:~/prj/openPOWERLINK-V2.0.2-2/bin/linux$ ls
i686
mahw@ubuntu:~/prj/openPOWERLINK-V2.0.2-2/bin/linux$ cd i686/
mahw@ubuntu:~/prj/openPOWERLINK-V2.0.2-2/bin/linux/i686$ ls
demo_cn_console  demo_mn_console
mahw@ubuntu:~/prj/openPOWERLINK-V2.0.2-2/bin/linux/i686$ cd demo_mn_console/
mahw@ubuntu:~/prj/openPOWERLINK-V2.0.2-2/bin/linux/i686/demo_mn_console$ ls
demo_mn_console  mnobd.cdc  set_prio
```

图 9-66　配置主站通信

选择 eth0 网卡，如图 9-67 所示。

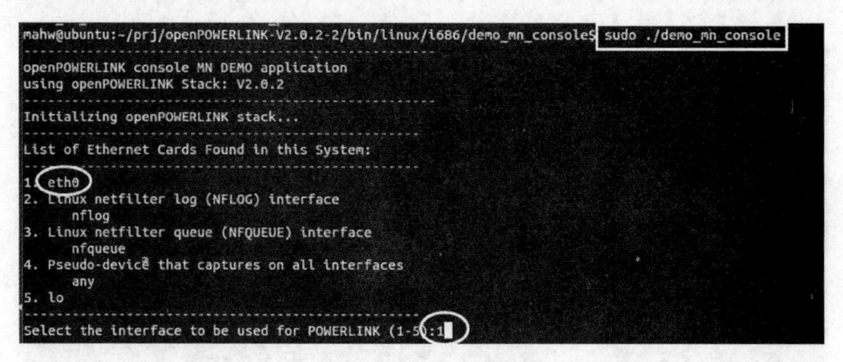

图 9-67　选择 eth0 网卡

通信成功，主站传输数据，如图 9-68 所示。

配置从站通信，如图 9-69 所示。

选择相应与主站相同的 eth0 网卡，如图 9-70 所示。

通信成功，如图 9-71 所示，从站接收到来自主站的数据。

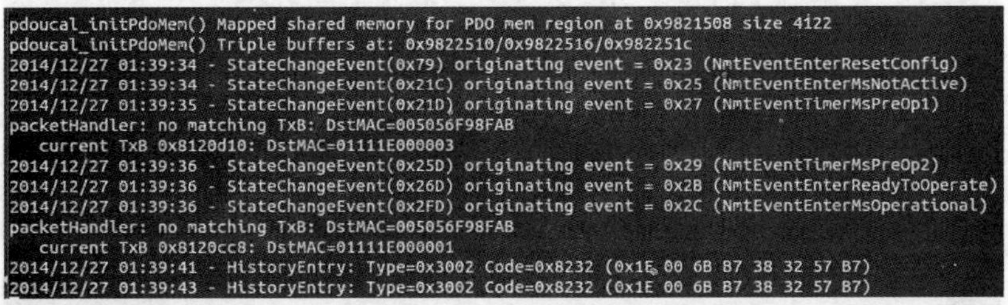

```
pdoucal_initPdoMem() Mapped shared memory for PDO mem region at 0x9821508 size 4122
pdoucal_initPdoMem() Triple buffers at: 0x9822510/0x9822516/0x982251c
2014/12/27 01:39:34 - StateChangeEvent(0x79) originating event = 0x23 (NmtEventEnterResetConfig)
2014/12/27 01:39:34 - StateChangeEvent(0x21C) originating event = 0x25 (NmtEventEnterMsNotActive)
2014/12/27 01:39:35 - StateChangeEvent(0x21D) originating event = 0x27 (NmtEventTimerMsPreOp1)
packetHandler: no matching TxB: DstMAC=005056F98FAB
   current TxB 0x8120d10: DstMAC=01111E000003
2014/12/27 01:39:36 - StateChangeEvent(0x25D) originating event = 0x29 (NmtEventTimerMsPreOp2)
2014/12/27 01:39:36 - StateChangeEvent(0x26D) originating event = 0x2B (NmtEventEnterReadyToOperate)
2014/12/27 01:39:36 - StateChangeEvent(0x2FD) originating event = 0x2C (NmtEventEnterMsOperational)
packetHandler: no matching TxB: DstMAC=005056F98FAB
   current TxB 0x8120cc8: DstMAC=01111E000001
2014/12/27 01:39:41 - HistoryEntry: Type=0x3002 Code=0x8232 (0x1E 00 6B B7 38 32 57 B7)
2014/12/27 01:39:43 - HistoryEntry: Type=0x3002 Code=0x8232 (0x1E 00 6B B7 38 32 57 B7)
```

图 9-68　通信成功

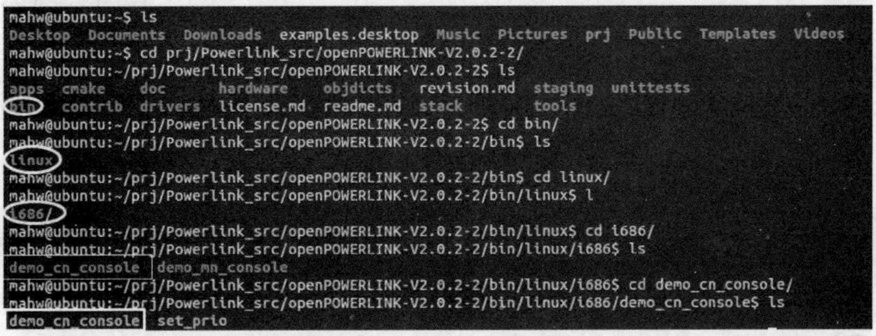

```
mahw@ubuntu:~$ ls
Desktop  Documents  Downloads  examples.desktop  Music  Pictures  prj  Public  Templates  Videos
mahw@ubuntu:~$ cd prj/Powerlink_src/openPOWERLINK-V2.0.2-2/
mahw@ubuntu:~/prj/Powerlink_src/openPOWERLINK-V2.0.2-2$ ls
apps  cmake    doc      hardware    objdicts   revision.md  staging  unittests
bin   contrib  drivers  license.md  readme.md  stack        tools
mahw@ubuntu:~/prj/Powerlink_src/openPOWERLINK-V2.0.2-2$ cd bin/
mahw@ubuntu:~/prj/Powerlink_src/openPOWERLINK-V2.0.2-2/bin$ ls
linux
mahw@ubuntu:~/prj/Powerlink_src/openPOWERLINK-V2.0.2-2/bin$ cd linux/
mahw@ubuntu:~/prj/Powerlink_src/openPOWERLINK-V2.0.2-2/bin/linux$ l
i686/
mahw@ubuntu:~/prj/Powerlink_src/openPOWERLINK-V2.0.2-2/bin/linux$ cd i686/
mahw@ubuntu:~/prj/Powerlink_src/openPOWERLINK-V2.0.2-2/bin/linux/i686$ ls
demo_cn_console  demo_mn_console
mahw@ubuntu:~/prj/Powerlink_src/openPOWERLINK-V2.0.2-2/bin/linux/i686$ cd demo_cn_console/
mahw@ubuntu:~/prj/Powerlink_src/openPOWERLINK-V2.0.2-2/bin/linux/i686/demo_cn_console$ ls
demo_cn_console  set_prio
```

图 9-69　配置从站通信

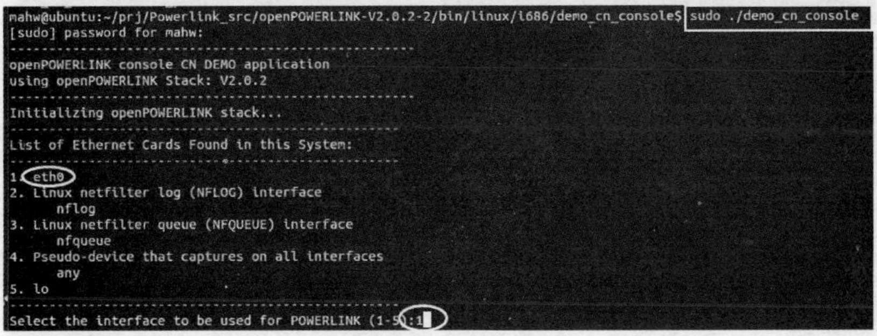

```
mahw@ubuntu:~/prj/Powerlink_src/openPOWERLINK-V2.0.2-2/bin/linux/i686/demo_cn_console$ sudo ./demo_cn_console
[sudo] password for mahw:
----------------------------------------------------------
openPOWERLINK console CN DEMO application
using openPOWERLINK Stack: V2.0.2
----------------------------------------------------------
Initializing openPOWERLINK stack...
----------------------------------------------------------
List of Ethernet Cards Found in this System:
----------------------------------------------------------
1. eth0
2. Linux netfilter log (NFLOG) interface
        nflog
3. Linux netfilter queue (NFQUEUE) interface
        nfqueue
4. Pseudo-device that captures on all interfaces
        any
5. lo
----------------------------------------------------------
Select the interface to be used for POWERLINK (1-5):1
```

图 9-70　选择相应与主站相同的 eth0 网卡

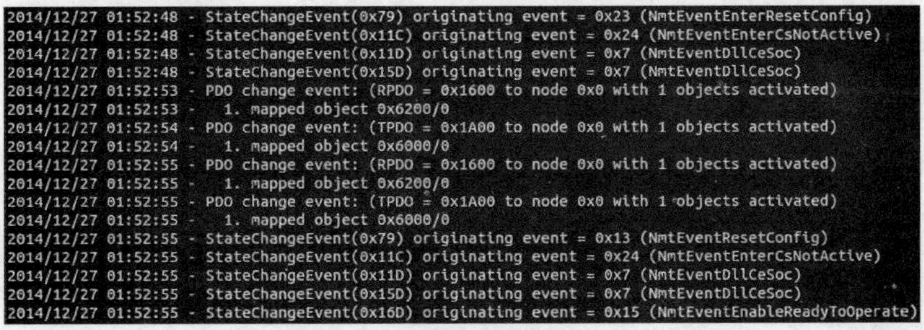

```
2014/12/27 01:52:48 - StateChangeEvent(0x79) originating event = 0x23 (NmtEventEnterResetConfig)
2014/12/27 01:52:48 - StateChangeEvent(0x11C) originating event = 0x24 (NmtEventEnterCsNotActive)
2014/12/27 01:52:48 - StateChangeEvent(0x11D) originating event = 0x7 (NmtEventDllCeSoc)
2014/12/27 01:52:48 - StateChangeEvent(0x15D) originating event = 0x7 (NmtEventDllCeSoc)
2014/12/27 01:52:53 - PDO change event: (RPDO = 0x1600 to node 0x0 with 1 objects activated)
2014/12/27 01:52:53 -    1. mapped object 0x6200/0
2014/12/27 01:52:54 - PDO change event: (TPDO = 0x1A00 to node 0x0 with 1 objects activated)
2014/12/27 01:52:54 -    1. mapped object 0x6000/0
2014/12/27 01:52:55 - PDO change event: (RPDO = 0x1600 to node 0x0 with 1 objects activated)
2014/12/27 01:52:55 -    1. mapped object 0x6200/0
2014/12/27 01:52:55 - PDO change event: (TPDO = 0x1A00 to node 0x0 with 1 objects activated)
2014/12/27 01:52:55 -    1. mapped object 0x6000/0
2014/12/27 01:52:55 - StateChangeEvent(0x79) originating event = 0x13 (NmtEventResetConfig)
2014/12/27 01:52:55 - StateChangeEvent(0x11C) originating event = 0x24 (NmtEventEnterCsNotActive)
2014/12/27 01:52:55 - StateChangeEvent(0x11D) originating event = 0x7 (NmtEventDllCeSoc)
2014/12/27 01:52:55 - StateChangeEvent(0x15D) originating event = 0x7 (NmtEventDllCeSoc)
2014/12/27 01:52:55 - StateChangeEvent(0x16D) originating event = 0x15 (NmtEventEnableReadyToOperate)
```

图 9-71　通信成功

⑫ 打开 Wireshark，通过此工具观察主从站之间的通信过程。

打开 Wireshark，如图 9-72 所示。

在界面中选择主从站配置时选择的网卡 eth0，点击 start 开始通信，如图 9-73 所示。

如图 9-74 所示，可以观察到主从站之间通信的数据信息。

图 9-72　打开 Wireshark

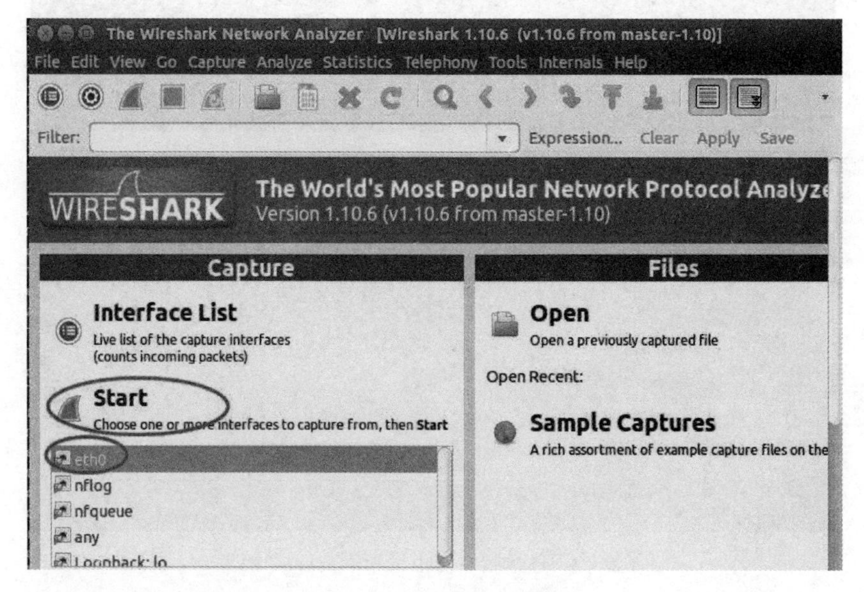

图 9-73　Wireshark 界面

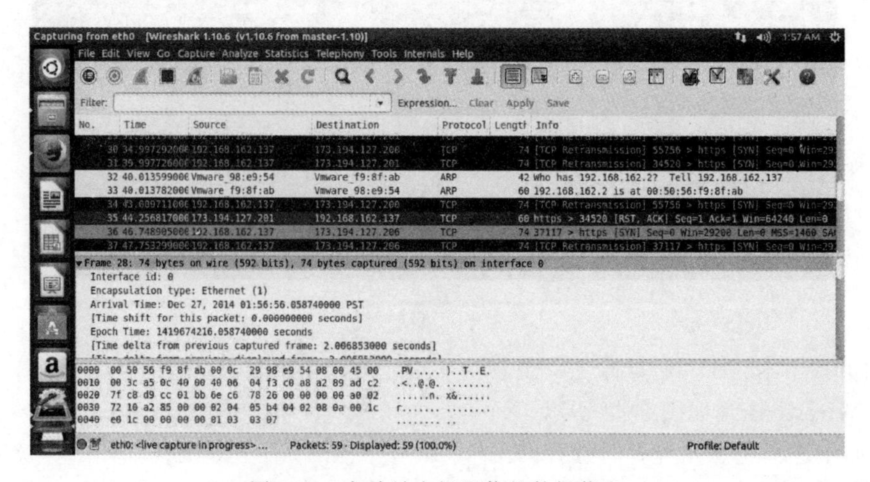

图 9-74　主从站之间通信的数据信息

（2）openCONFIGURATOR 应用

进入 openCONFIGURATOR _ v1. 3. 1 _ Linux _ i386 文件夹运行 configure 可执行文件，系统就会自动下载安装所需文件，如图 9-75 和图 9-76 所示。

图 9-75　进入 openCONFIGURATOR

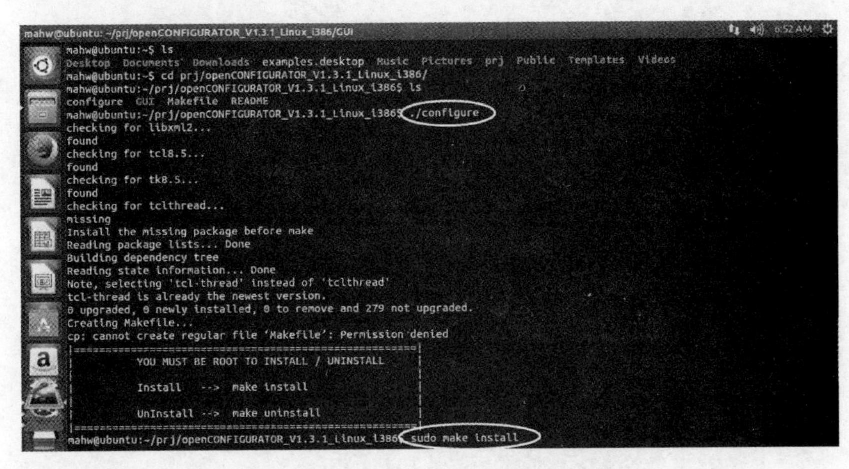

图 9-76　运行 configure 可执行文件

编译成功，如图 9-77 所示。编译成功可以在 gui 文件夹下看到可执行文件 openCONFIGURATOR，运行此文件。可打开 openCONFIGURATOR，如图 9-78 和图 9-79 所示进行配置。

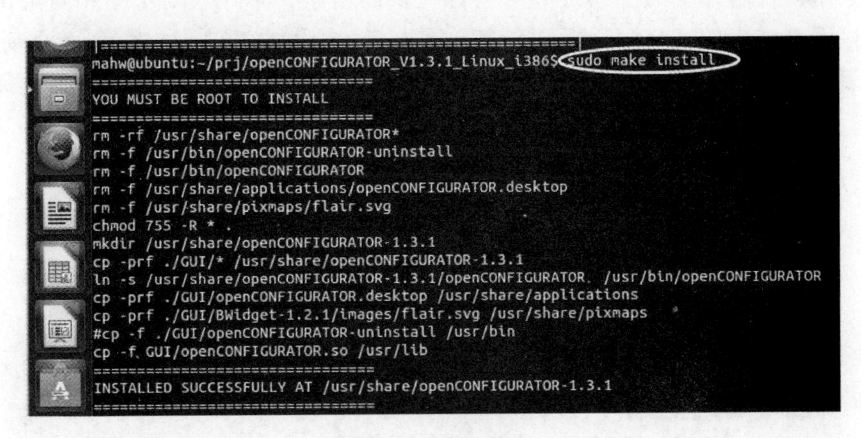

图 9-77　编译成功

在此页面的“Choose Save Option”下的三个选项中选择 Prompt 选项，其作用是当用户修改了配置或退出时，openCONFIGURATOR 会弹出一个窗口询问是否保存。

接下来如图 9-80 所示，导入主站的 XDD 文件，选择 Import XDC/XDD 选项，是因为

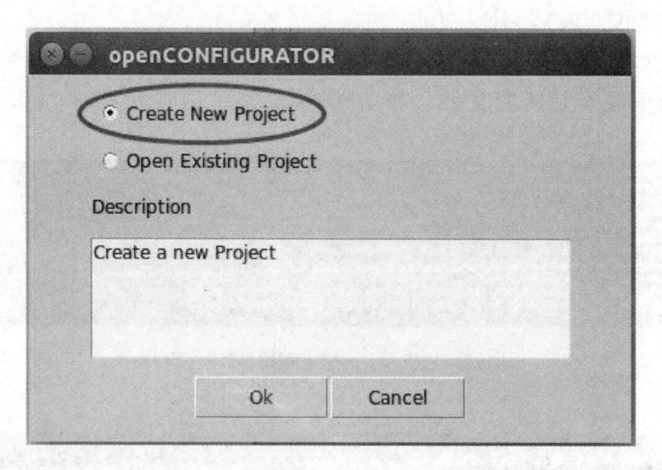

图 9-78　选择“Create New Project”

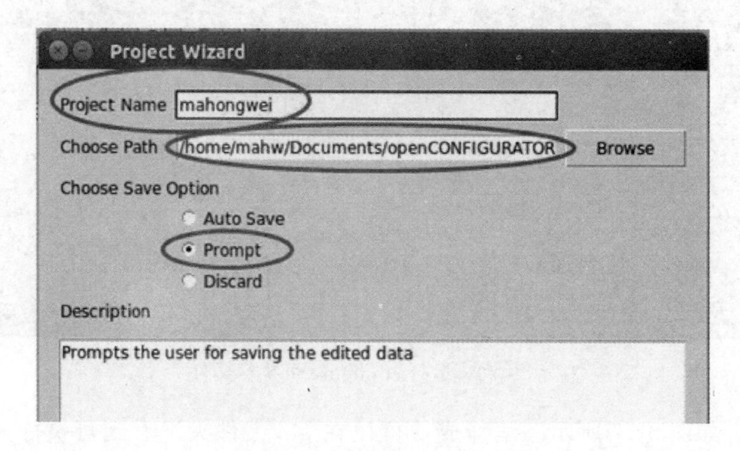

图 9-79　进行初始配置

此选项用于用户自己开发的主站或者第三方提供的主站，来导入与主站相对应的 XDD 文件。并在接下来弹出的窗口中选择“Yes”选项，openCONFIGURATOR 会自动计算并填写主站中参数的配置信息，完成添加一个网络配置的工程，并在网络里添加一个默认的主站的工作。

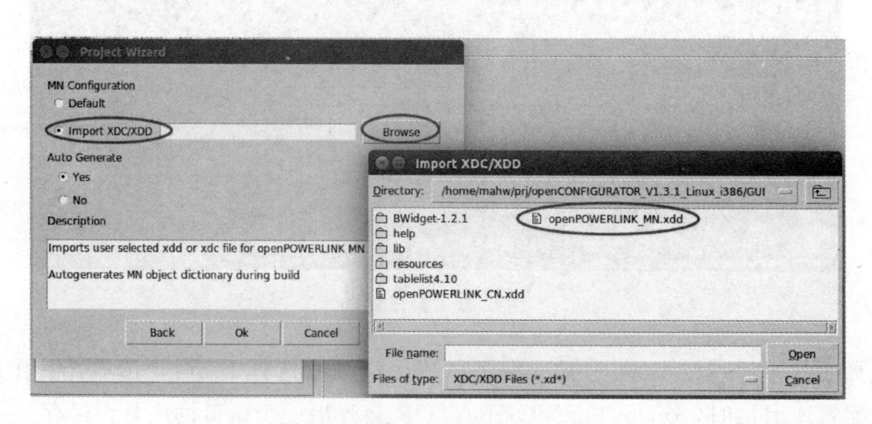

图 9-80　导入主站的 XDD 文件

然后进行从站的添加工作，如图 9-81 和图 9-82 所示。

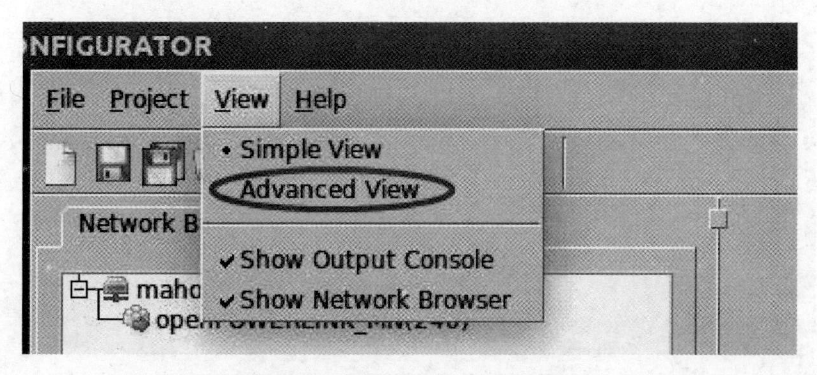

图 9-81　选择“Advanced View”

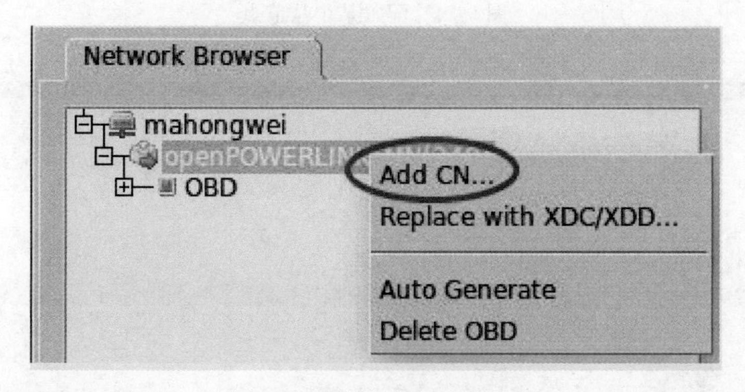

图 9-82　选择“Add CN…”

在弹出的窗口中填好相应的从站名称、节点号以及与主站相似的选项，如图 9-83 所示。

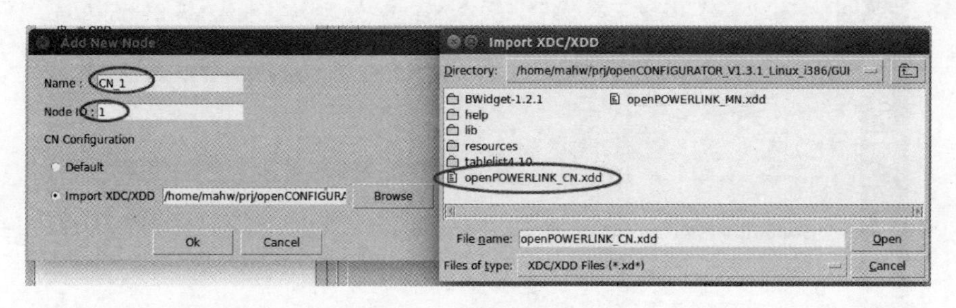

图 9-83　配置相关信息

观察从节点，单击某个从节点，如图 9-84 所示，进行配置。

“pollResponse Timout”选项是指主站接收该从站 pollresponse 数据帧的超时时间，也可看作主站为该从站发送数据所分配的时间片，然后配置接收和发送的网络参数和映射参数。

首先配置从站的发送 PDO 的映射信息，发送 PDO 的映射信息，描述了如何将该节点对字典中的 object 打包成一个数据帧，单击 cm 中的 PDO 的 TPDO，如图 9-85 所示，进行配置。

然后配置从站接收的映射信息。

接收 PDO 的映射信息，描述该节点，如何解析收到的数据帧，设置同主站的一样，配

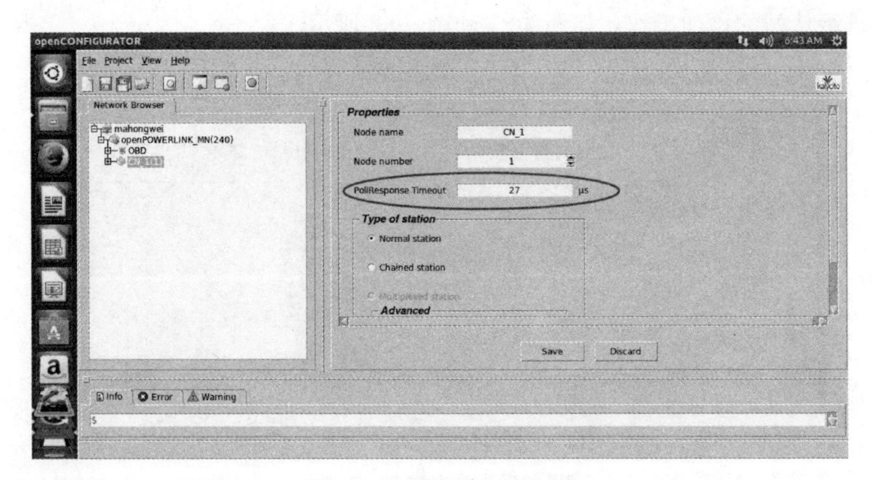

图 9-84　配置某个从节点

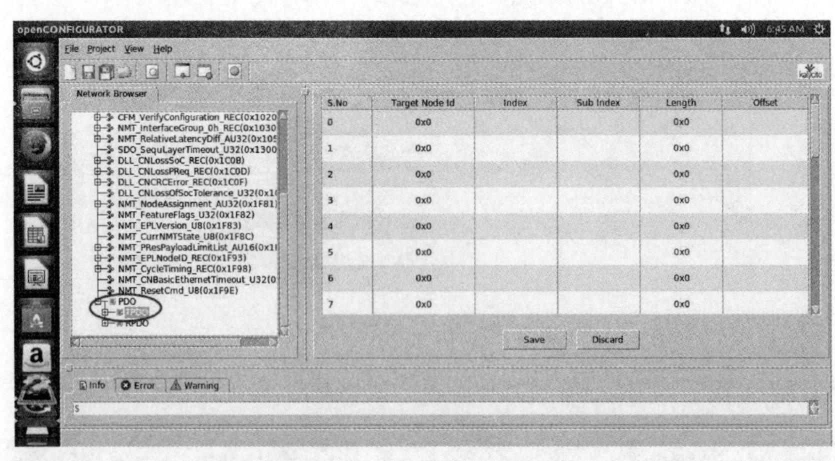

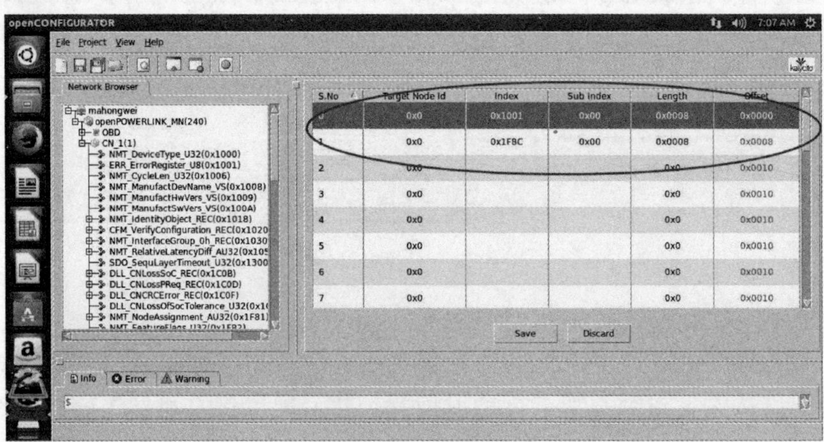

图 9-85　配置 TPDO

置完成后查看 TPDO 的 objectmapping（0x01 和 ox02），可以看到配置结果，如图 9-86 和图 9-87 所示。

设置循环周期。单击 openPOWERLINK _ MN（240），在右边的 cycletime 里填写循环周期，如图 9-88 所示。

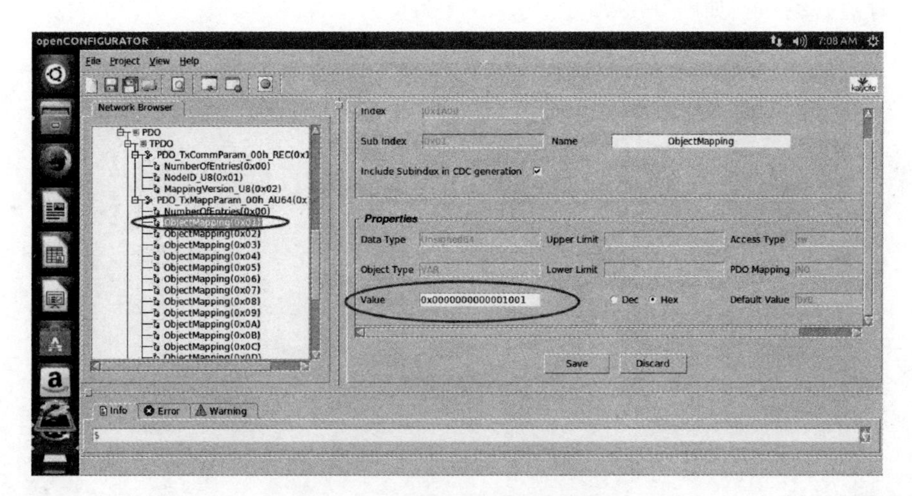

图 9-86 接收 PDO 的映射信息

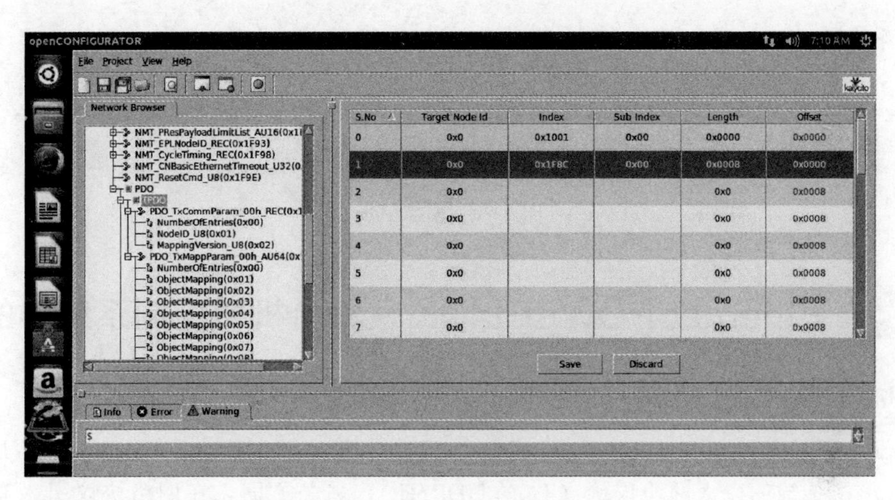

图 9-87 查看 TPDO 的配置结果

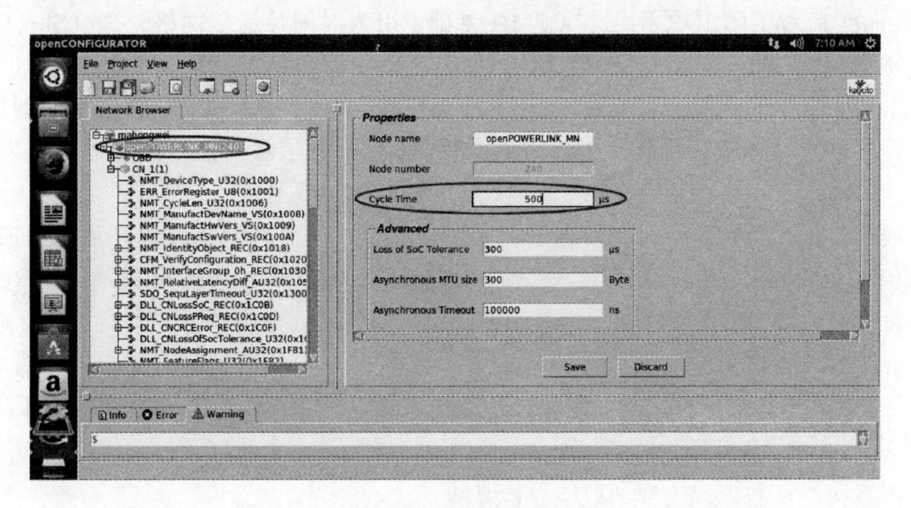

图 9-88 设置循环周期

对工程进行编译，如图 9-89 所示。

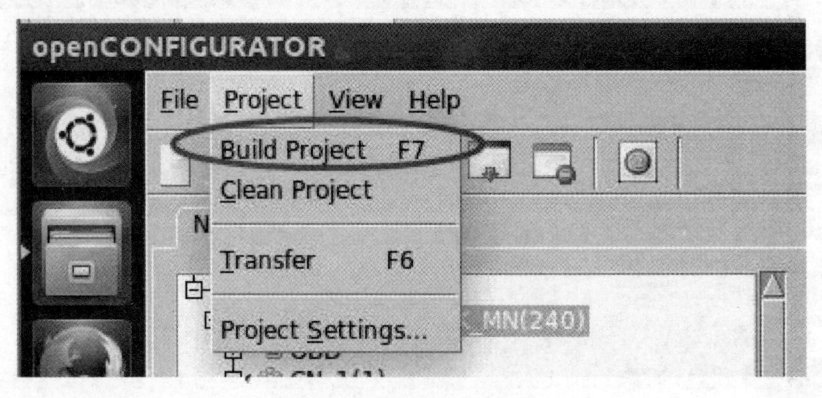

图 9-89 对工程进行编译

编译结果如图 9-90 所示，显示编译成功。

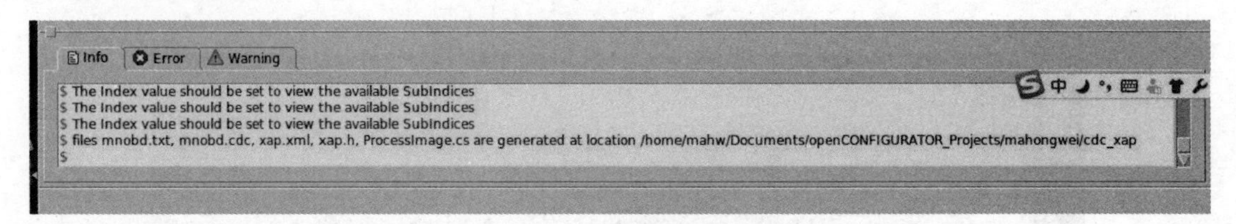

图 9-90 编译结果

9.4 Ethernet POWERLINK 在舞台机械控制系统中的应用

9.4.1 Ethernet POWERLINK 的实现方式

Ethernet POWERLINK 是一种确定性、实时性工业以太网。Ethernet POWERLINK 一方面继承了传统的以太网协议族（TCP/UDP/IP），另一方面，在网络协议引入有效的控制节点，从而有效地避免以太网以 CSMA/CD 碰撞造成的数据包延迟现象。

Ethernet POWERLINK 网络在 CSMA 基础上引入时间片通信网络管理（Slot Communication Network Management，SCNM）。每个通信周期包括起始域（Start-Period）、循环域（Cyclic-Period）、异步域（Asynchron Period）和空闲域（Idle-Period）4 个时间域。

① 开始阶段：管理员发布“通信周期开始（SoC）”信号，信号以广播方式发给所有站点。

② 同步阶段：这阶段中所有站点进行同步信息交换，管理节点在循环域依次向每个节点发送轮询（Poll Request，PRq），控制节点收到轮询后发送响应报文（Poll Response，PRs），每个循环域有结束数据流（End of Cyclic，EoC）。

③ 异步阶段：这个阶段主要传输标准以太网数据流，是给无实时要求的信息留下的，管理节点查询异步数据请求队列，发送异步数据发送邀请（Invite），目标节点便可发布非同步信息，比如一帧 IP 信息。

④ 闲置阶段：到下一个周期前的等待时间。

时间片通信网络图如图 9-91 所示。

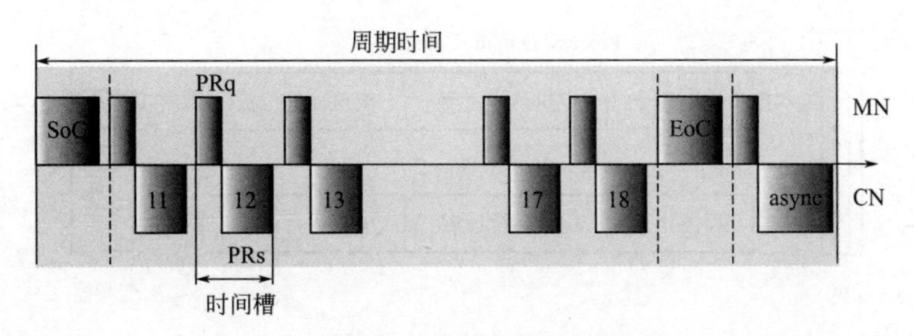

图 9-91 时间片通信网络图

通过时间片通信网络管理发送的数据报文会在接收节点还原成原始数据包，保证数据包的有效到达。

通过时间槽管理机制，Ethernet POWERLINK 最大限度地利用带宽，避免了数据传输中网络冲突。

9.4.2 网络结构及配置

① 为满足现场实时控制和设备逻辑关联的要求，设备控制核心采用 B&R 高性能 PCC 2005 CP360 作为主处理器。该模块采用 Intel 奔腾 266 芯片技术，带有 32M 动态内存，支持 512K 掉电变量保存，拥有强大的浮点和逻辑变量处理能力。通过在其带有的 PCI 接口模块插槽上插接接口模块 3IF782.9，可以方便地使其作为 Ethernet POWERLINK 总主站。网络结构采用总线型结构。由于主控制室位置在台上和台下控制柜之间，考虑到综合布线，所以把带有中继功能的 Ethernet POWERLINK 接口集线器设在主控制室，通过其方便实现把台上和台下 Ethernet POWERLINK 从站和主站连接起来。Ethernet POWERLINK 主站和从站通信在保护模式下进行，其系统最小通信周期为 200μs，网络抖动时间（Jitter）小于 1μs，可以适应现场设备对位置的苛刻的实时性要求。

② 根据设备实时传送的数据量和联锁反馈的变量来采用不同的从站控制系统。由于台上设备信息点多，用户一次操作运动设备数量大，故采用 B&R2005 系列接口模块从站，这样可使台上 PCC 系统交换速率达到 100M/s。台下设备由于控制系统多采用一对一变频器，设备运行状态等信息都存在变频器中，相对于台上通信信息量小，考虑到性价比最优化的原则，故采用 2003 系列 Ethernet POWERLINK 从站模块，通信速率可达 10M/s。台上和台下网络通信速度转换通过带有 Ethernet POWERLINK 多口集线器的 Ethernet POWERLINK 从站自动进行。

③ 所有控制台上的触摸屏、PC 机和移动手操器上的触摸屏都通过交换机进行数据交换，通信采用标准的工业以太网模式进行。PCC 主站和以上设备网络拓扑结构采用总线组成形式，交换数据采用开放模式。

其通信允许 POWERLINK 主站不需要专用通信芯片，通过 PCC 自带的通信函数库，调用相关函数直接连接标准以太网设备。变频器和 PCC 主站采用 DP 网通信方式进行，通过贝加莱专用 DP 模块，可以非常方便地挂接到主 PCC 系统中，完成相应的设备数据传输。通信采用 6 字节的过程数据格式协议，完成变频器和主站之间数据交换。通信协议图如图 9-92 所示。

④ 为满足用户多种不同操作要求，PCC 控制系统分为上位机程控编组、主控制台手控、本地操作员手控三种控制方式。其中本地操作员手控为在台面左右各设置移动手操器接口，

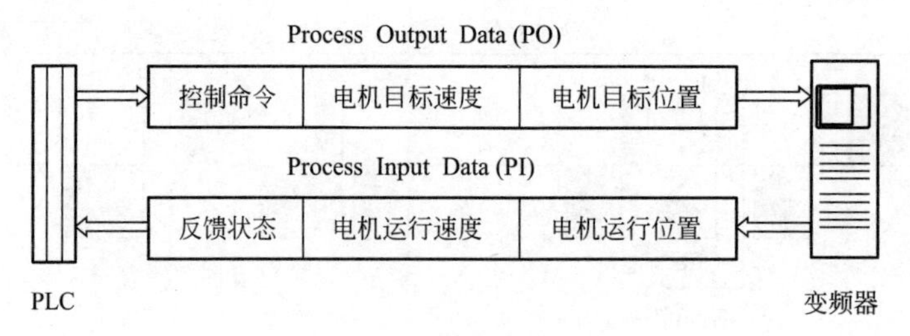

图 9-92 通信协议图

通过系统连接插头挂接到移动手操器上。通过移动手操器上的多功能触摸屏，选择台上或台下设备单一手动控制设备，这样有利于操作员在台面上近距离装台，微动单个设备进行局部调整。

整个网络系统如图 9-93 所示。

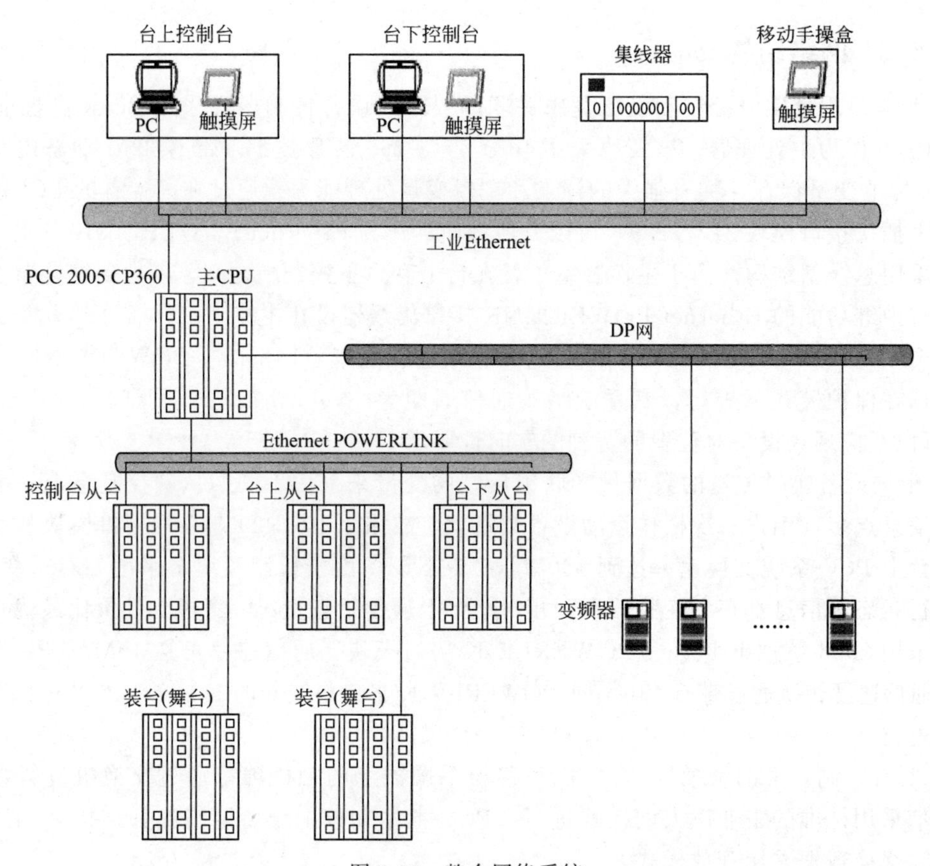

图 9-93 整个网络系统

9.4.3 硬件设计组成

① 系统配备台上和台下操作台各一套，平时相互独立工作，台上和台下设备的程控、手控运行互不干涉。当其中一个操作台出现问题时，可以通过控制台上的控制功能转换按钮，把控制操作权集中到好的操作台上，由一个操作台操作所有的台上和台下设备。实现程控、手控设备的冗余备份。

② 对于调速定位设备，采用高性能交流矢量变频器控制设备的速度和位置。使用变频器控制技术功能完善，可靠性高，调速范围可达1∶100。通过在变频器内部编写定位程序，并配合电机同步编码器检测实现闭环控制，完成高精度定位功能。在手动时PCC通过网络启动变频器控制电机启动和停止；在程控自动运行时，PCC只需给出吊杆到位位置，变频器可独立完成电机定位控制。

③ 根据用户同时需要运动的设备数量，台上吊杆和灯杆采用变频器切换技术。使用变频器最大数量作为一次全矩阵切换的基础。这样当设备运行时，如果其中一个变频器出现故障，操作员可以立刻手动删除故障变频器。考虑到切换设备所需要的中间环节较多，故采用HTL增量编码器脉冲信号作为位置检测。

④ 为保证整个舞台机械可靠运行，设计PCC控制和现场操作柜按钮控制两套独立控制回路，通过转换开关（机控/柜控）进行切换。如果PCC出现故障，可通过控制柜面板上的按钮控制设备，保障剧院演出前布置台面的要求。现场操作柜按钮控制通过转换开关打到柜控时供电。同时，转换开关信号传入PCC中，作为标志位（FLAG）便于在编程中识别是哪种控制方式并采取相应输出形式。这样就能保证PCC控制和现场控制柜控制对同一机械设备控制不发生冲突。同时电机保护器和交流接触器及断路器的辅助触点信号送入PCC中的输入模板，便于监视电机、PCC模板工作状况。所有控制回路和传感器的供电电压均采用安全24V直流供电。

参 考 文 献

[1] 肖维荣，王谨秋，宋华振．开源实时以太网 POWERLINK 详解［M］．北京：机械工业出版社，2015.

[2] 赵芳．现场总线技术的现状与发展趋势［J］．电器工业，2007，11：22-25.

[3] 陈秋良．现场总线控制系统综述［J］．自动控制技术，2001，20（1）：13-16.

[4] 赵芳．现场总线技术的现状与发展趋势［J］．电器工业，2007，11：22-25.

[5] 张金平．浅析 FF 基金会现场总线［J］．石油化工建设，2008，30（6）：41-43.

[6] 高雪．HART 协议现场总线技术应用浅析［J］．科技信息，2008，27：430.

[7] 刘国汉，任文斌．现场总线技术及其发展趋势［J］．甘肃科技，2002，8：86.

[8] 张云勇，房秉毅．基于物联网的智能家居技术标准化现状及发展建议［J］．移动通信，2010，15：25-29.

[9] 崔知进．现场总线技术及发展趋势［J］．上海海运学院学报，2001，5（22）：81-83.

[10] 王龙，李著信．Profibus 现场总线技术简介［J］．重庆工业高等专科技术学校学报，2004，19（1）：28-30.

[11] 陈岚岚，邓海涛，戴瑜兴．基于 CAN 的 DeviceNet 现场总线技术［J］．湖南理工学院学报（自然科学版），2004，17（4）：44-46.

[12] 田敏，高安邦．Lonworks 现场总线技术的新发展［J］．哈尔滨理工大学学报，2010，15（1）：33-38.

[13] 李振汕．对物联网核心技术发展问题的探讨［J］．硅谷，2011，17（2）：17-18.

[14] 都明生．现场总线发展动向综述［J］．炼油化工自动化，1991，1：44-47.

[15] 迟东明，司栋梁．CAN 总线在停车场智能控制系统中的应用［J］．微计算机信息，2005，21（2）：46-47.

[16] 孙进升，姜建国．现场总线的发展趋势——工业以太控制网络［J］．河北理工学院学报（自然科学版），2002，24（2）：153-157.

[17] 张冈，陈幼平，谢经明．基于现场总线的网络化智能传感器研究［J］．传感器技术，2002，21（9）：8-10.

[18] 高群，刘江霞．基于 CAN 总线和 RFID 技术的矿井定位系统设计［J］．煤矿安全，2008，9：74-77.